国家出版基金项目
NATIONAL PUBLICATION FOUNDATION

CONSTRUCTION PATTERNS OF
CHINESE COSTUME

VOLUME OF HAN COSTUME

中华民族服饰
结构图考

汉族编

编著　刘瑞璞　陈静洁

中国纺织出版社

2013年·北京

内 容 提 要

　　本书以标本和文献相结合且重标本的研究方法，以清末民初汉族典型服饰为研究对象，以北京服装学院民族服饰博物馆经典汉族服饰藏品和私人收藏为考察线索，通过对 30 多件清末民初实物标本进行深入、科学、系统地数据采集及其结构图测绘和一定量的复原工作，完整、客观、详细地记录了相关服饰结构的数据信息和形制面貌，基本形成了清末民初汉族古典华服结构图谱，在文献上具有"中国汉族古典华服结构图谱系"的记录、传承、利用和研究价值。

　　本书通过对清朝之前主流服饰结构的考证，以及对清末民初古典华服标本结构的数据信息和形制面貌的综合分析，发现它们之间保存着远古以来的一以贯之的信息（像汉字的发展历程），这也从先秦两汉、宋元明清的文献和考古报告进行回推，溯源分析得到证实。比较少数民族服饰结构形制特征，探寻和阐释中华一统服饰文脉传承性、稳定性、归属性的"汉字效应"的合理内核，进而提出从"布幅决定结构"这种"节俭"的普世价值，到"敬畏物质"的道儒体验，再到"天人合一"的"丝绸文明"，无一不是通过十字型平面结构的共同基因承载着这个中华服饰文化研究"格物致知"的命题。

图书在版编目（CIP）数据

　　中华民族服饰结构图考 . 汉族编 / 刘瑞璞，陈静洁编著 . —北京：中国纺织出版社，2013.8（2025.3重印）

　　ISBN 978-7-5064-9637-7

　　Ⅰ . ①中…　Ⅱ . ①刘…②陈…　Ⅲ . ①汉族—民族服饰—服饰图案—中国—图集　Ⅳ . ① TS941.742.8-64

　　中国版本图书馆 CIP 数据核字（2013）第 057263 号

Zhonghuaminzu Fushi Jiegou Tukao　Hanzu Bian
中华民族服饰结构图考　汉族编
项目总监：李炳华
策划编辑：张晓芳　　责任编辑：张晓芳　魏萌　宗静
责任校对：陈红　梁颖　余静雯　　责任设计：何建　　责任印制：刘强

中国纺织出版社出版发行
地址：北京市朝阳区百子湾东里 A407 号楼　邮政编码：100124
销售电话：010-67004422　传真：010-87155801
http://www.c-textilep.com
E-mail: faxing@c-textilep.com
北京利丰雅高长城印刷有限公司印刷　各地新华书店经销
2013 年 8 月第 1 版　2025 年 3 月第 3 次印刷
开本：889mm×1194mm　1/16　印张：21
字数：435 千字　定价：320.00 元

从契字结构到丝绸文明

　　清末大学者王国维在研究甲骨文的时候发现，包括《诗经》《史记》这样千古不朽的典籍也需要怀疑了。甲骨刻辞作为殷墟时期的遗物，虽然已经三千多年但记录的信息是可靠的，因为没有哪种信息和载体比当时的实物更真实可靠，即使是《史记》，如果与此相悖也值得怀疑。当王国维把甲骨契文的研究与司马迁的《史记·殷商本纪》比对时发现了《史记》的缺失。因此，有一些学者认为孔子时代的思想家们在研究殷商文化时就苦于它的一手材料之不足，而对三百多年之后汉代的《史记》我们又有什么理由去相信它呢。这在当时的学术界刮起了一股疑古风。庆幸的是作为当时学术界领军人物的王国维并没有随波逐流，而是创造了学术研究的"二重证据法"，即文献典籍与考古发掘考据相互补充比较的研究方法。由此建立了从疑古、释古到考古的我国史学研究的考据学派。

一

　　中国古典服饰研究作为我国漫长历史文化研究的一个点，虽然也继承了二重证据法的研究方法，开始重视考古发掘和传世标本的考证，但在研究视角和兴趣上，研究者往往是形而上大于形而下。我国的学术传统历来是"重道轻器"，行而上者谓之道，形而下者谓之器，因此，"玄学"就成为文人崇尚的学术境界。在他们看来，研究器不过是雕虫小技，甚至触及它都生怕学界所不齿。然而，客观上恰恰是这些器的实践在支撑着这些学术成就（典籍）或隐藏着它的实质。也因为这些器的实践不足，使这些学术时常被补充、修正，甚至被颠覆。因此，诸如古典服饰形态的装饰说、规制说、伦理说、民俗说等长期被学术界定论的观点我们也有理由怀疑，因为通过对服饰标本结构（即"器"）的研究证据表明，结构形态与节俭动机有着千丝万缕的联系，换言之"布幅决定着服装结构的经营"，这是一个不能被学术界忽视的格物致知的命题。甲骨刻辞从清末孙诒让的《契文举例》（1904年）、王国维的"新学"，到今天李学勤教授建立的"甲骨文考据学"，几代学者的研究，对其结构的考证始终是他们研究的核心和突破口。对古典华服结构的研究，无论是在考古界还是在学术界，始终是被边缘化的。原因之一，以口传心授为载体的华服结构文献（剪裁图录）始终没有发现和流传于世。而在古典建筑上清前朝已形成体系的就有《营造法式》中华建筑学的教科书不必说，仅清代古建筑设计和施工图著录的相关文献就有雷发达家族传世的古典建筑教科书"样式雷"流传下来，被学术界视为古建筑结构与施工的集大成者，为继承研究提供了可靠的原始资料。原因之二，我们对传统服饰文化的研究历来疏于对古代服饰结构的考证和整理，认为对古典华服结构的研究不过是裁缝手艺人的事，没有学术价值，因此我们会经常发现有肩缝的唐服问世，甚至在复原的古典华服中出现了绱袖的作品。而古典建筑、古典家具学术界研究的气象则完全不同，很快走出了华服研究学说流于表象的逻辑阐释。中华人民共和国第一代古建专家梁思成、林徽因、罗哲文等建筑大家们对我国古代建筑做了大量系统的结构测绘和著录工作，为我们留下了一笔古典建筑宝贵的文化遗产，重要的是它是以建筑结构测绘著录的形式继承下来的，这是最具价值的继承和研究态度，值得古典华服研究借鉴。

二

古典家具有关结构研究注录文献的空白，几乎与古典服饰研究具有同样的状况，但是当今的大收藏家、文博专家王世襄先生的《明式家具研究》填补了这个空白，而它的最大贡献和成果就是对明代古典家具结构进行了系统测绘、挖掘和梳理。而传统服饰文化有关结构考据的研究几乎还处在"开荒"状态。早在20世纪90年代，沈从文先生的《中国古代服饰研究》，黄能馥、陈娟娟先生的《中华历代服饰艺术》等，这些可以说是我国第一代古典华服研究的大家研究成果，让我们既仰慕又有遗憾。这里将《中国古代服饰研究》和《明式家具研究》作一粗略比较发现，前者为中国整个古代史跨度，后者仅涉及明代和清初，但前者篇幅只是后者的二分之一还弱。最重要的是，王世襄先生汇集了中华人民共和国还健在的制作古典家具的京作木匠的传统技艺并作了系统的著录。王世襄先生能够近距离接触的古典家具，包括他大量的私人收藏，并对其结构进行了细致、全面的数据采集、测绘和整理，与实物照片一并收录到他的《明式家具研究》和《明式家具珍赏》中，这种以古典家具结构著录、整理和建树的成果不仅在学术界、文博界、考古界甚至在整个文化领域都影响深远。值得思考的是，这部专著在中国香港出版发行之后（1985年9月），先是在欧美刮起了一股中国古典家具之风，后进入我国大陆，继而波及世界。这种以家具单一而狭窄（明代）的中华传统文化研究成果在世界范围的传播，甚至比"时尚"还来得迅猛，以结构图考为特色的《明式家具研究》功不可没。《中国古代服饰研究》的情况就不同了。虽然它与《明式家具研究》《明式家具珍赏》几乎在同一时期出版发行，也都出炉于中国香港的出版单位，但影响有限，多在国内专业的学术界传播。其中有两个重要原因：一是文献考证远远大于实物标本考证；二是疏于对典型服装结构的研究，包括文献中服装结构的考证、标本结构的考证和文献与标本结构比较的研究，这些关键课题都被排除在外，亦或许是这些内容过多会降低学术性。

三

2009年11月出版的《古典华服结构研究——清末民初典型袍服结构考据》是我们多年来带着这样的困惑和探索迈出的一步，可以说是对中华民族服饰结构研究做了一项基础性工作，也是一项尝试性工作。值得欣慰的是，这让我们发现了古典华服结构系统自先秦到清末格物致知的重大命题。此次《中华民族服饰结构图考　汉族编》和《中华民族服饰结构图考　少数民族编》的出版，将汉民族和少数民族具有代表性的服饰进行系统的结构数据采集、测绘和整理，运用基础文献研究与标本考证相结合的研究方法，探讨大中华多民族古典服饰结构特性的内在机制和真正动机会有重大突破，这是本书要着力做的。然而，若以整个中国古代史跨度进行研究，以我们的能力、学术积累和有限的文博控制仍然存在问题，王世襄先生"集中兵力打歼灭战"的研究方法值得借鉴。以"清末民初汉族和少数民族典型服饰结构考据"作为标本研究的切入点是本套书的核心内容和特点。这除了有学术和客观条件的考虑，还有一个契机，就是将"清末民初北京地区汉民族典型服装结构研究"这个课题成功完成了北京市教委人文社科项目·首都服饰文化与服装产业研究基地项目，"少数民族传统服饰结构研究"课题被列入"北京市学术创新团队"项目，并建立了教师及研究生组成的研究团队。历经一年多的文献研究，两年多的博物馆标本研究，三年多的少数民族服饰田野考察，得到了丰厚和不可多得的一手材料和考察成果，为《中华民族服饰结构图考　汉族编》和《中华民族服饰结构图考　少数民族编》的出版奠定了基础。

这一成果的理论突破，对中华古代服饰文化研究的装饰说、规制说、伦理说、民俗说的传统理论至少是个补充、修正，甚至是颠覆。特别是通过对实物标本结构的考据得出的结论，发现在传统观点的背后还有一个隐秘的"格物致知"命题，即穷及事物本原的规律与动机，使装饰的、规制的、伦理的、民俗的这些传统理论有了一个落脚点。从结构深入研究的事实证明，像汉字结构一样稳定的古典华服结构形态与"节约和敬物"的动机有关，建立了装饰是为完善结构形式而存在，结构形式又以不破坏面料的完整性和原生态而设计（一切都在织布机的宽度下展开）这一全新的理论。因此，大中华服饰结构"十字型、整一性、平面化"的面貌长期以来没有发生根本改变，与"节俭"这种普世的生存动机、以"敬物"为核心的"天人合一"的宇宙观密不可分。我们有理由相信，传统文化强调"善美合一"的背后一定不能缺少"真"的本体，可见传统的装饰说、规制说、伦理说、民俗说的观点，也不能脱离"格致"这个基本命题。可以想象，如果这个基本命题没弄清楚，这些甚至是没有得到可靠证据证实的观点就会长期存在下去。例如，代表西方主流的欧洲服装结构的研究结论产生了完全不同于东方的格致命题，即"复杂型、分析性、立体化"的西方服饰结构形态，造就了以"真美合一"为核心的人本主义的西方服饰学说。这就产生了完全不同于东方以"丝绸文明"为特征的"羊毛文明"（羊毛决定服装结构的服饰文化特质）。格致命题最可靠之处在于，它遵循了存在决定意识的基本法则。正如王国维先生从甲骨契字结构的研究中发现了《史记》典籍的先天不足一样，以结构研究为核心的考据学实证不可或缺。作为古代服装研究而言，只有结构研究才能解释"十字型、整一性、平面化"的古典华服结构形态是建立在"丝绸文明"唯物论基础之上的，当然那些传统的观点也不能脱离这个基本判断。以欧洲为代表的西方服装形态是由"复杂型、分析性、立体化"结构所决定的，而这种结构正是"羊毛文明"的后果。因为高寒地带使欧洲人选择了羊毛，羊毛的可塑性使他们创造了"分析的立体结构"；亚热带使中国人选择了丝绸，丝绸的不易破坏性让我们的祖先坚守着"十字型、整一性、平面化"结构古老而稳定的基因（象形文字思维）。可见，古典华服稳定的"十字型、整一性、平面化"结构正是"丝绸文明"的归宿。现今我们对某个课题无论怎样研究，都不要忘记回到"适者生存"这个原点：存在决定意识，经济基础决定上层建筑。

刘瑞璞

2013年仲夏于北京

目录

第四章　清末蓝提花绸挽袖袍服结构图考

第五章　清末民初麻、棉质常服大褂结构图考

第九章　民初男装袍服结构图考 ————————————— 269

第十章　古典华服结构的格物致知命题 ————————— 307

参考文献 ————————————————————————— 315

后记 ———————————————————————————— 319

第一章

绪论

　　中国传统服装为平面直线裁剪，"十字型、整一性、平面化"这种原始朴素的结构面貌在中国几千年的历史中贯穿始终，一直延续至民国初年。在西方强势文化的冲击下，传统的事象渐行渐远，甚至淡出人们的视野。当世界时尚大师们转从中国传统文化中汲取营养作为灵感时，我们开始反思，才清醒地认识到：只有保持民族的特质、保持她的纯粹性才是立足世界优秀文化的根本。我们需要珍视自己的传统文化，但不是简单的对传统服饰元素表面文化特征做图解式的研究，学术界仍未摆脱形而上的思维定式，对中国传统服饰内在结构研究的"格致学"上的关注几乎为零。或许因为中国传统服饰技术不过是裁缝这一手艺人的雕虫小技，轻裁剪重工艺、怠学说尚心授，致使没有系统的文献、记录图释流传下来。因此，对中国传统服饰结构形制和技术的考证与整理，对其保护与继承开辟一条形而下的研究思路具有指标性意义。选择清末民初这个历史节点是个关键，因为在西方文化的强大冲撞下，唯有在结构上对纯粹性的坚持才是对传统服饰的最后守望。

一、清末民初古典服装结构研究的最后机会和时间点

中国古典服装呈现出的看似简单的平面直线形制，由于疏于研究，我们并没有认识它的真正价值，甚至一直被可能是错误的传统理论支配着，其实往往正是这种朴素的形态凝结着古人的细密心思和卓越智慧。自古以来，对古典服装的裁剪及工艺都是由师傅对徒弟以口传心授的方式进行技艺传授和继承，并无图释和文字数据方面的记载，更没有系统的文献保存下来。它的这种出身（手艺人）也就决定了它的这种命运（手艺），随着了解和掌握这些技艺的手艺人的去世，这种方式就会不可避免地使多少代传承下来的宝贵技艺遗失无存，也会因为没有文字和相关的技术文献、图谱、图考的记载而被后人曲解。

从服装剪裁结构的角度对清末民初传统服饰文化这一重大而关键的历史时期做进一步的考据研究，以尽可能的结构原貌、技术和材料加工的原始形态复原，并用现代文献方式记录下来，将研究清末民初传统服装结构由民间延伸到主流阶层服装结构上，旨在形成这个时期较完整的服装结构面貌，为探讨大中华传统服装的结构系统理论和制图考案研究做开拓性和基础性的工作。为继承和传扬中华传统服饰文化，提供结构研究上的基本考据，无疑是对整个中华传统服饰结构的系统研究具有指标性意义。

为何以清末非宫廷古典华服标本的结构为研究对象呢？首先，从时间上看，清末民初是封建政体走向瓦解的时期，人们的封建保守意识仍保持着足够大的势力，服装的形态还保留着明显的时代特征，它们在结构上也没有根本脱离古典华服的平面体系。其次，作为距近代历史最近的最后一个封建王朝，这个时期的实物标本存量多，从民间获取容易且真实可靠（或许因为它们年份短，不够名贵）。北京服装学院民族服饰博物馆这方面的馆藏丰富，也成为研究的客观基础，能够满足与研究对象零距离接触的要求，使获取原始数据和复原结构图成为可能。

清末民初时期闭关锁国与西风东渐并存，形成意识形态、造型形态和社会形态大融合、大碰撞的特殊时期。西方立体结构的服装形制逐渐被主流群体中一部分崇尚西学的人接受而形成中西共制的服装形态。中国几千年的服饰形制这时受到了西洋服饰的强烈影响，主流服装中相当一部分已不再是中国传统的固有形制，在学术界容易把已经西化的东西误认为是华服的传统，如改良旗袍、中山装等。理论上它们不属于中华传统的平面结构体系，就如同西方绘画的工具载体和制作

方式不改变的话，无论如何改良也变不成中国画一样，所以选择这个时期的古典服装结构作为考据研究的切入点，有助于澄清学术上的混淆。

选择清末民初时期非宫廷贵族的大众化服饰标本作为研究的切入点，更能反映当时社会主流服饰结构形态的真实性和普世价值，这主要取决于宫廷服饰的过于矫饰而干扰对内在结构研究的视线，民间服饰的简朴在结构上表现得更加纯粹和直观。

在手段上以标本研究为主，附加文献的补充，对清末民初典型形制的服饰实物进行主结构、衬里结构、贴边结构等纵向信息的采集、测绘与复原，进行毛样绘制与分解图复原等全息数据的整理。根据对相关结构数据的记录，分析其特点，探究服装表面形态背后的客观动机和结构的文化内涵，并通过对部分实物的复制研究，以结构图、数据和分析文字、文献等形式，尽可能客观地记录它们的真实面貌。

二、传统服装理论研究还需要做点什么

今天我们原汁原味地复制一件清朝以前的服装几乎不可能，除了我们不可能拥有终其一生做一件事情的心境以外，还有学术上的缺失，即现有研究的主流成果多是采用逻辑推理的方法，从纺织史、宗教史、民俗史、装饰艺术等人文学角度来研究传统服装的社会学课题，疏于以实证方法进行有关古典华服结构方面的数据采集和制图考案这种实验科学上的著录，更缺少标本复原技术报告的实证考据研究成果。因此，对古典华服结构考据的深入研究，会获取逻辑上得不到的细节和被忽略的动机本质的信息。

对古代服装的研究，特别是深入它的工艺和技术的结构层面，比一般的文物更加困难（古代纺织品的局限）。这恐怕也是传统服饰文化研究不敢触及的客观原因之一。

研究中，虽然可以直接与文物接触，但鉴于服饰文物的珍贵、纺织面料的易腐蚀性，有很多保护性限制，更不允许破坏性实验，故无法探究服饰内部的结构情况，因而对于深入细致地研究有一定的阻碍。

传统服装的结构如果没有文献记录，老手艺人便是传统技艺唯一活的承载者，随着掌握这些技艺的人的相继离世，向民间手艺人学习的机会越来越少，跟从手艺人的民间学习也变得更加困难，工作程序已经无法可考，甚至称谓上也不能百分百还原。因此，选择什么历史时期和什么品种就显得十分重要了。

就命名而言，中国历代服装名称复杂多变，文献名称与考古实物相互印证的很少，主要原因是不能对标本做深入地结构测绘。按考古学惯例多是以最先发现者或研究者给予命名，运用这个惯例，尽量表达准确、客观和符合时代特点也是我们要努力去做的。

就传统服装结构考证的现实来看，可供研究的文献资料缺乏，标本又不能采用破坏性实验，很多结构现象只能依靠模拟复原、比较研究或借助于其他历史图像资料去推理判断。

尽管困难重重，对传统文化的研究还是要继续。北京服装学院民族服饰博物馆这个得天独厚的基因库，使深入挖掘成为可能，并由此突破了完全不同于传统理论的全新观点：

第一，从清末黑色团花织锦缎马褂和青布长袍标本图考，可以认为古典华服"十字型、整一性、平面化"结构具有妥协的人体工学，可以实现与衣料最大化、适体和外观造型的平衡。极其普通的盘扣，却渗透了古人"攻于用"的精心设计与智慧，表现出古人追求技艺与功能的格致伦理。无论是长袍还是马褂"敬物"所表现出来的简约思想，自古有之，只是我们疏于对古人造物动机的自省。

第二，古人最大限度地保持了原材料的完整性，尽量不破坏其原生态面貌，形成"布幅决定结构形态"的特质，这几乎成为清末民初洋服侵入前华服结构设计的定式，如果我们没有深入古典华服结构的层面，绝不会产生这样的结论。

第三，节俭表象成为古人敬畏自然的自觉行动。但是，它并不会以牺牲宗族伦理美学的范式为代价，故当节俭与伦理表象发生冲突时，古人总是恪守外尊内卑的价值观。丝绸、棉、麻等中国服饰传统文化予取予求的材料，保持它们的完整性既是社会伦理的需要，也是其最佳品质表现形态的心理风求。当需要裁剪时，古人创造了"拼缀"。"拼缀"结构与其说是装饰不如说是古人的敬物精神和节俭意识在古典华服中的投射，可谓惜物如金，物华自然，因此古人往往直接把节俭表象和敬畏自然的形态升华成一种美好愿望，这完全取决于他们对丝绸之类材料的性能了然于胸而创造了完全不同于欧洲"羊毛文明"的"丝绸文明"。

第四，因为我们掌握了结构，从而产生了复制的冲动。复制又让我们明白古典服装无法复制的道理，这就是我们今天要反思的：对古迹（物）复制得越多，造成的传统文化破坏就越强烈。复制的真正意义是体验而不是继承，我们可以做的只能是模仿，却无法再现古典华服的生命。我们缺失的不仅仅是理性的结构研究，而保护是我们对古代文化最好的继承和一切研究工作的前提。

三、用文献和标本相结合的方法探索传统服饰结构研究新思路

　　我国传统的服饰文化研究历来是重文献分析、轻实物考证，这恐怕也是我们的传统服饰理论缺乏深入系统的服饰结构研究成果的重要原因之一。就服装史而言，我国还没有一部全面、系统、可靠、专业化的服饰结构图考的史书。而在西方主流、权威的西洋服装史书中，这些信息是不可或缺的，国际上东方服饰史学的研究也会以日本和服的史料为主导，这其中一个最重要的原因是，日本从17世纪就开始的有关和服结构图及相关信息的著录至今仍未停止，数据结构图信息著录之规范，在今天看来也令人叹为观止，如年代、传承者、复原者、制图人等信息一应俱全，可见一部服装史就是一部服装结构史（图1-1~图1-10）。因此，采用文献研究和实物考据相结合的研究方法早已成为人文学研究的可靠、权威和主流方法，特别对我国服饰理论界回归这种方法尤为重要。鉴于此，文献方面，在具体的研究过程中，运用了更多的对比和归纳。如不同时代、不同地域、不同民族服装结构的对比，各个历史时期服装结构特点的归纳整理等。借助相关挖掘报告、考古文献和历史文献，以及前人已有研究成果对出土实物进行研究的客观记录都不能忽略。在研究过程中，考虑到出土服装众多、结构考据信息不全等因素，必须结合选取保存完整、信息丰富的典型服装考古报告来讨论。主要按照先秦两汉、宋元、明清的历史顺序展开。这样的历史划分首先是考虑到各个朝代所拥有的出土服装数量的多少和是否具有典型性进行文献归纳得出的。出土纺织品服饰属于先秦两汉时期的墓葬，在中原地区主要分布在长江流域，并且先秦两汉时期的服装有着较近的传承关系，因而将其归纳在一起。宋元时期和明清时期的纺织品服装丰富，而且两者分别是汉民族和少数民族政权相交替的历史阶段，这样划分有助于从民族融合的角度来看待中华服装结构的发展变化。

从服装标本研究的角度，选取北京服装学院民族服饰博物馆清末民初时期经典藏品和私人收藏的典型实物，进行全方位深层次的结构数据的采集与整理记录，在此基础上对古典华服结构的传承性结合文献分析进行溯前研究。两个角度的研究可以相互补充，互相参考，进行对比分析，从而整理出中国传统服装剪裁结构的基本特点，探究这种结构得以产生和发展演变的社会文化根源与"格致"动机。对传统服饰标本研究最具有价值和原创性意义的，同时对我国少数民族服饰结构进行深入、系统、专业化的田野考察，对我们理性地认识中华服饰结构系统"特异性"提供了有力的佐证，因为现遗存被视为活化石的民族服饰只有在结构上还保留着它所属的那个民族最纯粹而古老的文化基因，由于文化的融合与交流，这种基因往往承载着中华一脉相承的共通性。

欧洲和日本古典服饰结构史研究及裁剪图文献的基本面貌见图 1-1 ～图 1-10。

（a）外观图

图 1-1

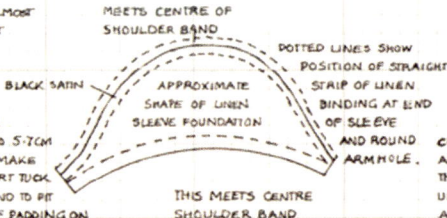
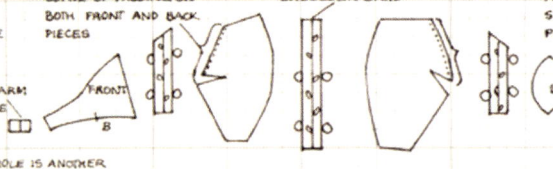
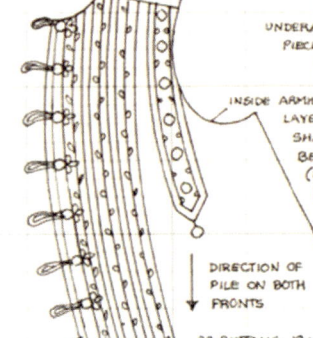
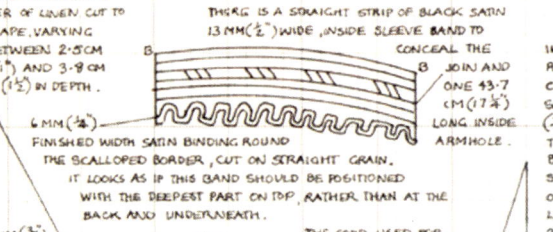
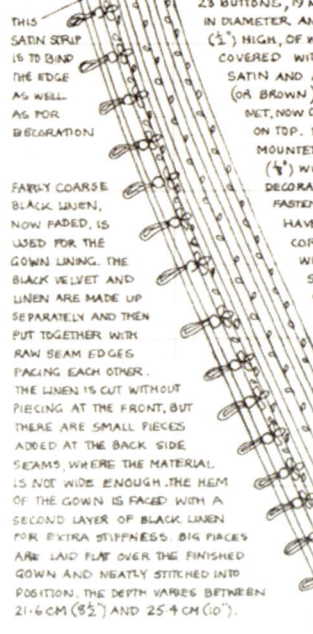
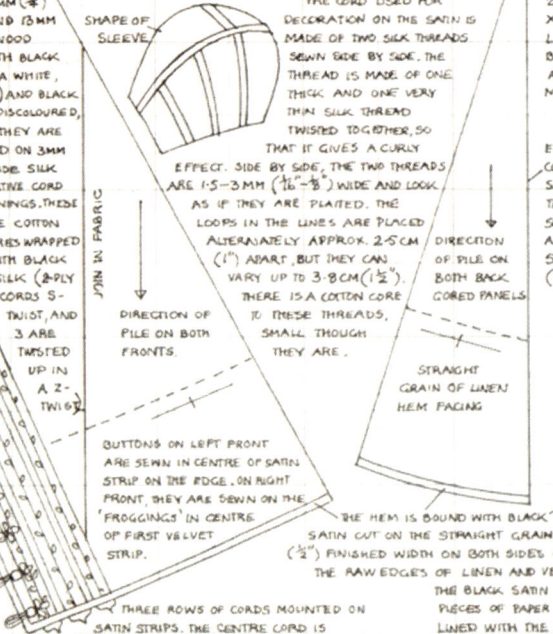

（b）结构图著录

图 1-1　1570~1580 年代女装非正式礼服长袍

资料来源：Janet Arnold.《西洋古典女装裁剪史》（1560~1940）。

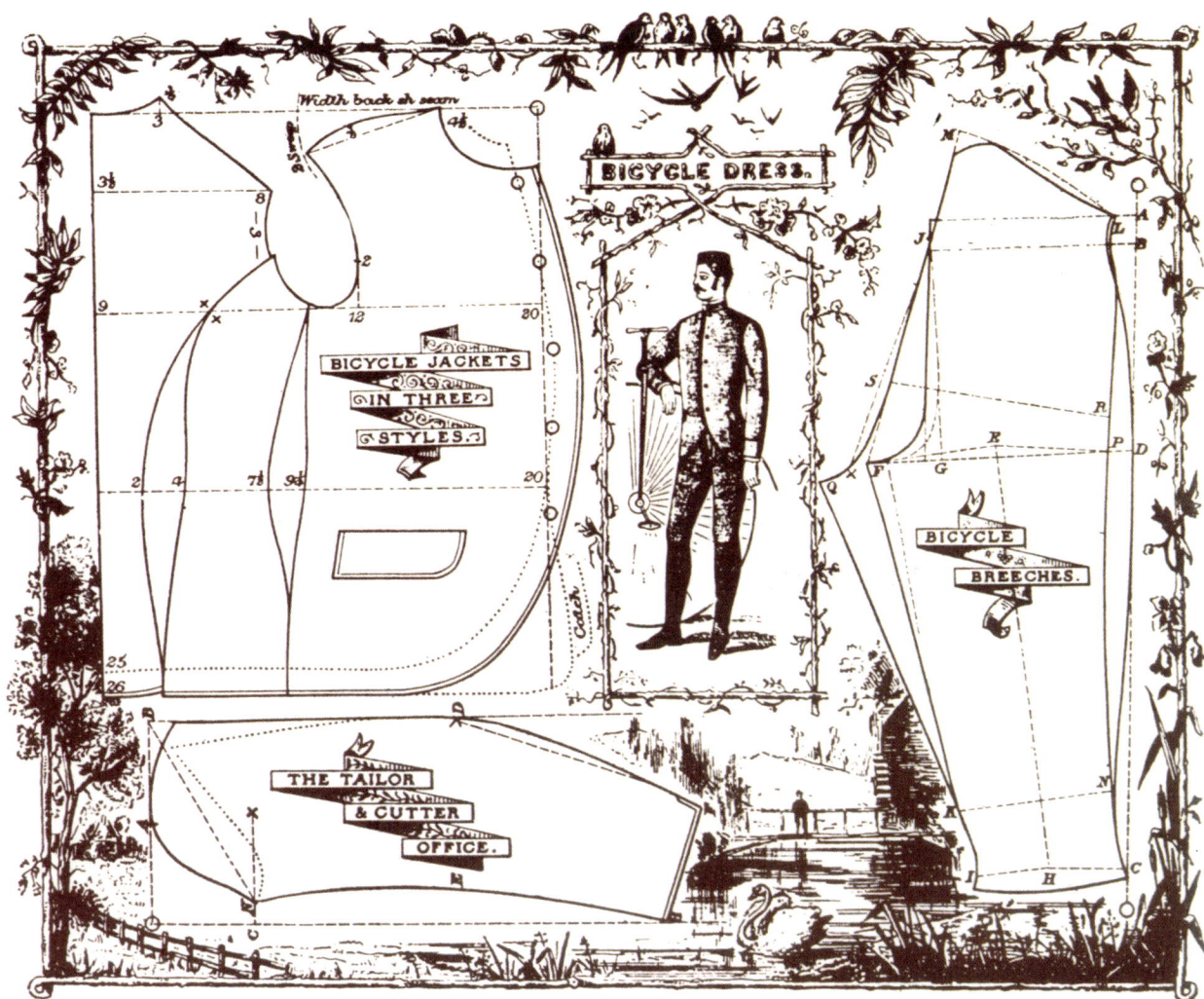

20. *The Tailor and Cutter*, June 1886.
'Bicycle dresses are principally worn by the younger members of society, such as youths and young men who have not arrived at that time of life when the figure begins to grow obese and, therefore, what is wanted in this class of dress is smartness and go.'

1890. 'The Bicycle dress is no longer the patrol jacket and tight knee breeches, instead, a Norfolk or Lounge Jacket and Knickerbockers.'

图 1-2　1886 年著名的 "三缝结构" 结构图的发表在西洋男装结构历史中是个指标性的文献

资料来源：Norah Waugh.《欧洲男装史》（1600~1930）。

PLATE 11

c. 1740. (See Diagram XX.) Full-skirted coat, made in the small-patterned figured silk which was very fashionable at this period. (The sleeves have been altered)

Gallery of Costume, Manchester

（a）标本图

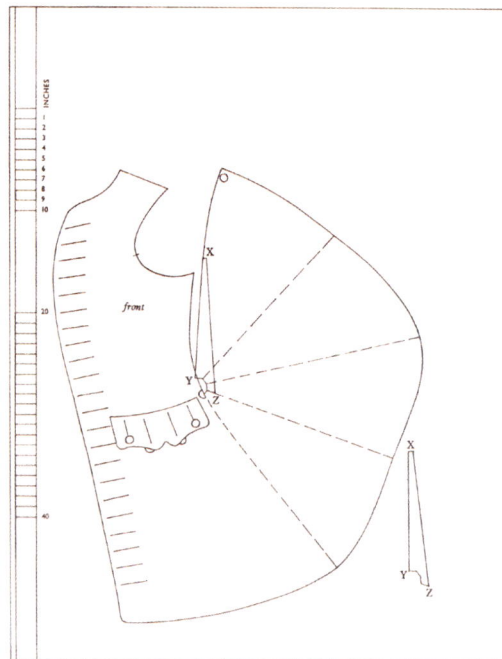

1680–1800

DIAGRAM XX

COAT *c. 1735–40 (see plate 11).* Stiff figured cream silk with small all-over pattern in fawns and brown. The last eight button-holes, as also the back ones, are false. Button-holes worked in cream silk to match basket-weave buttons. Cream silk lining. This is the most extravagant cut for an eighteenth-century coat and this one is probably of French origin. Similar coats have matching waistcoat and breeches. *Gallery of Costume, Manchester*

（b）结构图（前身）

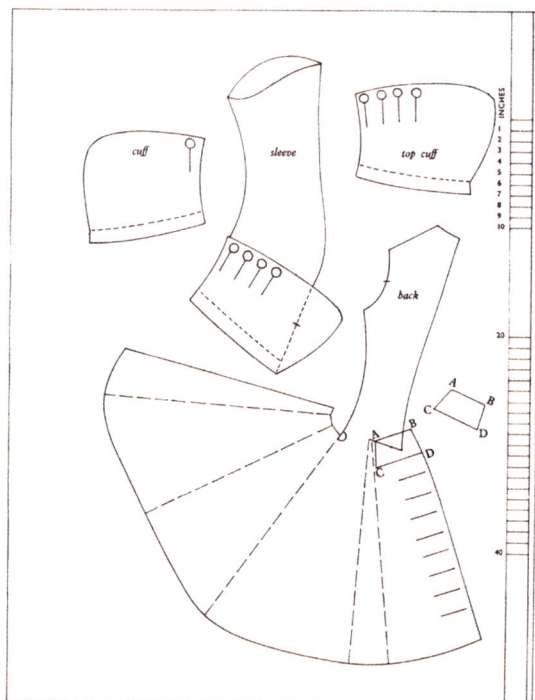

1680–1800

DIAGRAM XX

（c）结构图（后身及袖子）

图 1-3　1740 年代男士贵族服饰

资料来源：Norah Waugh.《欧洲男装史》（1600~1930）。

（a）标本图

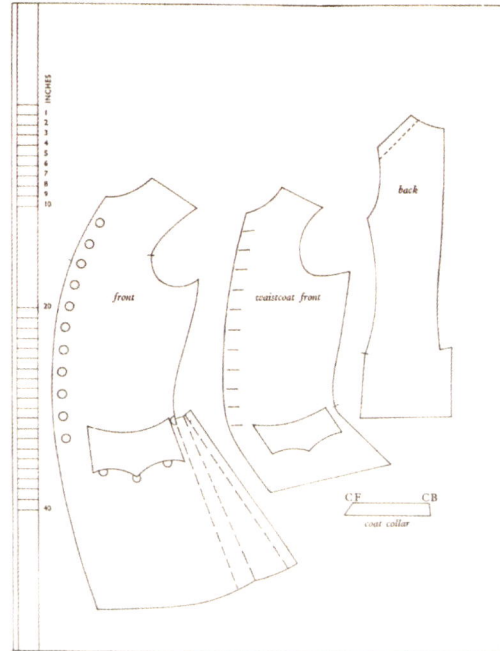

DIAGRAM XXI

COAT, WAISTCOAT, AND BREECHES *c.* 1760. Rose-coloured silk with narrow self stripe, embroidered in coloured tambour work down centre fronts, centre back slits, side skirts, pockets and cuffs. Flat buttons embroidered to match, no button-holes, hooks on chest. The waistcoat is embroidered to match, the back is of holland. *Victoria and Albert Museum*

（b）结构图（前身＋马甲）

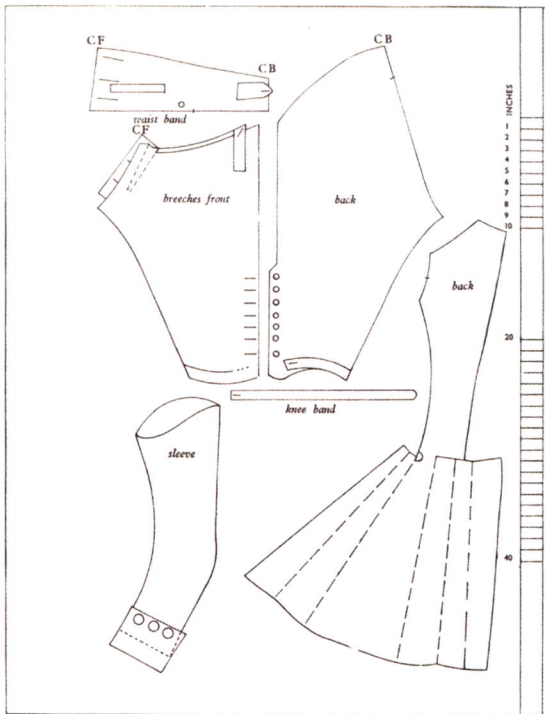

DIAGRAM XXI

（c）结构图（后身、袖子＋裤子）

图1-4　1760年代男士贵族服饰

资料来源： Norah Waugh.《欧洲男装史》（1600～1930）。

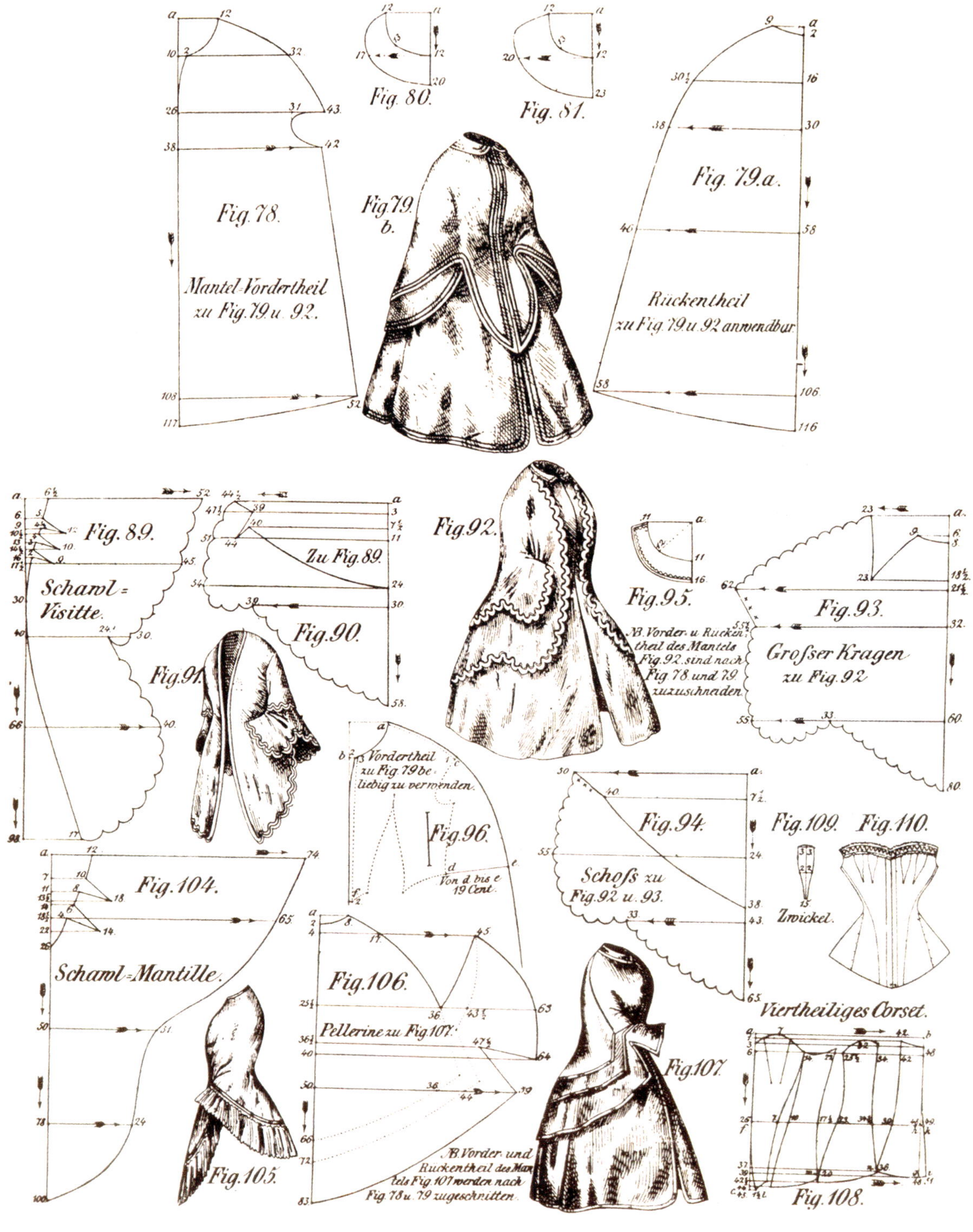

图 1-5　1840 年代披风和杜曼斯（外观图和结构图文献）

资料来源：Norah Waugh.《欧洲女装史》（1600~1930）。

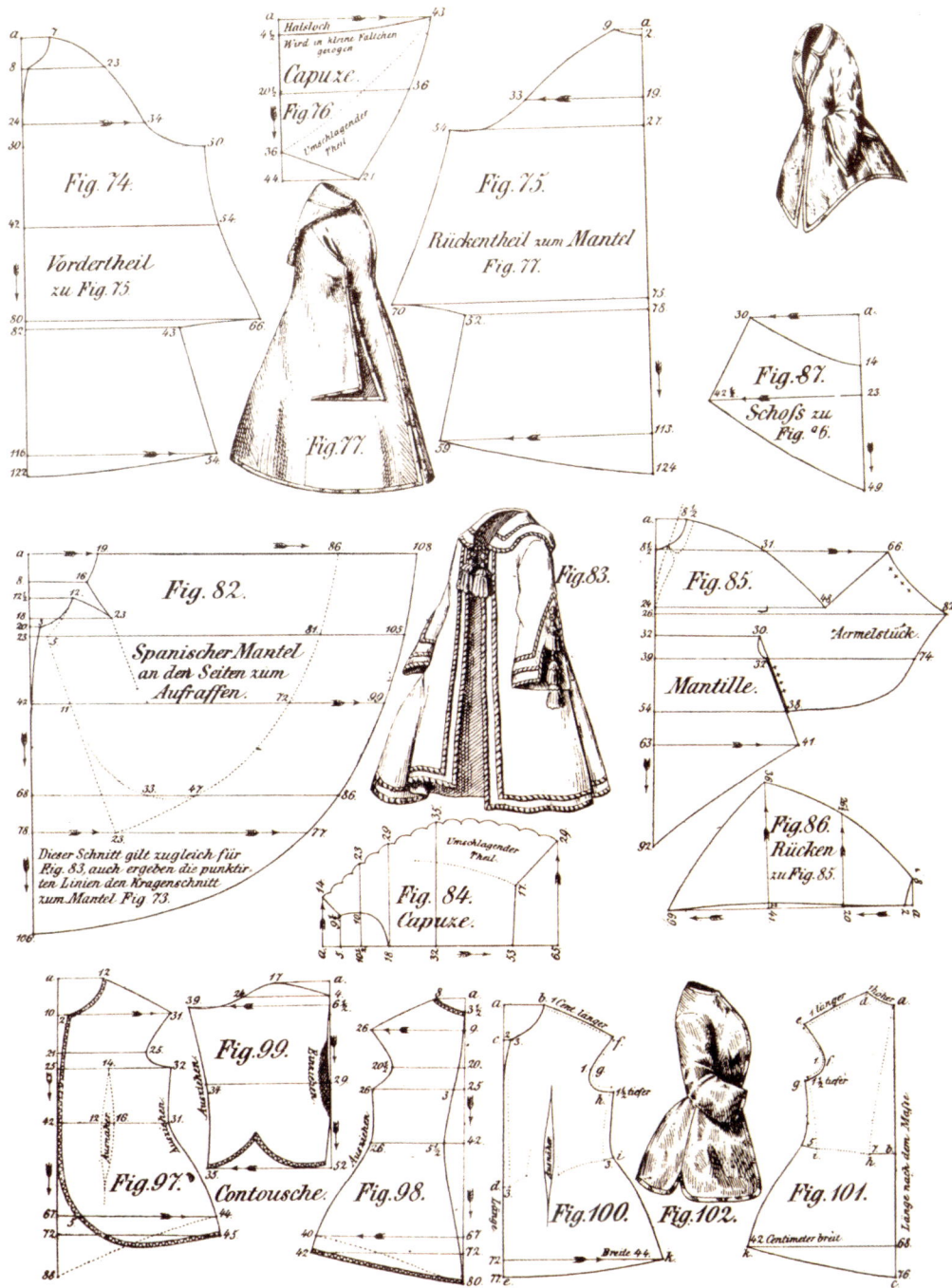

图 1-6　1840 年代皮革外套（外观图和结构图文献）

资料来源：Norah Waugh.《欧洲女装史》（1600~1930）。

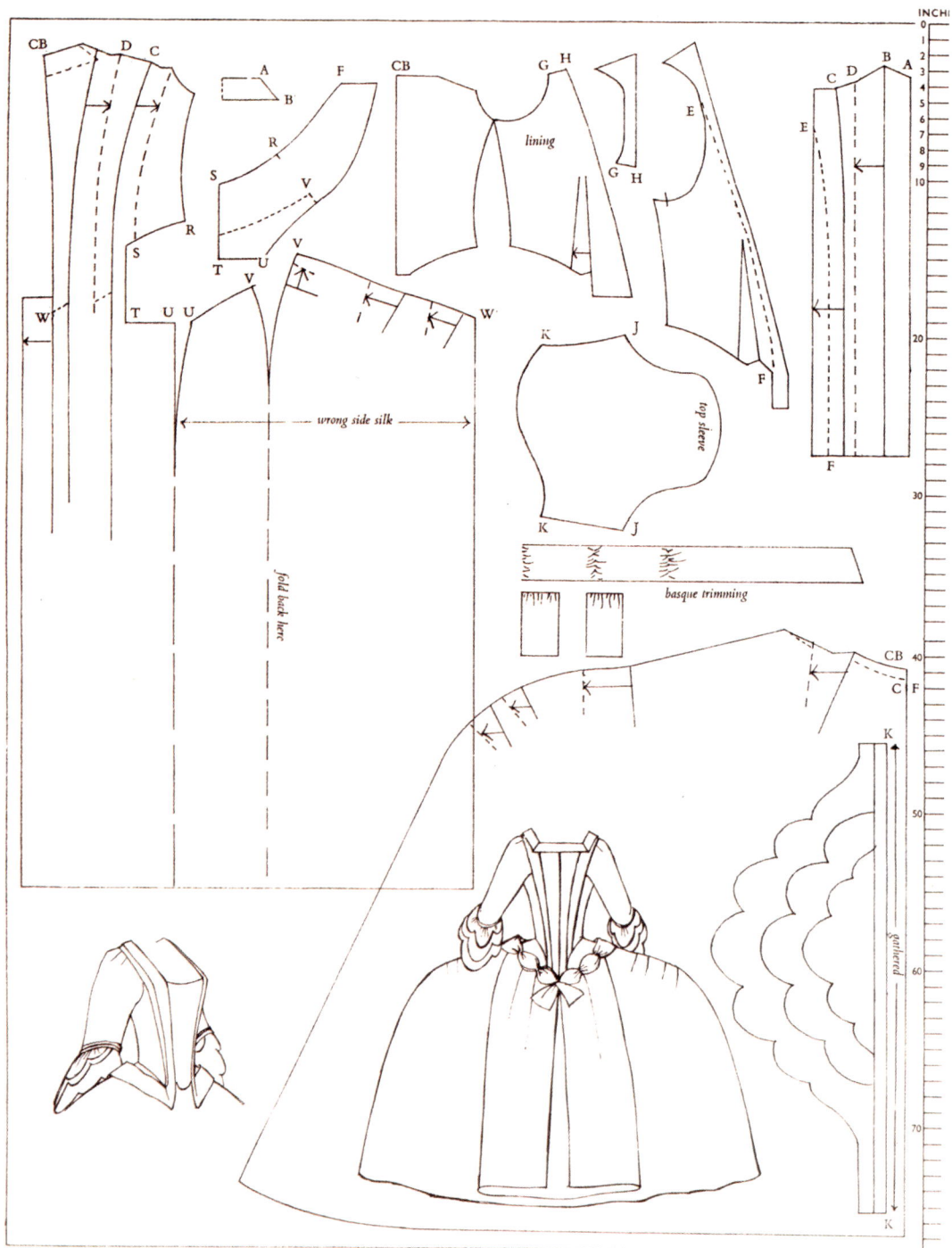

图 1-7 1840 年代洛可可时代盛装裙（外观图和结构图文献）

资料来源：Norah Waugh.《欧洲女装史》（1600~1930）。

日本服装结构研究及裁剪图文献历史从 17 世纪末就开始了，至今有四百多年的历史，和欧洲（16 世纪）几乎是同步的（图 1-8 ~ 图 1-10）。

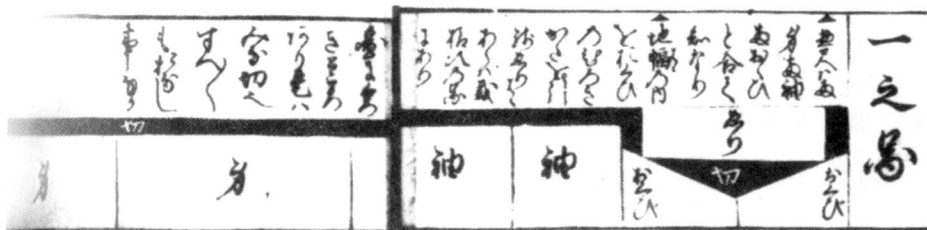

（a）元禄 3 年（1690 年）的结构图文献

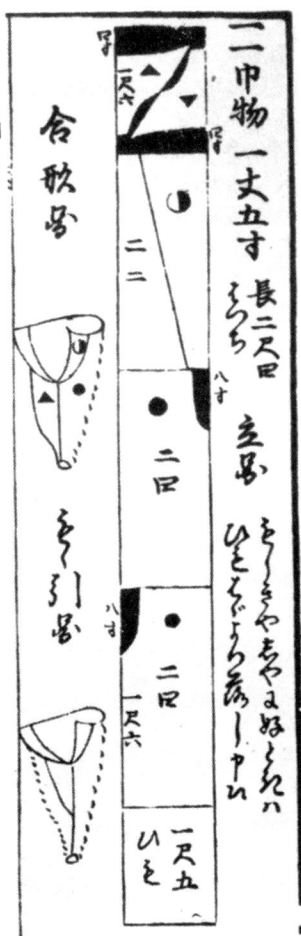

（b）明和元年（1764 年）的结构图文献 （c）天保 3 年（1832 年）的结构图文献

图 1-8　日本服装裁剪史

紅葉賀模樣茶屋辻帷子　江戸中期　野口真造蔵

（a）羽织标本

山水模様茶屋染帷子　江戸中期

（b）羽织标本

图1-9

越後上布矢絣帷子　江戸後期　文化女子大学蔵

（c）羽织标本

图1-9　日本羽织（帷子）标本

资料来源：（日）《服装大百科事典》。

男物本羽織標準寸法

名　　称	寸　　法　cm（鯨尺）
袖　　丈	長着＋0.5（1分）
袖　　口	長着と同寸
袖　付　け	袖丈と同寸（付詰め）
袖　　幅	長着＋0.5（1分）
袖　丸　み	長着と同寸
羽　織　丈	身長×½＋2～4
繰　　越	1（3分）
衿肩明き	裁切り10（2寸7分）
桁	長着＋0.5（1分）
肩　　幅	長着と同寸
後　　幅	長着と同寸
前　下　り	4（1寸）
襠　幅（上）	突合せ
襠　幅（下）	7（1寸8分）
乳　下　り	肩山から36（9寸5分）
衿　　幅	7（1寸8分）

女物本羽織標準寸法

名　　称	寸　　法　cm（鯨尺）
袖　　丈	長着－2（5分）
袖　　口	長着と同寸
袖　付　け	長着＋0.5（1分）
袖　　幅	長着＋0.5（1分）
袖　丸　み	長着と同寸
羽　織　丈	身長×½＋4
繰　　越	裁切り2.5（6分5厘）
衿肩明き	裁切り10（2寸7分）
身八つ口	10（2寸5分）
桁	長着＋0.5（1分）
肩　　幅	長着と同寸
後　　幅	長着と同寸
前　下　り	4（1寸）
襠　幅（上）	2（5分）
襠　幅（下）	6.5（衿幅と同寸）
乳　下　り	肩山から32（8寸5分）
衿　　幅	6.5（1寸7分）

男物袷本羽織　　　　女物袷本羽織

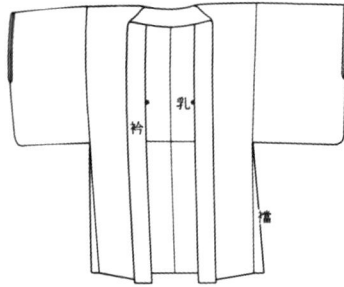
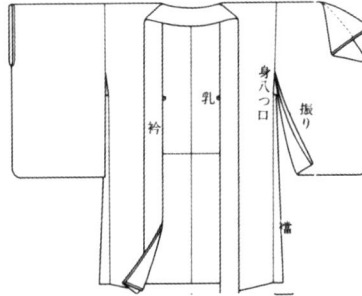

袷仕立ての本羽織

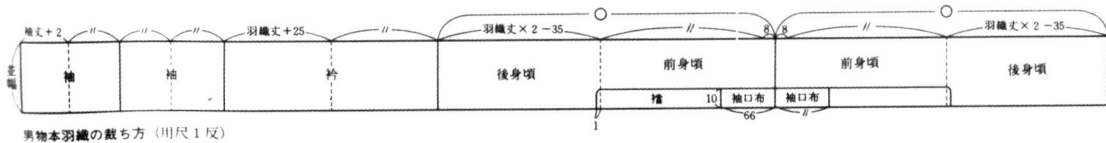

男物本羽織の裁ち方（用尺1反）

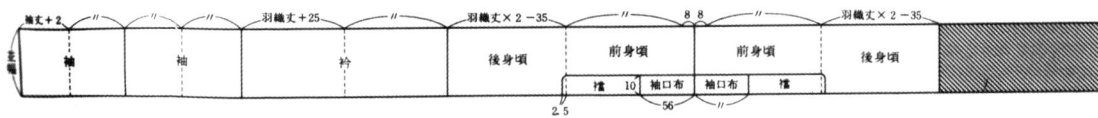

女物本羽織の裁ち方（用尺1反）

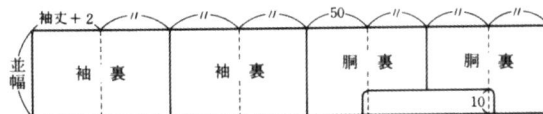

（a）本羽织外观图和结构图文献

图 1-10

第
一
章

绪
论

19

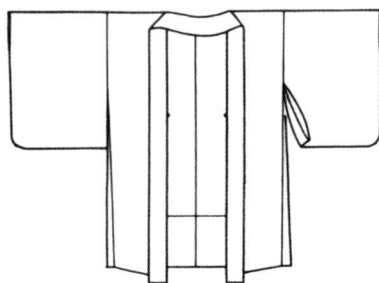

中 羽 織

総丈 670cm半幅の別衿付きの裁方

並幅	袖	袖	後身頃	前身頃	前身頃	後身頃	衿

50 — " — " — 105 — 130 — 130 — 105 — 204

襠　袖口布　袖口布　襠

2.5　　　56

総丈 836cm一幅衿の裁方

並幅	袖	袖	衿	後身頃	前身頃	前身頃	後身頃

52 — " — " — 206 — 90 — 121 — 121 — 90

襠　袖口布　袖口布　襠

2.5　　　56　　　"

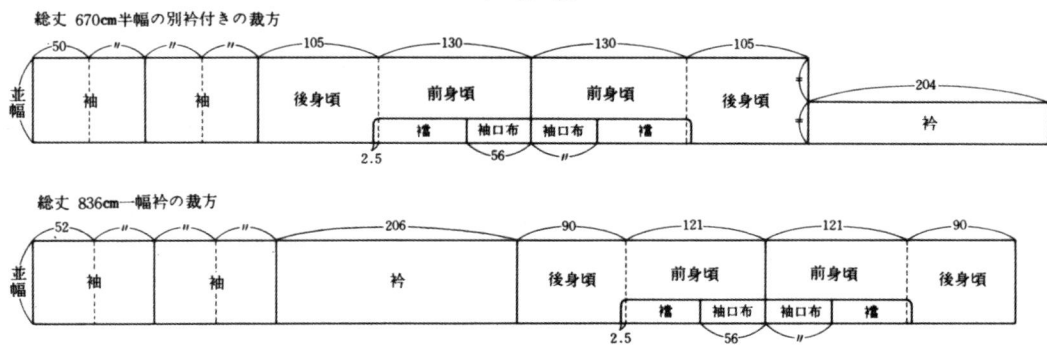

（b）中羽织外观图和结构图文献

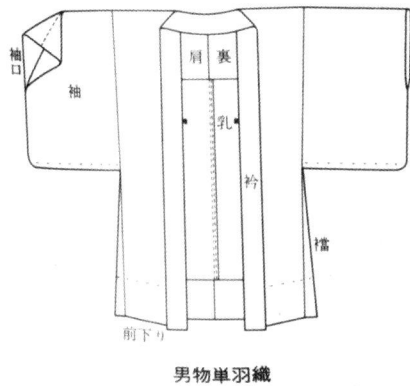

（c）单羽织外观图文献

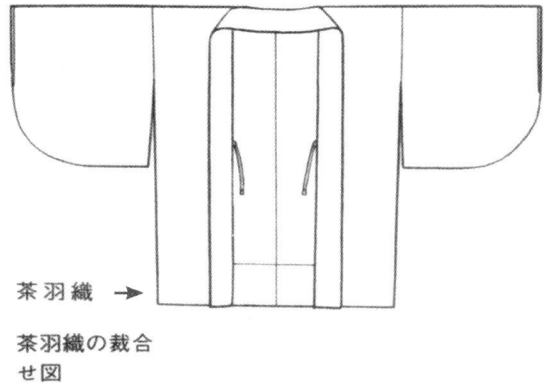

（d）茶羽织外观图文献

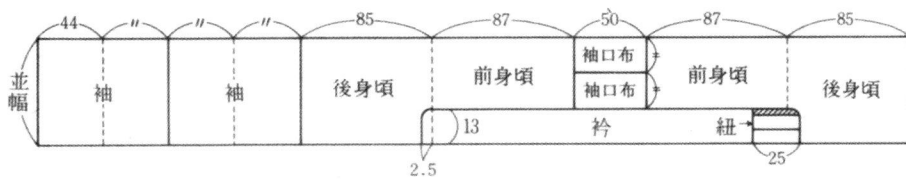

（e）茶羽织结构图文献

图 1-10　日本羽织（帷子）外观图及其系统的结构图文献

资料来源：（日）《服装大百科事典》。

第二章

先秦两汉、宋元、明清服饰结构
文献研究

　　以先秦两汉、宋元和明清断代去研究有关服饰结构的文献，主要是基于它们有成熟的考古发掘报告和权威的研究文献。虽然唐代在整个中国古代史中是不可或缺的，但就服饰而言至今没有标志性的唐服标本出土，这个现象本身就值得学术界深入研究。纵观先秦两汉、宋元到明清有关服饰文献中，针对其形制样貌的考案整理可谓蔚为大观，然而没有一篇研究报告对服饰（裁剪）结构作全方位深入的数据采集、测绘和结构图的复原报告，这势必被蔚为大观的表象遮挡了一部分视线，而依此按照形而上的逻辑去推理，殊不知这样的推理越充分就越不可靠。例如，中国古典服饰的"装饰学说"就是在这样的学术背景下诞生的，当我们对其结构进行深入地研究后发现，一切装饰手段都多少与节俭的动机有关；坚守平面结构却来自朴素的"敬物"观，而且这种十字型平面结构从先秦两汉到明清就没有根本改变过。当然，这个结论不限于对它们的文献研究，更重要的是对清末民初的标本考证溯前研究的结果。

一、先秦两汉上衣下裳十字型平面结构的灵动登场

　　自黄帝垂衣裳而天下治，到周代冕服制度的完备，这是以礼乐为标志的中国古代服装从原始形态进入成熟阶段的第一个时期。值得研究的是，在结构上，从周代始冕服的形制就像汉字的结构一样，直到清末民初没有发生过根本改变，即十字型平面结构。风云变幻的春秋战国时期，思想上百家争鸣，政治上诸侯博弈，而服装亦异彩纷呈，各地服装都极具地域特点。但在结构上总的来说，有两种基本形制：上衣下裳制和上下连属制。而上下连属的深衣式袍服是这个时期穿着非常广泛的服装。这种将上衣和下裳在腰部缝合起来的长衣不仅流行于多事的春秋战国时期，在天下一统的秦、汉两代也是不分男女、贵贱都喜欢穿用的服装，因而极具代表性。

　　目前，我们能看到的中原地区最早的深衣式袍服，是战国中、晚期（公元前340～公元前278年）的湖北江陵马山一号楚墓❶出土的袍服。该墓出土的大量保存完好的直裾深衣式袍服，与同样保存完好的西汉早期马王堆一号汉墓出土的袍服一起，为我们研究盛行于先秦至两汉的这种古代服装提供了丰富的实物资料。

　　另外，由于汉代丝绸之路的开通，中原与西域经济、文化等得以交流沟通，中原和西域的服装文化也因为丝绸之路的连接而相互影响、相互借鉴。这种影响不仅停留在服装面料、纹样等表面装饰上，也深深地植根于服装的结构当中。中原汉民族服装和西域民族服装有着结构上的同一性，丰富的考古成果能够很好地证明这一点。

中华民族服饰结构图考　汉族编

---

　　❶ 湖北江陵马山一号楚墓是一座战国中、晚期（公元前340～公元前278年）的贵族墓葬，墓主人为女性，身高约160厘米，死亡年龄在40~45岁，生前身份应该是士阶层中地位较高者。

（一）江陵马山一号楚墓战国深衣结构的正裁与斜裁

　　江陵马山一号楚墓出土服饰共20件，包括袍、衣、裙、裤、帽、鞋及冥器类衣物。衣袍均为交领、右衽、直裾、上衣下裳相连的深衣式，有棉、夹、单三种，不见曲裾。

　　按照表面特征，可以将马山一号楚墓出土袍服分为素纱绵袍（按照出土顺序，编号为Ｎ１）、凤鸟花卉纹绣浅黄绢面绵袍（编号为Ｎ１０）、小菱形纹锦面绵袍（编号为Ｎ１５）为代表的三种类型。图2-1所示为根据三件绵袍的实物图绘制的款式外观图，这为它们结构图的复原提供了很有参考价值的比例面貌，再结合表2-1中三件绵袍所提供的相关信息，为绘制它们的结构图提供了可能。

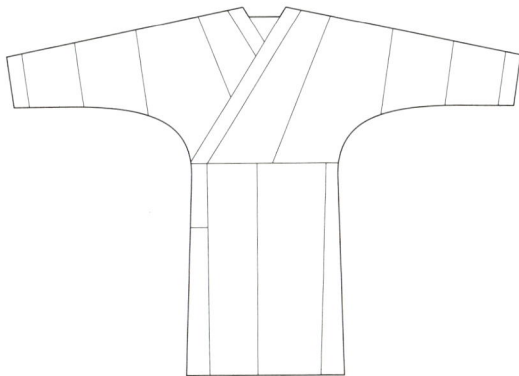

（a）素纱绵袍（N1）

图 2-1

（b）凤鸟花卉纹绣浅黄绢面绵袍（N10）

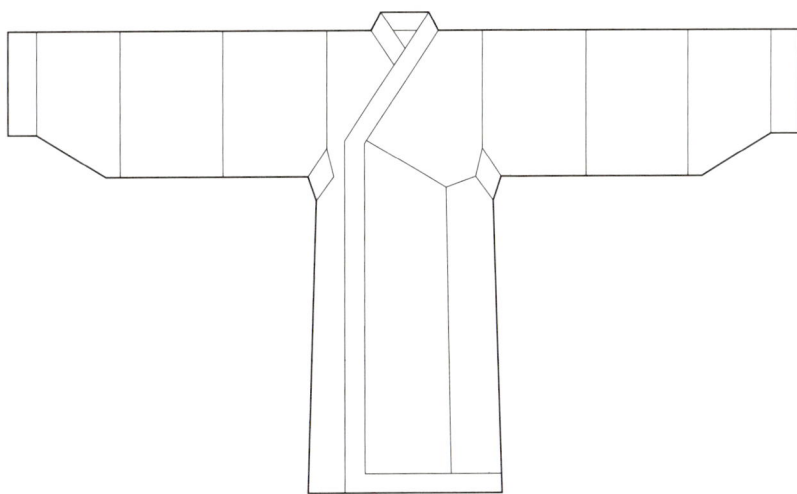

（c）小菱形纹锦面绵袍（N15）

图 2-1　江陵马山一号楚墓袍服标本及外观图

资料来源：《中国古代服饰研究》。

表 2-1 　江陵马山一号楚墓部分出土袍服信息　　　　　　　　　　　　　　　　单位：厘米

标本		素纱绵袍（N1）	凤鸟花卉纹绣浅黄绢面绵袍（N10）	小菱形纹锦面绵袍（N15）
款式特征	领	交领右衽，后领下凹	交领右衽，后领平直	交领右衽，后领平直
	袖	肩袖斜向，袖子自腋下向袖口直线收小	两袖平直，短袖，宽袖口	长袖，平直，袖下有胡①
	腋下	无小腰①	有长方形小腰	有长方形小腰
	面料	灰白绢里，领缘、袖缘为藕荷色绢	领缘用绦，袖和下摆缘用大菱形纹锦	领缘用绦，袖缘用大菱形纹锦，摆缘用几何纹
同类型袍		舞凤飞龙纹绣土黄绢面绵袍（N22）	对凤对龙纹绣浅黄面绢袍（N14）	小菱形纹锦面绵袍（N16）、大菱形纹锦面绵袍（N19）
衣长		148	165	200
领缘宽		4.5	6	6
袖展		216	158	345
袖宽		35	45	64.5
袖口宽		21	45	42
袖缘宽		8	11	10.5
腰宽		52	59	68
下摆宽		68	69	83
摆缘宽		无记录	8	8
保存情况		面已朽烂	基本完好	基本完好

注　此信息来源于考古发掘报告。

①小腰、胡为考古学报告术语。

从款式、结构、尺寸等方面对素纱绵袍、凤鸟花卉纹绣浅黄绢面绵袍、小菱形纹锦面绵袍进行比较可以发现，其裁制方式有正裁和斜裁两种。而后两者虽然款式有差别，但结构上又可以归为有"小腰"的一类，这是先秦中华服饰结构中出现的独一无二的"工效学"信息，因为之后的各朝很少出现，这是很值得研究的课题（表2-2）。

表2-2　素纱绵袍、凤鸟花卉纹绣浅黄绢面绵袍、小菱形纹锦面绵袍比较

项目\标本	素纱绵袍（N1）	凤鸟花卉纹绣浅黄绢面绵袍（N10）	小菱形纹锦面绵袍（N15）
外观图			
款式特征	后领下凹。平放时，两袖自领口向袖口斜向收窄，小袖口（袖口宽21厘米）	两袖平直，宽袖口，短袖	两袖平直，长袖，袖下有胡
结构特征	无小腰 袖缘和领缘斜裁，衣身正裁斜拼	有小腰 正裁。裁制时把整幅绣好的绣面剪开，每片大致照顾到刺绣图案的主题不被破坏	有小腰 正裁
尺寸特征	与同墓出土的其他类型服装相比，各部位尺寸相对小一些，疑为内穿袍服	虽然款式描述为短袖，但只是相对于其他长袖袍服而言。因其通肩袖长度已经达到158厘米，而墓主身高为160厘米，按照标准体型推算，袖长也应该在手腕至中指末端之间	在同墓出土的所有服装中袖展最长，达到345厘米（身高的2倍还多），其衣长200厘米，已经拖地60厘米有余

1. 江陵马山一号楚墓袍服结构的基本面貌

参照文献所提供的结构尺寸信息，绘出这三件袍服的上衣结构图，可以清楚地看到，除了素纱绵袍之外，凤鸟花卉纹绣浅黄绢面绵袍、小菱形纹锦面绵袍的上衣部分平面展开后都呈前后、左右分别对称的"十"字。虽然拼接较多，但是没有衣身与袖的分割，前后身相连，是一种平面规整的"十"字状态（图2-2）。

在先秦考古文献中，谈到服装裁剪方法时用到最多的词就是"正裁"和"斜裁"。所谓正裁，就是直纱向裁剪，衣片的纱向为"正"；斜裁，就是斜纱向裁剪，衣片的纱向为"斜"。正裁可以直接利用面料的幅宽拼接，简化工艺（不用考虑布边的处理）的同时，最大限度地提高面料的利用率，并且保持花纹的完整。而斜纱向裁剪由于斜向面料会有一定的弹性，巧妙地利用这种特性，会带给服装一定的实用性和适体度。中国古代先民很早就懂得了斜向面料的这一特性，并巧妙地运用到服装的制作当中。值得注意的是，无论正裁还是斜裁，它们都是在通袖线（水平）和衣身前、后中心线（竖直）形成的十字轴线上展开这种似乎只有在现代服装结构设计中才有的功能性处理。

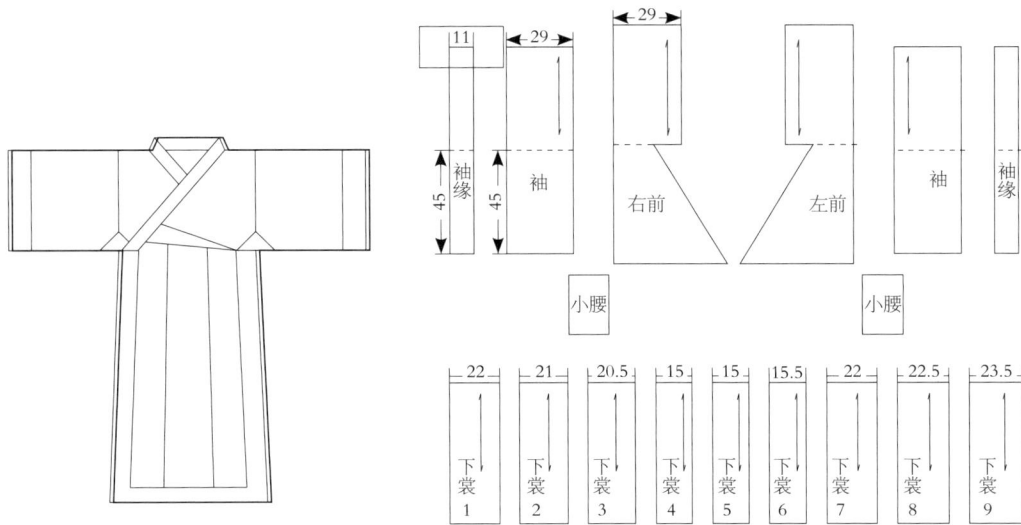

（a）N 10 结构图

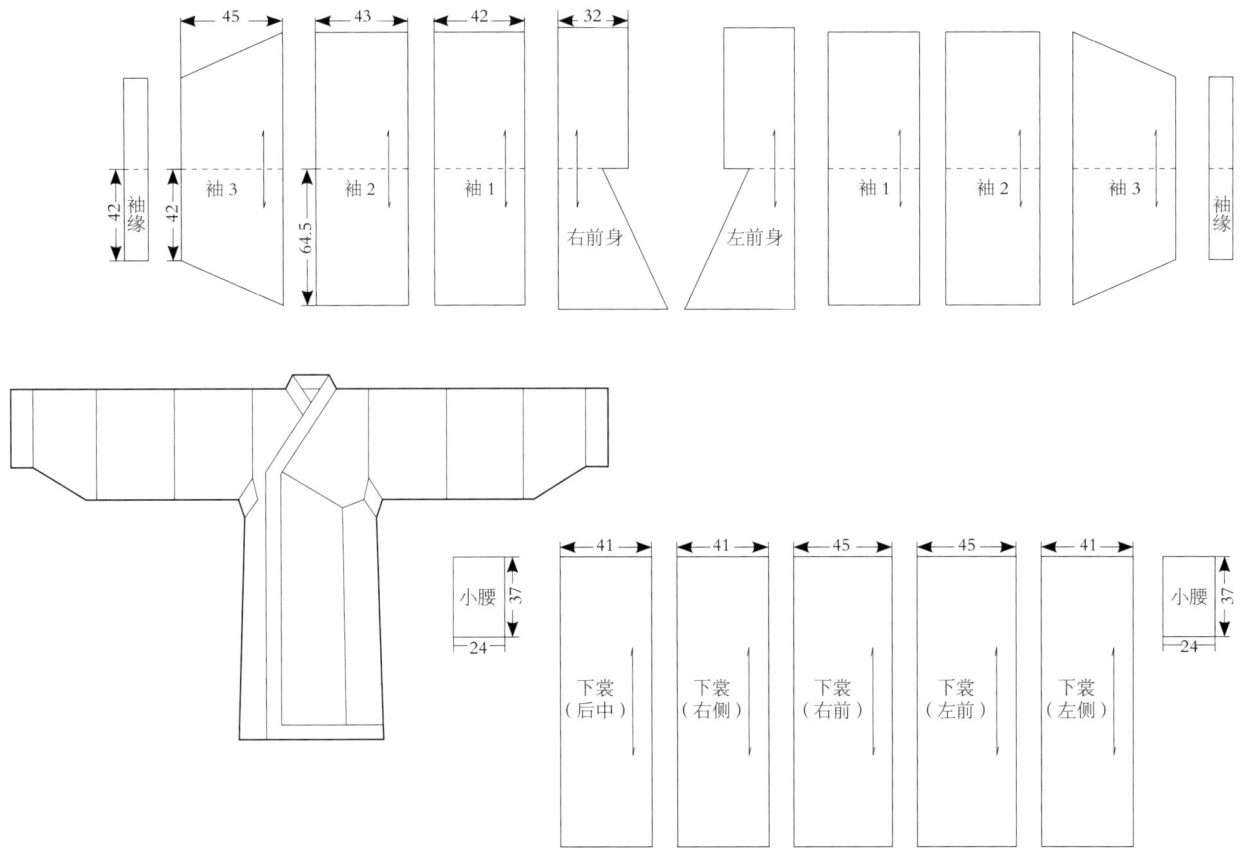

（b）N 15 结构图

图 2-2　凤鸟花卉纹绣浅黄绢面绵袍（N10）、小菱形纹锦面绵袍（N15）结构模拟复原图

中华民族服饰结构图考　汉族编

2. 从小腰在十字结构中的作用看衣身的正裁与斜裁

如果按照腋下结构来划分，马山楚墓出土的袍服又可以分为两类，一类是腋下缝有长方形小腰的绵袍，另一类是腋下无小腰的绵袍（以素纱绵袍Ｎ1为代表）。

对于小腰的作用，有研究者认为它增大了抬臂运动时腋下的活动量，同时由于接缝的巧妙，使肩袖受到牵扯，不再水平，而是向下倾斜，系扎腰带后，服装有一种挺胸拔背的造型趋势。除此之外，沈从文、王予在《中国古代服饰研究》中分析，小腰的作用之一是"横置腋下，遂把上衣两胸襟的下部各推移向中轴线约10厘米，从而加大了胸围尺寸"（图2-3）。通过对该结构复原的分析认为，小腰确实加大了成品胸围的尺寸，但是这个增加的围度更主要的作用是增大门襟的拥掩量，使僵硬的十字型结构更加灵活适体。

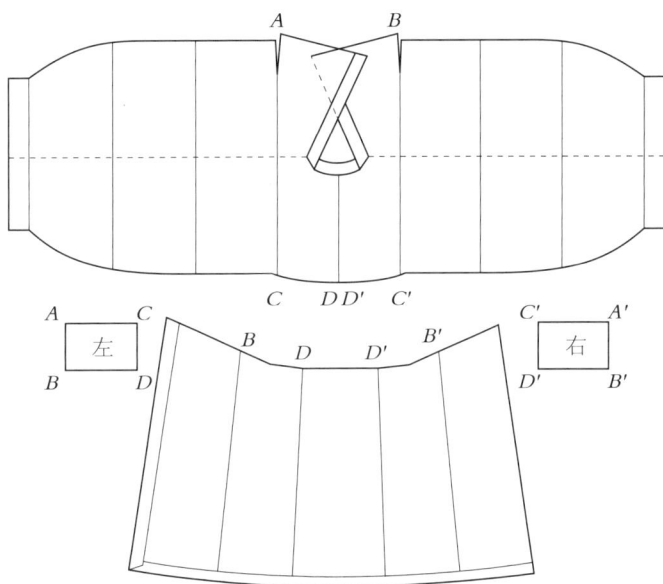

图2-3　小菱形纹锦面绵袍的小腰结构示意图

资料来源：《中国古代服饰研究》。

首先，门襟必须遮掩严密，这是礼仪的需要。按任大椿在《深衣释例》中的说法："按在旁曰衽……右旁之衽不能属连，前后两开，必露里衣，恐近于亵。……而右前衽交乎其上，于覆体更为完密。"如果门襟的拥掩量不足而将内衣（或下体，古时裤无裆）显露的话，这在崇尚礼乐的时代是不可想象的。裁衣时必须考虑门襟要遮盖严密。汉代曲裾袍服的作用就是将身体层层包裹缠绕，不致行动时显露下体。对于没有长衣裾的直裾，左右衣裾的重叠量就尤为重要了❶。而只有衣身围度足够大，才能获得充裕的门襟拥掩量。

其次，宽大的直裾袍服衣身上根本反映不出确切的胸围位置。墓主人为身高160厘米的女性，如果按照现代的人体标准去推测其背长，只有38厘米左右。而袍服的袖根宽在40～64.5厘米，因而袖根的位置已经在人体腰围线以下了（图2-4）。所以，直裾袍服上根本反映不出人体胸围的位置，小腰增加的也不是确切的胸部围度。

最后，将小腰镶嵌在上衣的腋下和下裳的腰围线之间，其增加的围度主要在腰围线以下的位置，而不是胸部。以小菱形纹锦面绵袍（N 15）为例，如果从数据上推算，如图2-5所示，上衣和下裳要在腰围线位置缝合起来。但是，上衣腰围线一周的尺寸约32厘米+32厘米+50厘米+50厘米=164厘米（参照表2-4，按照衣片的最大宽度为50厘米推算），而下裳四片拼合起来一周的长度是45厘米+45厘米+41厘米+41厘米+41厘米=213厘米，比上衣腰围线长49厘米（213厘米-164厘米）。这个长度的差量就由小腰的长度来弥补。小菱形纹锦面绵袍的小腰长37厘米、宽24厘米，两侧小腰的宽度总和恰好是24厘米+24厘米=48厘米，与上衣、下裳腰围线长度相差49厘米基本相同。

若仅从上衣的角度来说，如图2-6（a）所示，若没有小腰，将上衣展平时，左右门襟重叠量 AB 为36厘米。从实物的展平状态和外观图上看，门襟已经搭合至接近侧缝的位置，也就是说，小菱形纹锦面绵袍完全展放平整时，门襟重叠量接近腰宽68厘米［图2-6（b）］。显然，实际上衣四片拼合而成的36厘米重叠量与此相去甚远。那么，这个差值当然就由小腰来补充。而腰围线的位置刚好是左右门襟重合最大的位置。所以，小腰主要增加的并不是胸围尺寸，而是门襟的重叠量，这对活动（一般礼仪活动）下的拥掩作用是至关重要的。

❶ 有专家认为，直裾袍服腰身宽大，穿着时为了使衣袍贴身，要将袵部收紧，以便束带（彭浩．楚人的纺织与服饰．武汉：湖北教育出版社，1995：157）。即便是这样，也并不影响我们的推断。

袖口宽　　　　　　　　胸围线　　　　　　　　背长

腰围线

臀围线

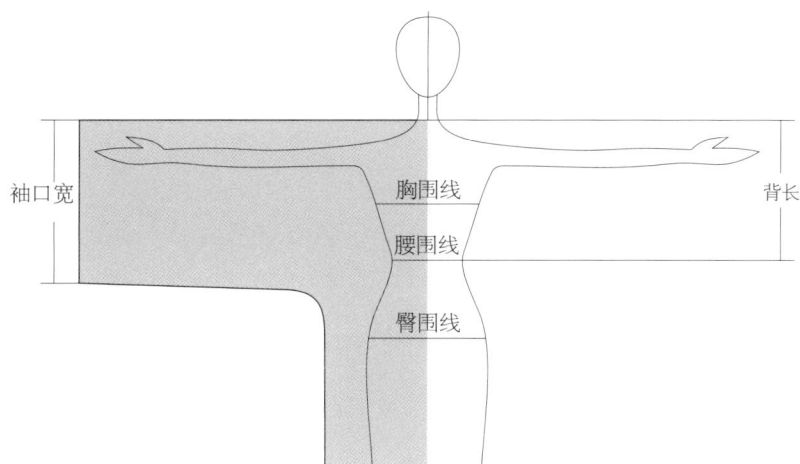

图 2-4　江陵马山一号楚墓出土袍服与人体部位对照图

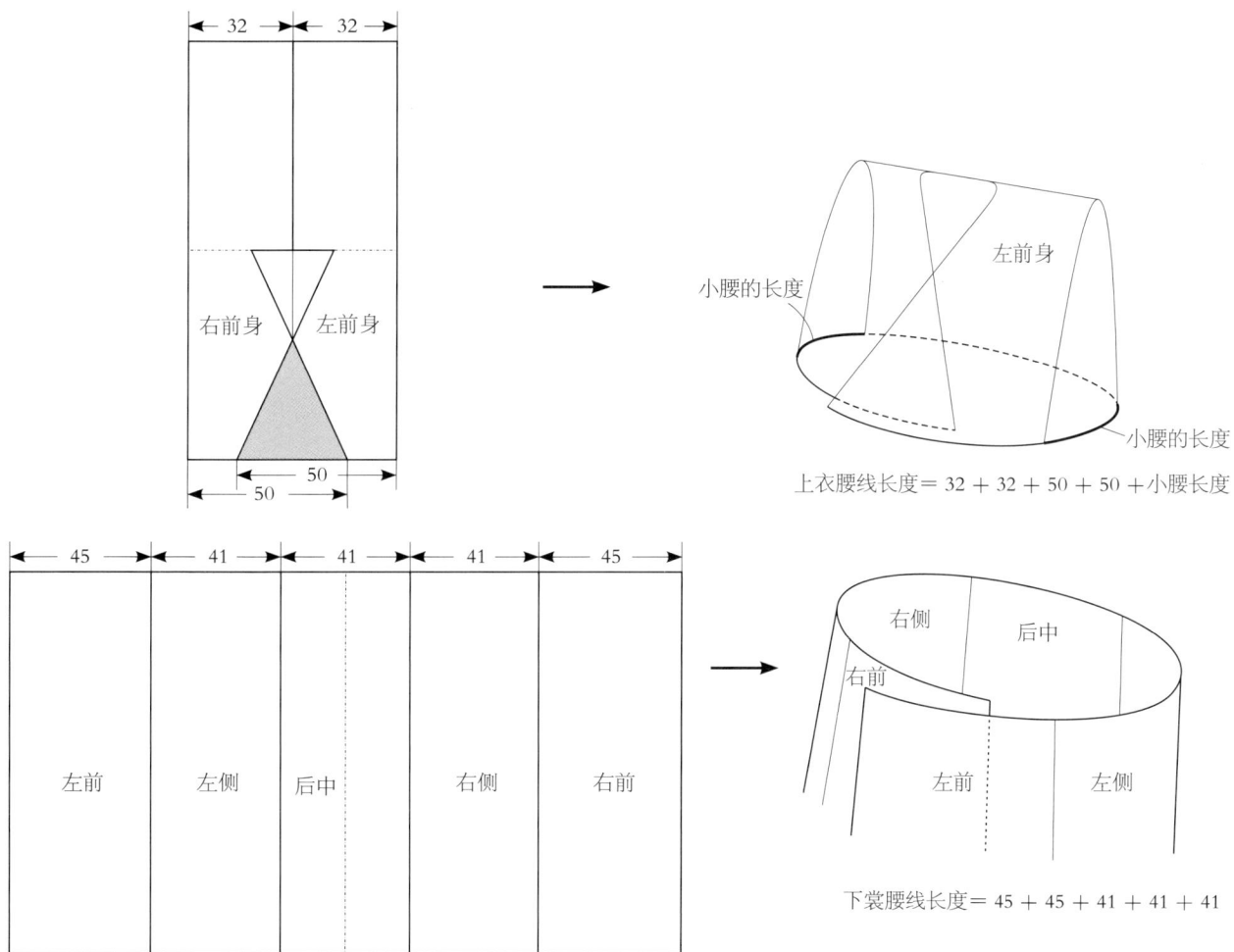

上衣腰线长度 ＝ 32 ＋ 32 ＋ 50 ＋ 50 ＋小腰长度

下裳腰线长度 ＝ 45 ＋ 45 ＋ 41 ＋ 41 ＋ 41

图 2-5　小腰增加上衣腰围线长度示意图

资料来源：《中国古代服饰研究》。

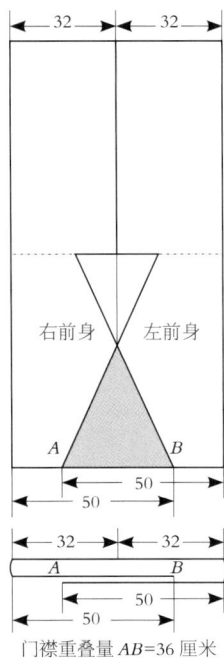

（a）结构图中的门襟重叠量变化

（b）外观图中的门襟重叠量变化

图 2-6　从无小腰到有小腰的门襟重叠量改变

对于有小腰的直裾袍服而言，门襟拥掩量可以用小腰来解决，但是，对于另一类没有小腰的直裾袍服，这个问题该如何解决呢？

腋下无小腰的袍服以 N 1 为代表。虽然《江陵马山一号楚墓》中记载其衣身和衣袖为斜裁，但有研究者通过面料幅宽与衣身裁片长度进行推算（由于幅宽窄，斜纱剪裁时达不到实物的衣片长度），认为其真正的剪裁应为"正裁斜拼"的方式（图 2-7）。斜拼使得服装肩袖线有一定的倾斜度，服装在平面上呈"┳"型左右对称。同时，斜拼还使得左右门襟的重叠量增大，这同样与采用小腰有异曲同工之妙，这不能不说是古人在面料和结构之间表现出的智慧（图 2-8）。

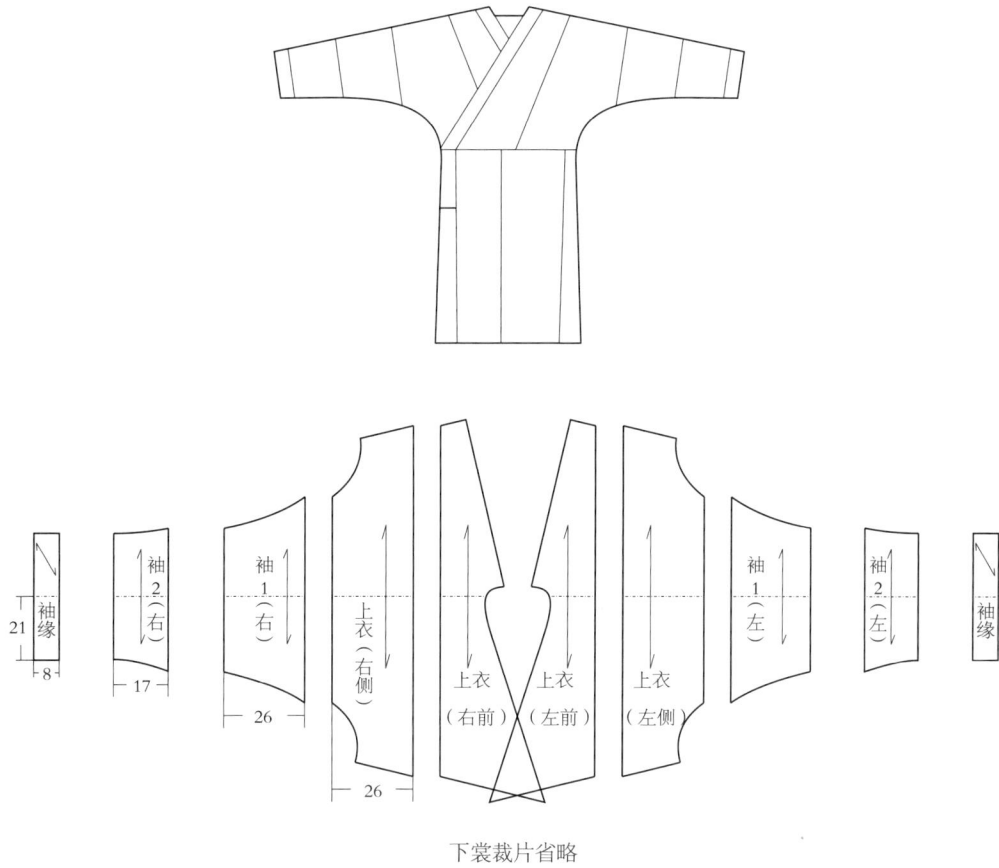

图 2-7 素纱绵袍（N1）上衣结构示意图

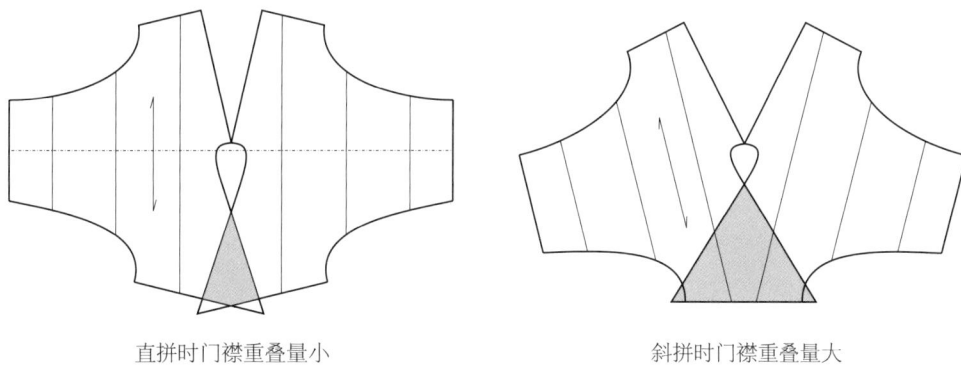

图 2-8 素纱绵袍（N1）直拼和斜拼示意图

马山楚墓出土的袍服都为直裾，并且可归为有小腰设计和无小腰设计两种款式，而小腰的作用之一就是增大门襟的重叠量，改善抬臂动作的范围，功能类似于现代的"袖裆"。那么，对于没有小腰的款式，利用斜拼的方式不仅可使服装适合人体的肩斜度，还达到了与有小腰袍服一致的效果，即增加了更大的门襟重叠量，是一举两得的方法。可见规整的十字型结构并没有阻碍对细致丰富的功能的探索与表达，这说明先秦时根据面料性能而施加的裁剪技术已经十分成熟。

同样的情况还反映在十字型结构利用斜裁收缩袖口的技术中。

素纱绵袍的领缘和袖缘采用斜裁拼接的方式。虽然没有详细的资料能够让我们进一步推测其具体的剪裁方法，但是从拼缝的走向上看，采用斜纱裁剪是可以确定的。素纱绵袍（N1）的袖口宽21厘米、袖缘宽8厘米，在同墓出土的袍服当中，尺寸较小，但是按照今天的服装剪裁标准来说，已经是大袖口了（表2-3）。可以想象，21厘米宽的袖口已经完全超出活动、穿脱、保暖等的实际作用，窄袖口也只是相对于同墓出土的其他更宽大的袍服而言。因此，先秦服制被确定为中华"宽袍大袖"的服制除了它的平面结构的必然外，还有更深层次的宗法因素。

表2-3　　N1袖口宽对照分析表　　　　　　　　　　　　　　　　单位：厘米

部位	同墓袍服	N1	中号女西装
袖口宽	19~47	21	12~13

马山楚墓出土袍服结构设计的巧妙，足以说明当时剪裁技术和对结构功能认识的成熟，而且利用面料的斜纱向满足服装的某种要求，在今天看来也够得上巧思了。小腰的使用，目前为止在出土的古代服饰当中，是个相对独立的案例，其前朝后世很少出现，这是否与古人重"格致"教化的思想有关，是尚需进一步研究的课题。而斜裁的技术，却在穿越时空的不同墓葬中出现，与之相距最近的，就是著名的马王堆汉墓（详见后文）。

3. 十字型结构的整裁和分片拼接表现出对面料的经营

马山楚墓出土的袍服还有一个显著的结构特点，即分片多所带来的拼接技术。裁剪时因将布边去掉，或者为了花纹的完整而剪裁面料，因而每一片的宽度都不足一个幅宽，或者远古由于技术的局限布幅本来就很窄。

　　将表2-4所示的分片宽度与面料的幅宽、刺绣纹样的大小等数据对照分析，可以初步得出分片有以下特点：对于没有刺绣纹样的面料而言，其分片基本上是在接近一个幅宽的范围之内变化；对于有刺绣纹样的面料而言，分片宽度要尽量容纳一个完整图案的宽度。上衣正身部分基本由两片拼成；上衣与下裳接缝时，满足"上下不通幅"及分片宽度在视觉上的平衡要求。

　　总结起来，分片宽度的确定，综合了面料幅宽、纹样、服装尺寸、款式要求等因素。但是，为何不直接利用幅宽，而是将布边剪裁一部分再拼接，却找不到明确答案，也许和某种礼制有关，还需从实物标本接口形态的测试中获取证据。值得思考的是，分片拼接基本无视人体的存在，从而在思想上保证了十字型平面结构的稳固性和传承性，这或许是将人体掩映在物质之间的"天人合一"的普世表象。

表2-4　江陵马山一号楚墓三种袍服分片情况

标本	素纱绵袍（N 1）	凤鸟花卉纹绣浅黄绢面绵袍（N 10）	小菱形纹锦面绵袍（N 15）
外观图			
上衣	皆斜裁，共8片，宽分别为23厘米、26厘米、26厘米、17厘米，袖缘和领缘也斜裁	正裁2片，各宽29厘米，上衣下部拼有一块三角形面料	正裁2片，各宽32厘米
双袖	—	两袖正裁各1片，各宽39厘米	正裁各3片，宽分别为42厘米、43厘米、45厘米
下裳	下裳8片正裁，宽20~37厘米不等	正裁9片，各宽15厘米、20.5厘米、21厘米、22厘米、23.5厘米、22.5厘米、22厘米、15.5厘米、15厘米	正裁5片，大襟和小襟正面2片各宽45厘米，其他3片各宽41厘米（均不足一个幅宽）
总片数	16片（均不足一个幅宽）	13片（均不足一个幅宽）	13片（均不足一个幅宽）
面料幅宽	32.2厘米左右	49~50.5厘米　刺绣纹样总宽49厘米，由宽度约为25厘米的凤鸟、宽度约为24厘米的缠枝花卉组成	45~50.5厘米

4. 江陵马山一号楚墓袍服的结构特点

综上所述，对江陵马山一号楚墓出土袍服剪裁结构的分析让我们得到如下结论：

第一，除了以素纱绵袍为代表的一类袍服表现为变异的十字型平面结构外，服装平面打开均呈十字型整一性的平面结构。整一性是指虽然分片多，但并没有基于立体的袖子、前后衣身以及肩袖线的分割处理，而是一种浑然一体的"掩映"形态。而素纱绵袍由于在没有小腰的情况下还要满足门襟的重叠量，所以上衣采用正裁斜拼的方式，从而使得服装成型后为"T"型。虽然结构不是标准的"十"字，但在内部的分片和整体的拼接状态上，它的结构和凤鸟花卉纹绣浅黄绢面绵袍、小菱形纹锦面绵袍的十字型结构整一性的特点是一致的，因而我们可以将素纱绵袍的结构称为变异的十字型结构。

第二，正裁与斜裁巧妙结合相得益彰。真正的斜纱向裁剪出现在素纱绵袍的领缘和袖缘上，起着很好的收缩作用。而正裁斜拼的素纱绵袍上衣部分，可以看作是为了满足门襟的拥掩要求而利用斜拼的方式改变纱向的技术处理，规整的十字型结构并没有影响对细致丰富功能的探索与表达。

第三，服装在十字型整一性平面结构内部分片较多并不同于西方传统服饰结构对人体的表现。分片呈现出的是，考虑面料幅宽、保持花纹完整的崇礼性大于尚人性的表现。此外，不足幅宽的分片拼接或许是为了满足某种礼制的密符。

第四，独树一帜的小腰结构不仅带给袍服外观、运动功能的改变，还增大了门襟的重叠量，满足了服装蔽体严密的礼教需求，可以看出清末走向末路袍服的十字型平面结构有着深刻的历史渊源。

（二）长沙马王堆一号汉墓深衣结构的斜裁与拼接

汉代深衣式袍服传承了先秦的服制，它是在上衣下裳十字型平面结构的基础上增加了大量的正裁、斜拼的拥掩技术，投射出一个富足繁荣的帝国气象，在结构上它走了一条宽袍但并不大袖的路线。

1. 马王堆一号汉墓袍服结构的基本面貌

马王堆一号汉墓[1]出土衣物基本保存完好，共有袍服 11 件，其中 8 件为曲裾，3 件为直裾。表 2-5 为出土相关袍服的数据信息。

表 2-5　湖南长沙马王堆一号汉墓出土袍服的数据信息　　　　　　单位：厘米

品种　　　部位	衣长	通肩袖长	袖宽	袖口宽	腰宽	下摆宽	领缘宽	袖缘宽	摆缘宽
曲裾袍服（8件）	130~155	232~250	30~39	24~28	52~63	58~80	20~28	26~35	28~31
直裾袍服（3件）	130~132	228~250	38~41	25~30	48~54	57~66	10~20	29~44	37~38

所有袍服均为上衣下裳分裁再缝合的深衣形制，右衽，曲裾可后掩至背部，直裾可掩至身侧稍后的位置（图 2-9）。

马王堆一号汉墓出土袍服无论曲裾、直裾，上衣均正裁，背中拼缝；曲裾袍服下裳斜裁，直裾袍服下裳正裁。袍服的领缘、袖缘、摆缘均为斜裁（图 2-10）。在结构上和江陵马山一号楚墓一样，同是十字型平面结构。但是，汉代袍服对面料的利用更加理性，表现为完全利用面料的幅宽进行拼接，大量的斜裁技术运用也是如此。另外，在上衣和下裳的拼接上有着独特之处，上衣采用直裁直拼，下裳、领缘、袖缘和摆缘采用斜裁斜拼，这在利用面料性能的结构技术上达到了甚至之后各朝都不能企及的巅峰。

---

[1] 马王堆一号汉墓是西汉早期高级贵族墓葬，年代为公元前 2 世纪早期（公元前 198 ~ 公元前 188 年），墓主是西汉长沙国丞相利苍之妻辛追，年龄 50 ~ 55 岁，身高约 154 厘米。该墓与马山一号楚墓（公元前 340 ~ 公元前 278 年）相距年代较近，同属于楚文化的脉络体系。

标本——正面

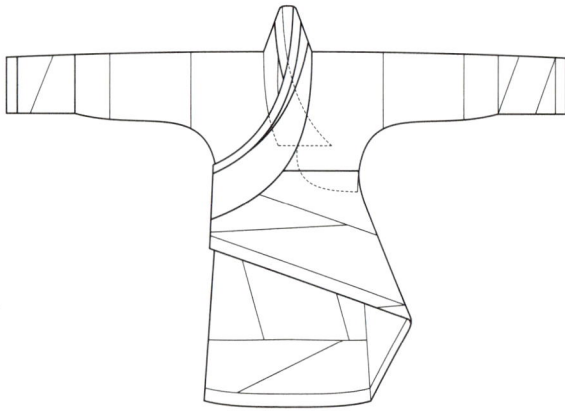

外观图——正面

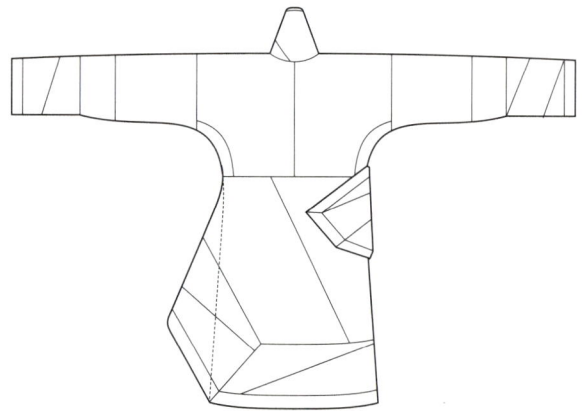

外观图——背面

（a）曲裾袍服

标本——正面

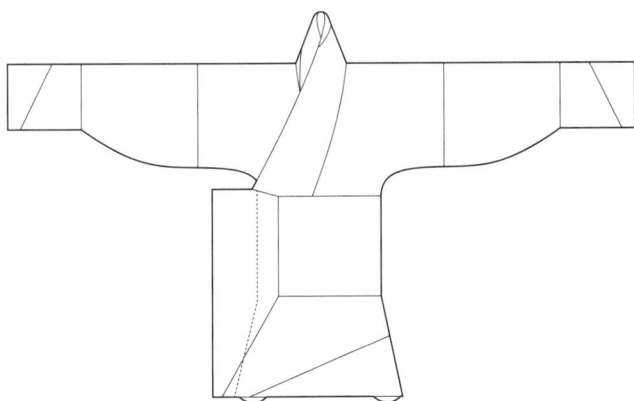

外观图——正面

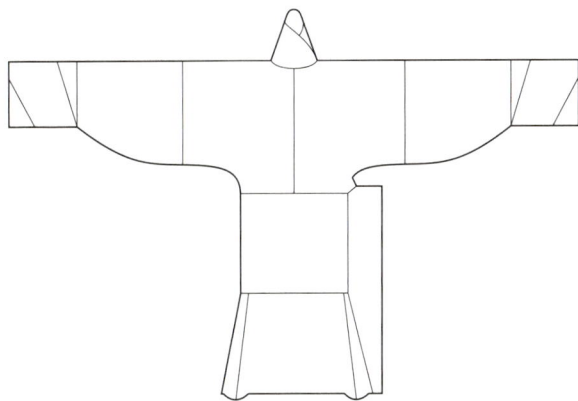

外观图——背面

（b）直裾袍服

图 2-9　马王堆一号汉墓出土袍服标本及外观图

图片来源：《中国美术全集　服饰卷》。

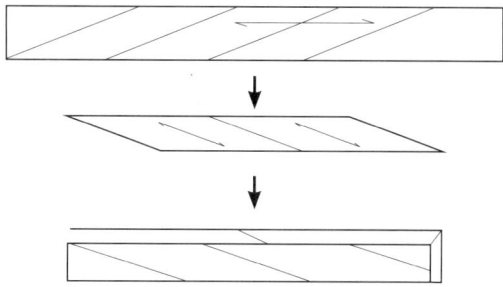

领缘、摆缘、裁拼示意图

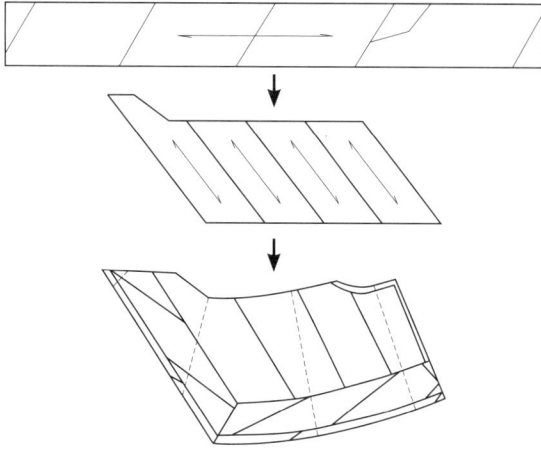

下裳裁拼示意图

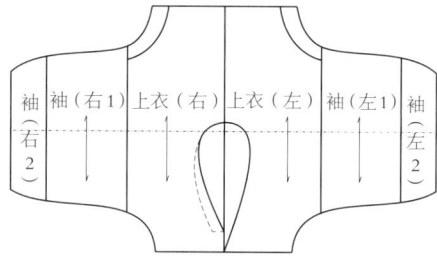

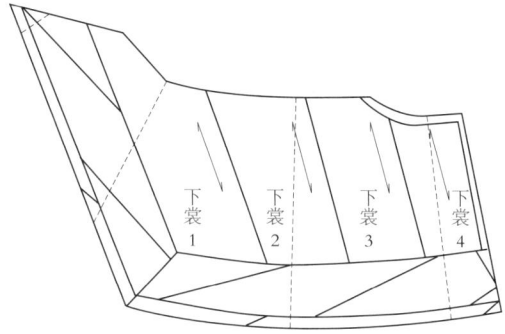

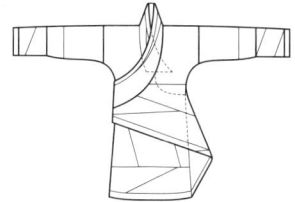

曲裾袍服结构图

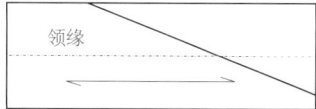

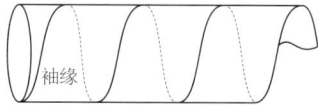

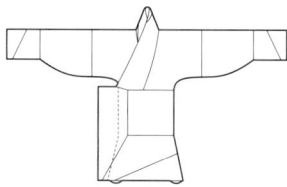

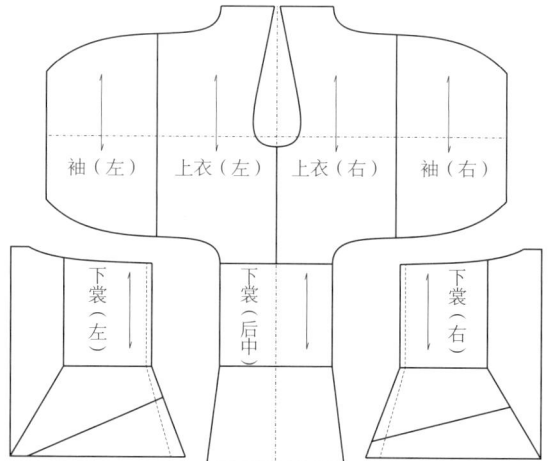

直裾袍服结构图

图 2-10　曲裾袍服与直裾袍服的结构图

2. 曲裾袍服正裁上衣斜拼下裳的拥掩结构

如图 2-11 所示，曲裾袍服上衣五幅面料正裁，四片为完整幅宽，靠近袖缘的分片宽度均为幅宽的一半。下裳斜裁四片，但并不是严格意义上的 45° 正斜纱向剪裁，而是在幅宽的基础上将裁片下缘取 115° 左右的倾斜，再截取下裳的长度，然后每片拼接起来［图 2-11（a）］。与上衣拼接时，DE 与右襟缝合［图 2-11（b）］。下裳的腰围线 CD 部分处理成微小的弧度，拼接时上衣后腰围线呈直线，这样就使得上衣下裳腰线连接后下裳呈微喇叭状张开［图 2-11（c）］。左门襟拼接处 BC 平直，这样下裳门襟的倾斜得以固定，但在 C 点处的转折角度使下裳侧廓线向外张开，与包裹的里襟形成一定的空隙，从而利于穿着者行走。AB 长于上衣左襟，作为门襟的重叠拥掩量，并与幅边 AH 形成 60° 左右的角度，也就是三角形"衽"的尖角［图 2-11（d）］。在 AHG 处镶上宽 28~31 厘米的摆缘，曲裾门襟的拥掩量得到满足［图 2-11（e）］。

利用面料的幅宽拼接，通过上下边缘线的处理和与上衣的拼接线来改变成衣后的纱向，自然形成曲裾三角的款式状态和一定的门襟重叠量，再利用领缘和摆缘的宽度达到理想的曲裾拥掩量，同时，斜纱向的下裳摆缘都赋予了面料一定的弹性，表现出很好的舒适性。这样人性化的剪裁设计匠心独具，巧妙而实用，说明十字型平面结构通过斜拼也有着充分的功能表现空间。可见在罢黜百家独尊儒术的汉代，强大的宗法意识背后保存着人性的内核，至少服饰的结构让我们有了这样的思考。

马王堆汉墓曲裾袍服和马山楚墓素纱绵袍（N 1）的斜裁，虽然一件用于曲裾袍服的下裳，一件用于直裾袍服的上衣，但斜裁的应用都使得袍服拥有足够的拥掩量。斜裁（或斜拼）巧妙利用了面料的纱向来满足造型及实用性的需求。这种巧妙利用面料纱向的"物理"思想和方法，在远离秦汉的清末时期，再一次出现在女装袍服的十字型整一性平面结构剪裁上，这足以说明中国古典服饰的平面结构系统并不单纯，也不能完全用崇礼、宗族、规制和彰显说去解释这种表象，它的背后恐怕还有传承有序、内涵丰富的格物致知的课题值得我们去探索。

（a）下裳裁拼示意图

后
前

A　B
60°
C
D　E
F
H
G

（b）右前身（里襟）与下裳结合

F
E
G
D
B　C
A　60°
H

（d）左前身（门襟）与下裳结合

前
后

A　B
60°
C
D　E
F
H
G

（c）后身与下裳结合

领缘
B　C
A

（e）加缝宽阔的领缘

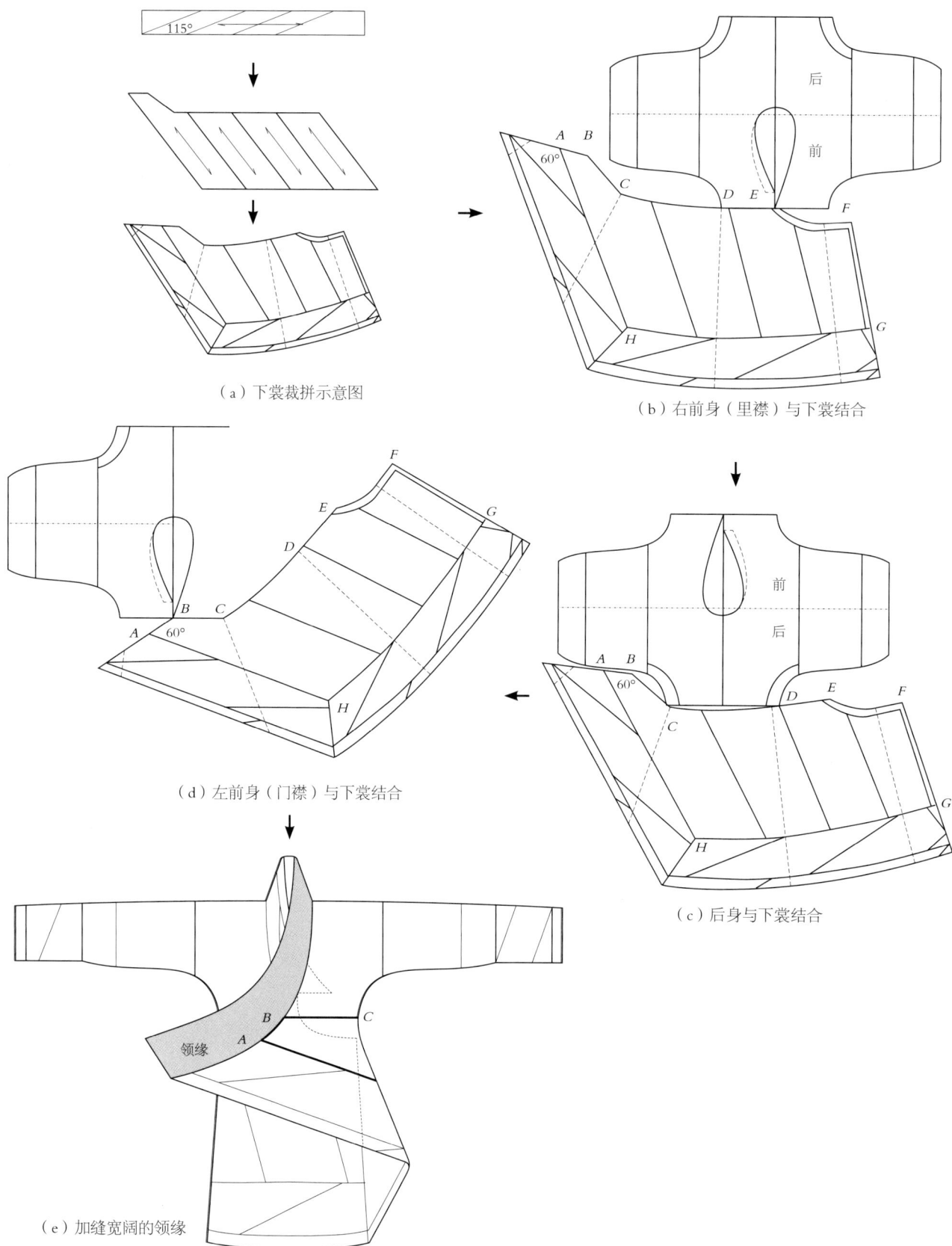

图 2-11　曲裾袍服裁剪结构上衣下裳拼接示意图

3. 直裾袍服正裁衣身的斜裁摆缘和袖缘

　　直裾袍服上衣四幅拼接，下裳三幅拼接，包括曲裾袍服上衣的四幅拼接都是正裁。拼接时，门襟和里襟就形成了一定的重叠量，加之宽阔的领缘和摆缘，使内外两层衣襟都能够掩至身侧稍向后的位置。斜裁的摆缘在侧缝处做斜展处理，使得下摆微张，不仅增加了裙裾变化的美感，也方便行路［图 2-11（c）］。

　　无论直裾或曲裾，马王堆出土袍服的袖缘、摆缘、领缘都很宽阔，并且都采用斜裁的方式。其中，袖缘的斜裁最有特色。直裾袍服的袖缘"用半幅白纱直条斜卷成筒状，向里折为里、面两层，因而袖口无缝"。这样斜裁斜卷的结构，会使袖口上下和左右方向都有很好的伸缩性，但是从宽大的袖口尺寸来看（袖口宽 25 ~ 30 厘米），斜裁赋予袖口的伸缩性似乎超出了实际用途（如保暖、方便穿脱、便于活动等），一方面反映了社会的富足（斜裁用料大，远超出直裁），另一方面暗示着拥有者的社会地位，这与西方同时期古罗马几乎无裁剪包缠式的袍服（ROMAN WEARING TOGA) 相比要考究得多（图 2-12）。

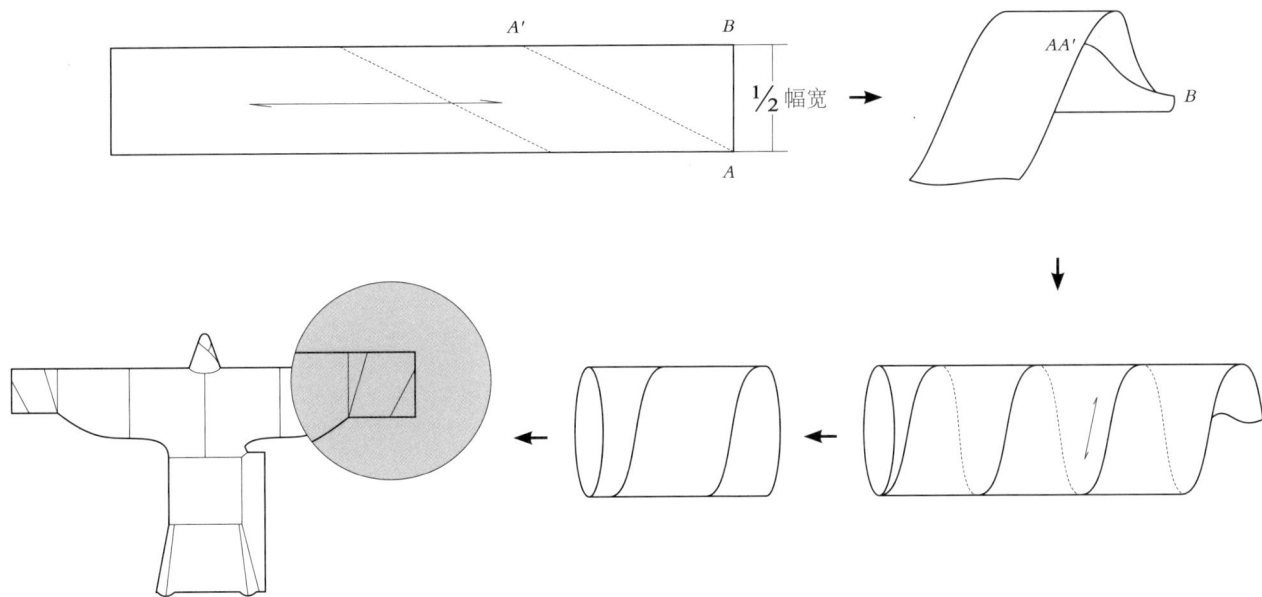

图 2-12　马王堆直裾袍服袖缘斜裁示意图

4. 马王堆一号汉墓袍服结构特点的启示

对马王堆一号汉墓出土深衣式袍服剪裁结构特点分析会给我们带来怎样的启示?

首先,整一性的剪裁特点。整一性表现在直接利用面料幅宽进行拼接的方式上。袍服的结构分片都是以幅宽为基础,直接利用整幅面料或者半幅面料,可以看出古人(裁缝师)即便在富足的贵族阶层中也必须坚守的节约意识。事实上,这种朴素优良的设计理念一直延续到清末民初,或许这是古典华服结构的特质之一。直线结构的拼接不会产生三维的造型效果,这使得十字型平面结构保持着良好的稳定性,袍服上衣结构始终以通肩袖线和前后中心线形成十字轴,前后、左右分别对称,并且无论怎样拼接,衣身与袖连裁、前后衣身没有分割的结构特征始终保持不变,这也是十字型平面结构的本质,而且这种固有的东方服饰结构系统就像汉字的象形结构系统一样在漫长的中华历史长河中坚守着。

其次,斜裁技术巧妙多样。袖缘、领缘、曲裾下裳分别采用不同的斜裁方式,并且与规制的表象需求很好地结合在一起。这说明在单纯的结构中有很好的技术施展空间,关键是它有利于开发面料的物理性能,而少触及人体,这既符合古典华服的结构规律,又满足了"避露官能"的传统礼教,因为在中国传统文化中对"性"的态度与古希腊完全不同,服饰表现人体始终是禁忌,却恰恰是对传统文化物化形态的诠释。最大限度地利用材料的平面结构是最有效的蔽体方法,同时也为装饰提供了可能。由此看来,恰恰可以为中国古典服饰的"装饰学说"找到了落脚点:装饰并非动机,而是表象。

最后,改变拼合腰线的形状来获得一定的服装造型和功能。曲裾袍服下裳的腰线不是平直的,而是根据下裳微微张开的造型需要将下裳腰线裁成带有弧度的腰线,与上衣腰线缝合之后很好地达到服装展摆造型的目的。这恐怕是古典华服结构表达立体的一叶小舟,也终将被平面结构的主流(平面升华为中华传统文化的道德精神)所淹没,而在之后历朝历代中从未出现过。

（三）汉墓与楚墓袍服代表华服十字型平面结构的里程碑

马王堆一号汉墓出土袍服与马山一号楚墓出土袍服相比，二者既有相同之处，又存在着很大的区别（表2-6）。

表2-6　马王堆一号汉墓出土袍服与江陵马山一号楚墓出土袍服的比较

序号	相同点	不同点
1	整体结构都是十字型平面结构，拼接都以面料的幅宽为基础进行	马山楚墓袍服分片都不足幅宽，而马王堆袍服分片都是一个幅宽或半个幅宽
2	都是上衣下裳分裁连属的深衣式	马王堆袍服中有曲裾款式，而马山楚墓袍服没有
3	都有斜裁方式的应用	马王堆袍服的斜裁用在下裳，马山楚墓袍服用在上衣
4	基本上都是"衣作绣、锦为缘"	马王堆袍服的缘边宽大，增大了门襟的重叠量；马山楚墓的袍服缘边窄，门襟重叠量的一部分来自小腰或斜拼上衣分片
5	都可见袖下有胡的款式	马山楚墓袍服腋下有小腰，而马王堆袍服没有

马王堆一号汉墓出土袍服与江陵马山一号楚墓出土袍服的异同点，可以看作是先秦两汉深衣式袍服所具有的结构特征的一部分，但它们也都没有脱离十字型平面结构主体，反而被固定下来。它们的尺寸都很宽大，而面料的幅宽又很窄（50厘米左右），这就使得服装上的拼缝成为这个时期的普遍特征。拼缝基本上根据面料的幅宽，或者保证面料花纹的完整而进行，并成为华服裁剪的传统。

在剪裁上，面料纱向的特点被很好地利用到服装结构中。裁剪时充分考虑服装款式、运动功能、着装礼仪以及造型效果，灵活采用正裁或斜裁的方式，并通过处理上衣下裳的腰线方式将正裁和斜裁面料巧妙地实施在十字型的平面结构设计中，这一现象可以说是中华服饰平面结构系统中所表现的深刻性、复杂性和技术性具有里程碑式的意义，因为这种情形在之后各朝再未出现。

在结构细节上，小腰的应用虽然是孤例，但却让我们发现了中国传统服装平面结构的丰富性和深刻性，以及古人灵巧的心思和独特的想象力、创造力。虽然服装的整体结构没有衣身与袖的分割，但因为小腰的位置特殊（腋下），因而改变了服装平直的肩袖状态。这也为我们提供了这样一个研究思路：中国传统服装结构虽然保持着整一的状态，即没有衣身与袖分割的平面结构，但是古人并非没有对人体结构和服装功能性的物理认识，而是刻意在保持服装整体结构不被破坏的前提下，用局部结构的处理来满足特定的服装功能性等特殊要求，可以说从先秦两汉就奠定了古典华服结构重表象轻官能的人性观。在研究其他时代服装剪裁结构时，这种隐蔽而独特的技术思维，成为探索大中华服饰文化的民族基因。

（四）先秦两汉服装十字型平面结构的民族性和地域性

从战国末期的楚江陵到西汉初的汉长沙，马山楚墓和马王堆汉墓出土的袍服都应该是深衣的快速流变过程中的一个剪影。然而，上衣下裳分裁连属的深衣式袍服不是中原地区特有的服装形制，在西域民族当中，也有着类似的样式。并且，部分西域服装的袖口也是斜裁缝制，与中原服装的斜裁有着异曲同工之妙。更重要的是，边疆西域民族服装始终沿袭着十字型平面结构中华一统的服饰文化脉络，就是到今天也仍在坚守着成为中华服饰结构活化石古老基因。与中原服饰右衽主流形制最大的不同，就是它的左衽，因此有学者认为判断汉族和少数民族传统服饰就是辨别它们的衽式。其实由于中原汉族与边疆少数民族频繁的文化交流与融合，少数民族服饰的衽式早已形成左右衽共制的面貌，甚至右衽也成为主流，而在汉族服饰文化中始终就没有出现过左衽。这一方面说明大中华文化的紧密性，另一方面说明，一个成功的民族总是乐于吸纳先进的文化与文明（图2-13）。

远在周代，丝绸之路上就有贸易往来。汉武帝时期，继张骞出使西域后，丝绸之路进一步开通。在丝绸之路上往来的不仅仅是物质形态的货物商品，非物质形态首当其冲的裁、缝等技术也借丝绸之路得以交流和传播。但是这种技艺流传到不同的地区后，便融入当地风俗中，表现出更强的实用性和地域性，比如袖口紧窄、下摆宽大等与当地自然地理环境和人们的生活方式相适应，右衽、左衽、对襟等衽式也被丰富起来。新疆苏贝希古墓❶出土的一件毛织面料男子内衣，在

---

❶ 苏贝希古墓距今2300~2400年，相当于中原的战国时期。

结构上，除了衣身是用一整块面料对折裁成之外，挖领口和装领方式都简单直接，犹如儿童的折纸游戏。衽式为对襟形制，侧缝处加缝的三角使得服装下摆宽大便于骑射和劳作，小袖口既保暖又方便行动。这些都是与西域民族生活的自然地理条件和游牧的生活方式相适应而形成的结构特点。而整体的剪裁方式、完整的十字型结构形式与中原的服装并无不同（图2-14）。

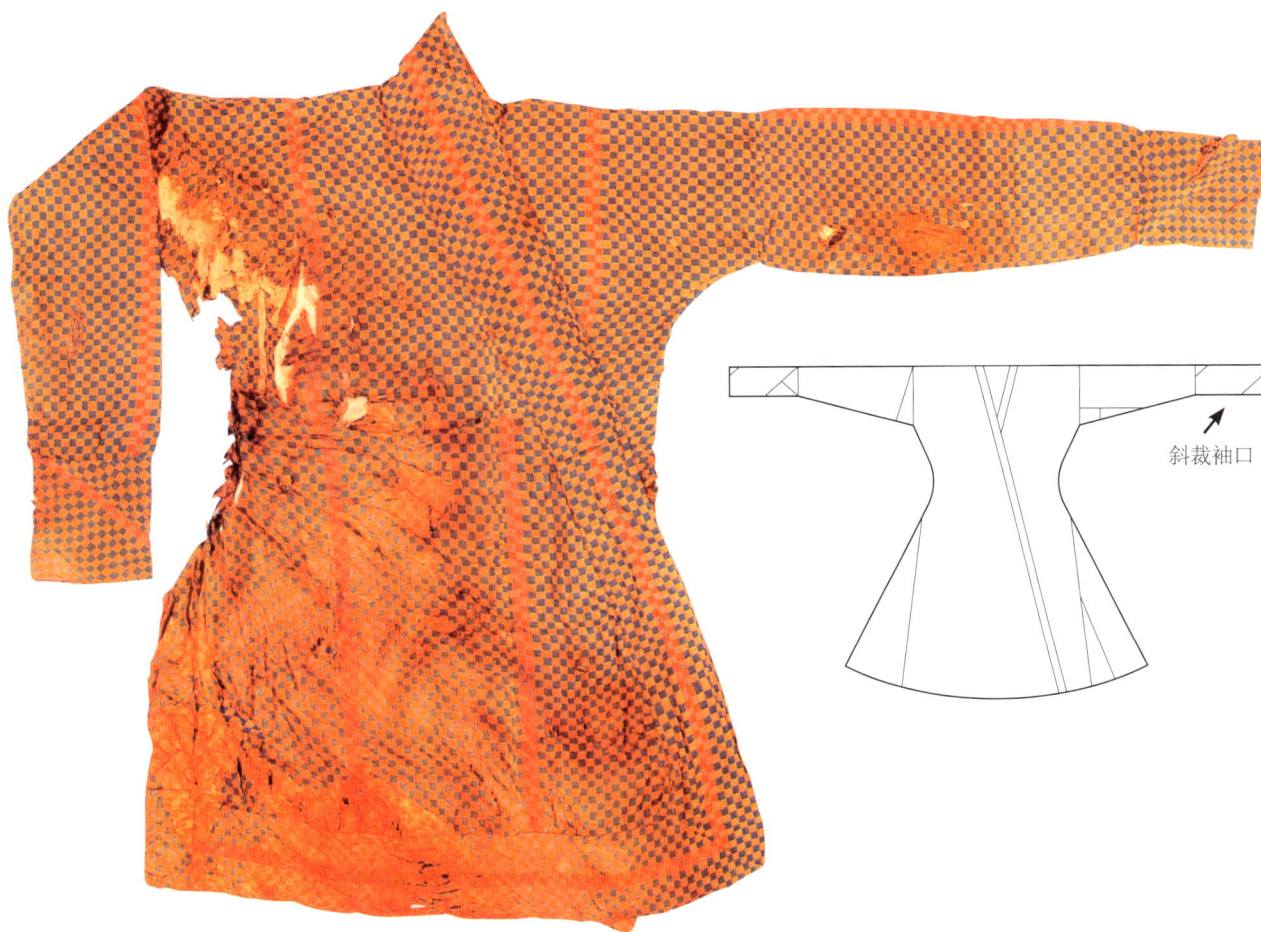

斜裁袖口

（a）汉晋西域黄蓝方格纹锦袍的十字型平面结构及斜裁与中原如出一辙

资料来源：《丝路考古珍品》。

图 2-13

斜裁袖口

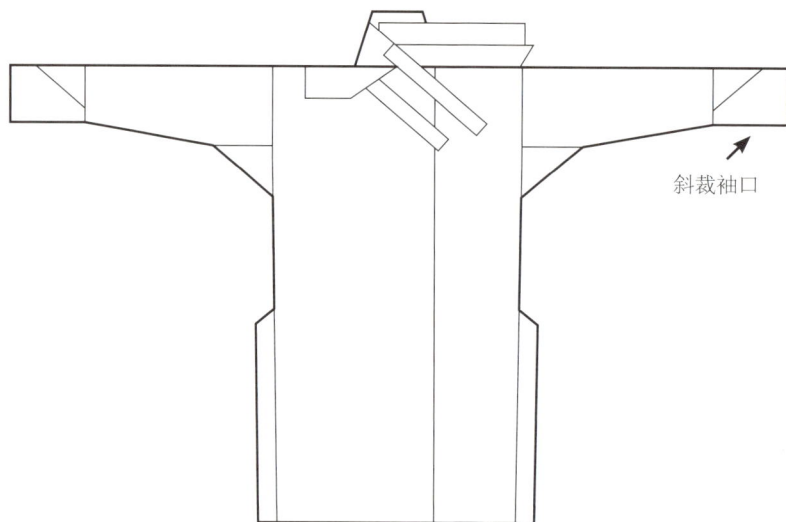

（b）西域缀天青色边饰黄绢长衣的小腰及斜裁结构与江陵马山楚墓深衣形制有异曲同工之妙

资料来源：《丝路考古珍品》。

背面　　　　　　　　正面

右侧　　　　　　　　后　　　　　　　　左侧

上下连属深衣式

契丹人"雁衔绶带"锦袍裁剪结构示意图

（c）唐契丹人"雁衔绶带"锦袍，据考证为唐德宗时为节度使赐锦所制，结构也表现出大唐和边疆民族结合的风格，左衽是与中原最大不同的地方，而十字型平面结构仍不越雷池一步（见结构示意图）

资料来源：《纺织品考古新发现》。

图 2-13

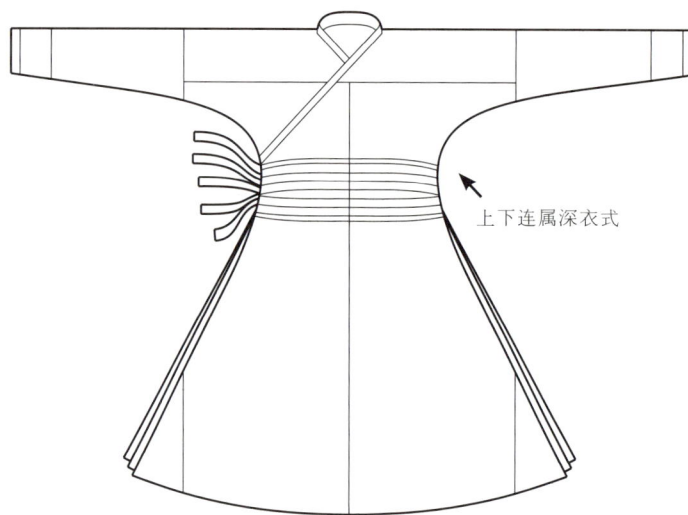

（d）蒙元织金锦袍（内蒙古自治区达茂旗大苏吉乡明水古墓出土）继承了中原汉唐上衣下裳和右衽的结构形制

资料来源：《纺织品考古新发现》。

图 2-13　汉唐以来边疆、西域地区出土服装在结构上有大中华一脉相承的文化气象

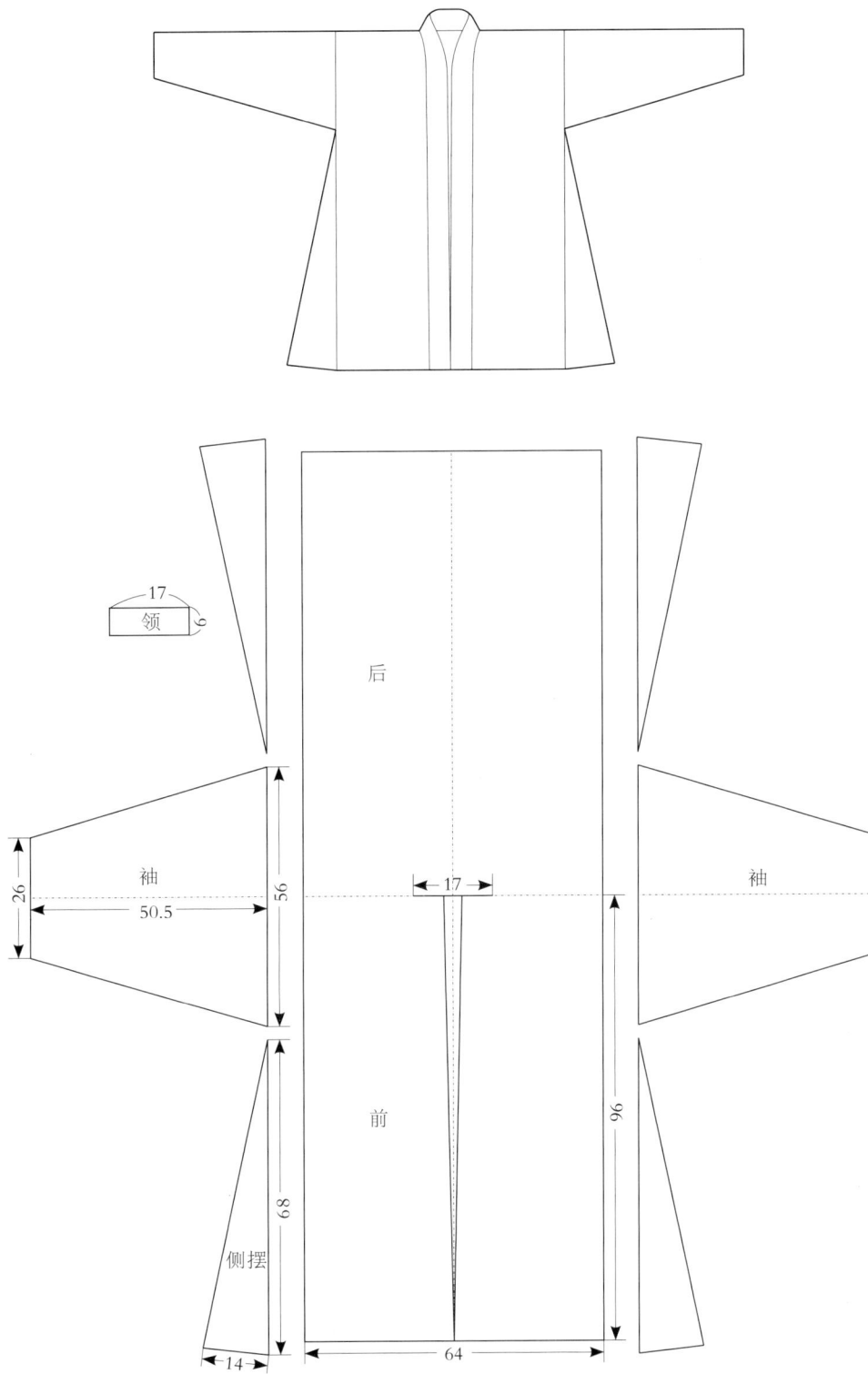

图 2-14 新疆苏贝希古墓出土男子内衣外观图和结构图

将先秦两汉时期中原与西域民族服装剪裁结构加以比较，会发现一脉相承的大中华传统服装文化特质。虽然在面料幅宽一定的情况下，中原人与西域人都选择了十字型的裁剪方式，但中原汉民族宽大的服装注重的是道德礼规的教化，表现出物产丰富的农耕文化特征，而西域民族服装的地域性和实用性表现出他们的游牧生活方式和明显的实用意识（表2-7）。

中原汉民族的服装完全利用面料幅宽来拼接，这样成衣后在袖子的接缝位置与款式上，衣身与袖子的分界并不确定（依布幅而定），呈现出一种模糊的整体包裹身体的状态；而西域的服装，虽然同样是利用面料的幅宽，但是袖子的接缝位置和衣身与袖的分界位置基本上是一致的，清晰而肯定，呈现出的是服装分别包裹四肢和躯干的着装意识。分别包裹四肢和躯干，也是北方民族服装的结构特点，有别于中原的缠裹宽衣。西域地处偏僻，物资不如中原丰富，节约的意识更加强烈，细部拼接较多，成为这种节约意识在服装上的具体表现。但无论怎样，十字型的平面结构并没有改变，它们在不同的时间和空间一直延续着、交融着。

先秦两汉时期虽然距离我们非常遥远，但是透过这些曾经深埋地下的历史碎片，还是能够隐约感受到春秋战国的活力与骚动，以及汉代的雄浑与凝重。深衣式的袍服，在东汉之后慢慢地被上下通裁的袍服所取代。这种上下通裁的袍衫在继汉代之后的魏晋南北朝和隋唐时期都很多见，并且一直延续到宋元时期。由于没有了上衣与下裳的拼接，十字型平面结构进入了更加简约、规整的时代，对面料的利用也更加充分。

表 2-7　先秦两汉时期中原与西域服装结构对照

项目	中原	西域
款式		
外形		

二、宋元服装十字型平面结构的纯粹性和多元化

　　经过汉代大一统时期服装的包裹缠绕状态，魏晋南北朝时期的服装迈向具有苍凉意味的豪放大气，到了唐代，这种大气变为一种旷世的恢宏、大方与包容。随着盛唐的没落，辉煌大气被宋代的含蓄内敛与持重所取代，服装结构更加规整、理性，去散归一的表现达到极致，不变的是十字型平面结构的基因。宋辽金元是一个民族纷争不断的时代，少数民族政权在元朝的建立，促进了中华民族的大融合，丰富了中原本土的衣饰文化，这也是中古后期考古发现最丰富、最典型的时期，文献成果亦是最值得跟进研究的。

（一）宋代服装结构汉文化的纯粹性与基本范式的确立

宋代服装延续了前朝服装褒衣大袖的宽博状态。下摆施横襕的圆领袍衫是宋代男子的常见服装。除此之外，宋代还有一种为男、女共用的服装款式：直领对襟、下摆两侧开高衩的褙子。与褙子类似的直领对襟服装有半臂、背心，也是宋人不分男女都喜穿用的服装。无论款式多么丰富，宋代服装在结构上，多采用中心破缝、两袖接缝的结构形式，在领式上从继承秦汉深衣的交领到本朝的直领对襟和圆领大襟，形成了汉文化服饰结构的基本面貌。由此，华服十字型平面结构的经典范式被确立下来，一直延续至民国初年。

1. 宋代直领对襟十字型平面结构的简约清雅气象

宋代的直领对襟衣以福州南宋黄昇墓❶出土服装最具代表性。黄昇墓出土了大量直领对襟的袍衫，且保存完好，广袖和窄袖都有，皆单层缝制。具体款式特征为：直领，对襟，加缝衣领，襟上无纽襻或系带，两侧腋下至底摆边开衩，长过膝。图2-15为黄昇墓出土的直领对襟服装，为南宋服饰的典型。

此墓葬出土的袍衫款式基本相同，剪裁方法相同，结构类似，因而我们只分析其中的一件——紫灰色镶花边窄袖袍。

根据文献所提供的信息，进行放样对结构图进行复原：衣身连袖共用两个布幅，将两个布幅正面相对上下叠好，对折长度，根据设定尺寸剪裁成"凸"字型（袖底连侧缝线）；再沿对折线剪出领宽；打开前后身，剪出斜向门襟线；然后比齐袖缘线剪出接袖，最后配上长方形领子（图2-16）。它的装领方法巧妙而简洁，如图2-17所示，好似折纸一般，透着一股清新、拙朴的原始气息。

总的看来，这件袍服的结构很规整。整个衣身就只有后中心和两个接袖缝的分割，并且袖子和衣身浑然一体。剪裁方式直接、简洁，整个十字型结构散发着成熟、干净的魅力。这和先秦两汉斜裁、拼接复杂的结构形成鲜明对照，结构的

❶ 黄昇墓为夫妇合葬墓。黄昇是其夫"将仕郎"赵与骏的第一位夫人，生前生活富足。黄昇早于赵与骏（卒于1249年）六年而亡，年仅17岁。据墓志及史料记载，黄昇之父黄朴"知泉州兼提举市舶司"，是当时泉州地方政府的主管并兼掌对外贸易通商大权。黄昇的随葬纺织品服饰非常丰富，且多数保存完好，是南宋贵族妇女服饰的典型代表。

简约清雅之风很像宋词之韵成为华服经典——一直被后世历朝历代上层社会和文人推崇和追求的一种风雅情境，这是十字型平面结构最纯粹的时候。

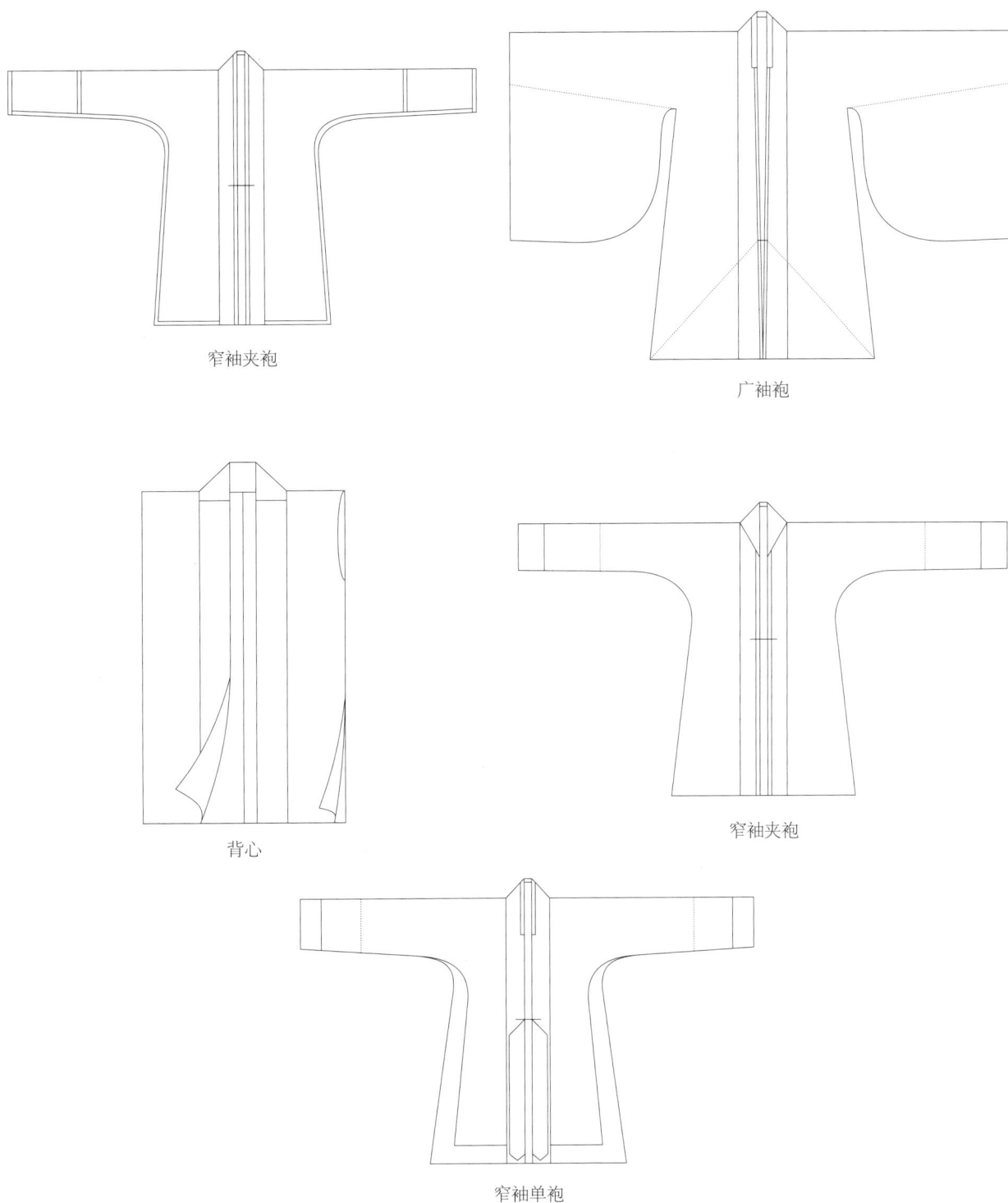

窄袖夹袍

广袖袍

背心

窄袖夹袍

窄袖单袍

图 2-15　福州南宋黄昇墓出土直领对襟服装的基本类型外观图

标本——正面

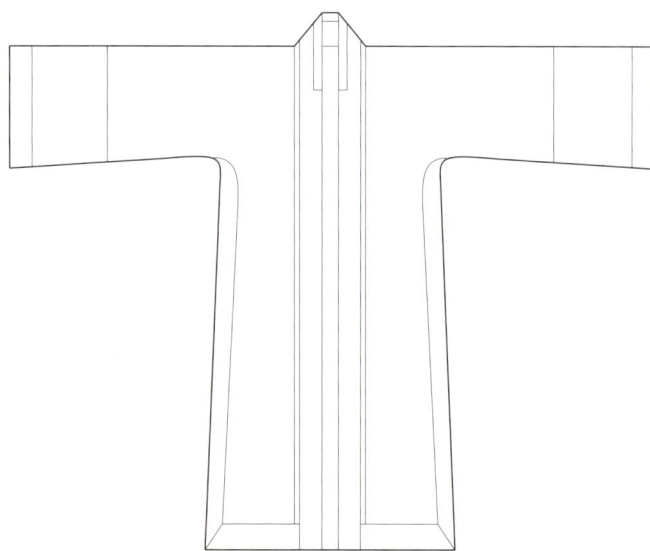

外观图——正面

（a）标本和外观图

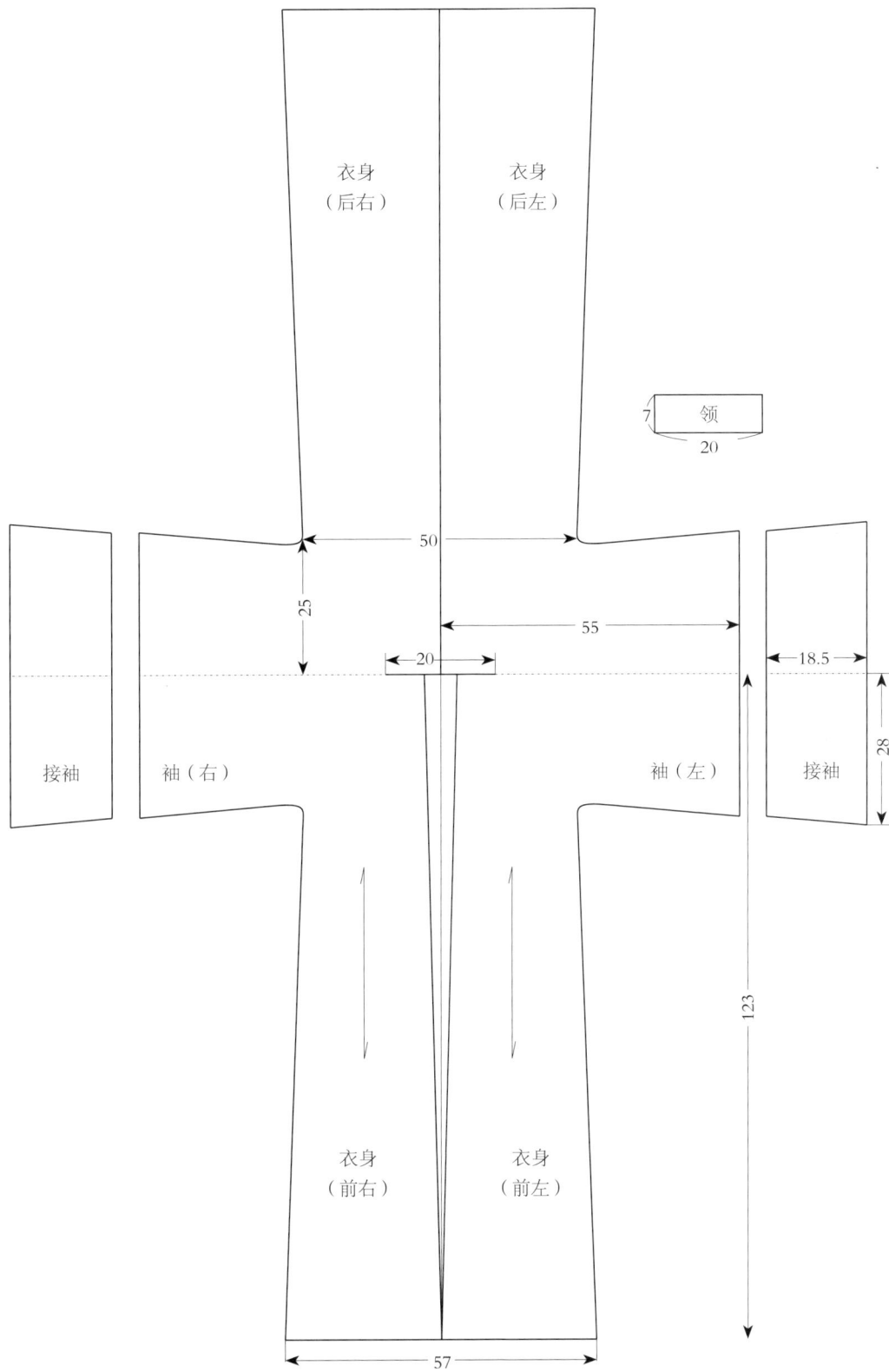

（b）结构图

图 2-16 南宋黄昇墓紫灰色镶花边窄袖袍标本和结构图

资料来源：《福州南宋黄昇墓》。

衣身(后)

D'　　　C'　　　B'
　　　　领
E'　　　　　　A'

衣身(前)

D　C　B
　E　A

DD'　EE'　　CC'AA'　BB'

装领前　　　　　　　　　　　装领后

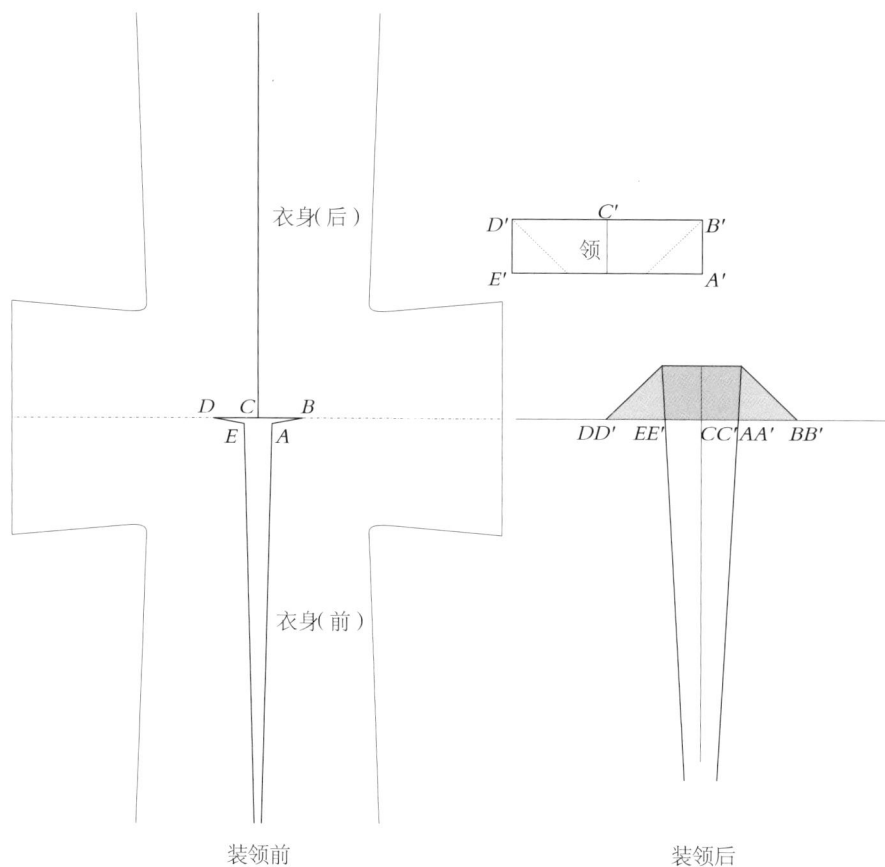

图 2-17　紫灰色镶花边窄袖袍装领方法

2. 宋代圆领袍衫十字型平面结构确立了经典华服的基本范式

除了直领对襟衣之外，从宋代的另一种常见服装——圆领袍衫的剪裁上面也能够发现这种浑然天成的结构状态，并一直影响至清代。

衫是宋代男子常服，特点是没有袖头，圆领或交领。江苏金坛周瑀墓出土的一件素纱单衫圆领广袖，摆无横襕。它尺寸宽大，由正裁的六幅面料拼接而成，衣身两幅，双袖各两幅，衣身后中拼缝（图 2-18）。

与黄昇墓的直领对襟衫相比，这件素纱单衫虽然拼接多，但是整体性更强，表现在对纱织面料较窄幅宽的利用更加直接、充分、干净利落。它的结构形式与直领一起被视为古典华服"大襟"和"对襟"的标志性作品，构成了经典华服十字型平面结构的基本样式，至此被固定下来直到清代末期。可以说它是保存华夏服饰结构最纯粹、最经典的民族基因，也是从功用动机到精神符号最精粹的诠释。

周瑀墓：墓主周瑀是南宋太学生。墓中出土了 34 件随葬衣物，绝大部分保存完好或基本完好。

标本——正面

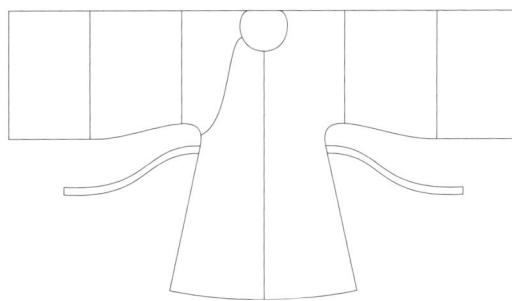

外观图——正面

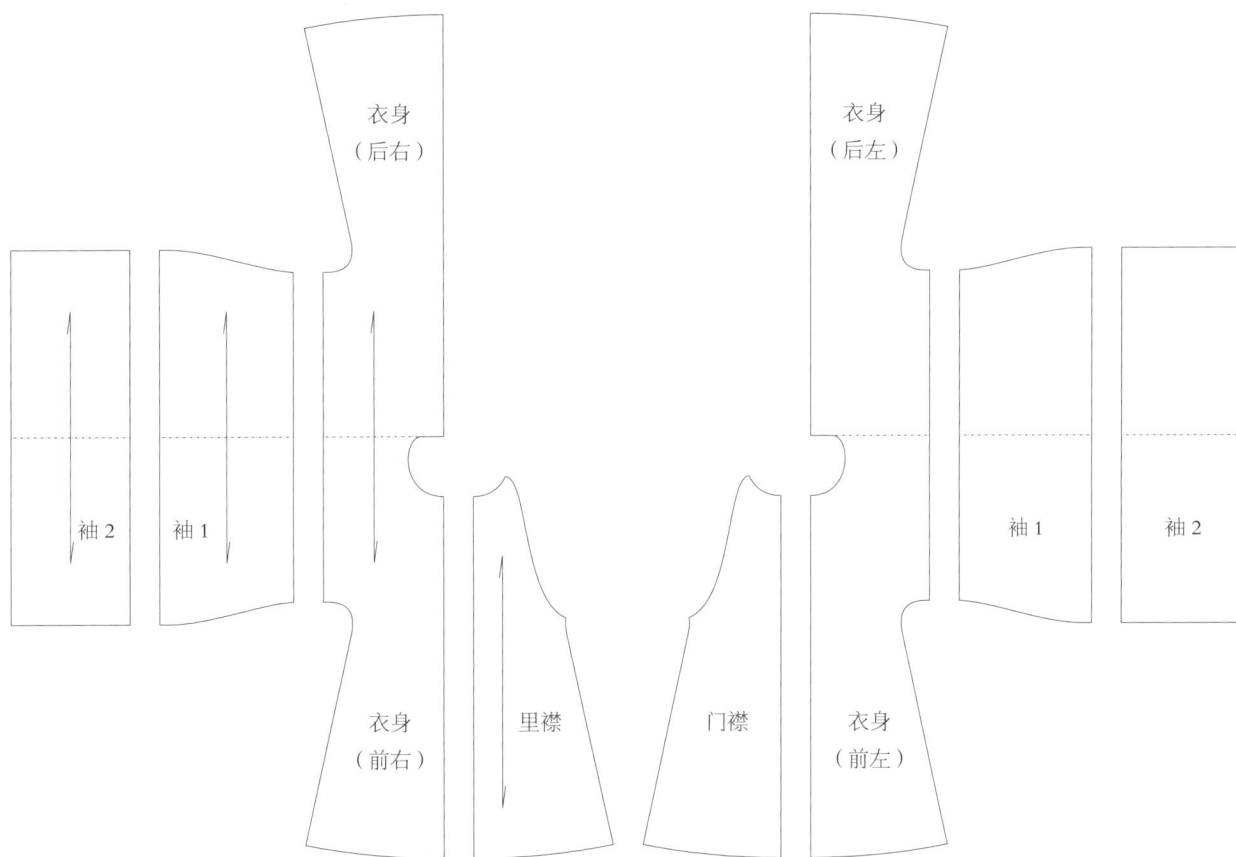

结构图

图 2-18 江苏金坛周瑀墓素纱单衫标本和结构图

资料来源:《中国美术全集》印染织绣（上）。

3. 宋代服装结构的深刻与理性的"理学"精神

与先秦两汉的深衣式袍服相比，宋代服装剪裁更加追求服装至尊至善的规整性，在保持袖子与衣身连裁的同时，充分地利用面料的布幅，已经不是简单的节俭意识而上升到理性的道德。在宽大的服装尺寸远远超出面料的幅宽时，多选择在左右衣身中心拼缝的形式，从而模糊衣身与袖子的分割界限，使服装呈现出浑然一体的博大儒雅状态。宋代服装剪裁结构单一，具有程式化、稳定化与自然造化的人文精神。在十字型平面结构的框架内，利用幅宽、中心破缝、接袖等手段使结构线自然流露，这一方面表现出宋人对先人节约意识的继承，另一方面蕴涵着一种追求儒道正统思想的"理学"精神。

基于幅宽的整体剪裁方式是这种结构稳定性和程式化的一个根源，在意志上，或许与当时的主流思想"理学"有关，或者说十字型平面结构脱繁归简正适合"理学"这块土壤而升华。

宋代朱熹理学盛行，是朱熹提出了"格物致知"的学说，崇尚存"天理"灭"人欲"的社会风尚，强调从考察客观事物求得认识，发现心中之"理"的途径，因此格物既是认识外物的活动，又是道德的修养方法，进而实现存"天理"的目的。因此，朱熹理学的作用和影响仅次于孔子，一直以来为官方哲学，在明清两代被列为儒学正宗，并以之强化封建的伦理纲常，使人们相信封建的伦理道德具有无限的合理性、神圣性和永恒性，牢牢地约束着人的思想、行为。表现在服装结构上，自然走向了一种程式的、稳定的和自然造化的"自我束缚之路"。这种思想使宋人对丝绸的呵护几乎到了敬畏的程度，这与春秋战国时期思想上"百花齐放，百家争鸣"状态下产生丰富多变的深衣结构的情形恰好相反。结构分割的存废由布幅决定，宽大的服装掩盖了人的身体特征，削弱了人们对身体的意识，从而在主观的意识内达到"无身"和"抑欲"的至善与自我审美体验之中。

宋代服装虽"因唐五代之旧"，即基本保持着前朝遗风。然而，宋的建立结束了五代十国的乱世局面，重文轻武的统治政策使得社会经济得以恢复和发展，但其本身的政权却达不到唐代盛世大一统的高度，而是不断地遭受来自周边民族政权，如辽、金、西夏的威胁。这种民族上的对立情结使得宋代严禁胡服的同时，服装上更加强化汉民族的博大、稳重、含蓄、内敛的民族本色，亦是出于政治上的防卫心理和对民族文化的保护意识，这或许也是宋代服装宽博、稳重、程式化结构样式的必然归宿，最适合宋代充满理学政治的诉求。因此，宋代服饰在整个华服历史中最具汉文化的纯粹性，并以最深刻和理性的方式诠释着。

（二）元代服装十字型平面结构的多元化与左右衽共制

与在肥沃中原土地上农耕的汉民族稳定、含蓄、内敛的民族特性不同，贫瘠的自然环境和艰苦的游牧生活塑造了北方朔漠蒙古人豪放、勇猛、外向的民族性格。他们的勇猛粗放和骁勇善战终于使得他们入主中原，建立了强大的民族政权——元，使初步稳定的汉民族服装结构经历了一次民族融合的洗礼，多元的形制和结构分割清晰的窄衣袍服初步融入大中华十字型平面结构当中。

蒙古人以骁勇的铁蹄打下了中国历史上最广大的疆域，其在中国统治的一百多年时间，是中华民族大融合的时期。元代服装较多地保留了本民族的特点，又积极地吸收汉族服饰文化。虽然是异族统治，存在着尖锐的民族矛盾，但经过长时间的磨合和统治者长久的国家意志，元朝的"亲汉"政策使中华服饰文化走向融合和多元的时代。服装结构与宋代相比，具有多样性、丰富性的民族特点，交领大襟，左、右衽共制是元代服装的一大特色。

元代服装具有北方少数民族服装的特点，以袍为主：左（右）衽、窄长袖、长过膝、下摆宽大（或有开衩）。男子主要服装类型有质孙服、长袍、半臂等，女子有长袍、短襦、裙等。元代除了有上下通幅、通裁的袍服外，上衣下裳分裁连属、上衣较紧窄、腰有襞积的质孙服是蒙古族特有的服制。蒙古族贵族妇女袍服长及地面，形成裙裾。然而不论款式多么丰富，十字型的平面主体结构没有改变，与前朝的汉民族服装相比，只是局部上有所区别，形成了汉族右衽、蒙古族左衽共制的民族融合时代（图 2-19）。

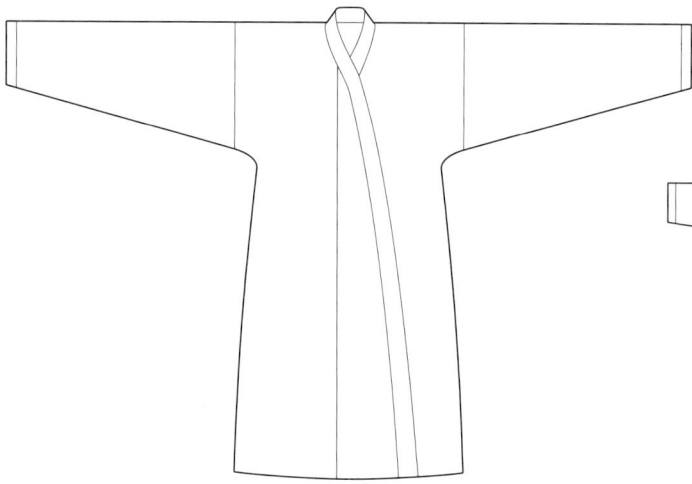

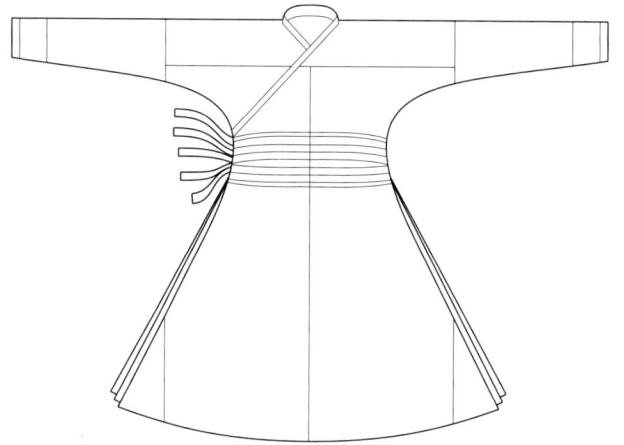

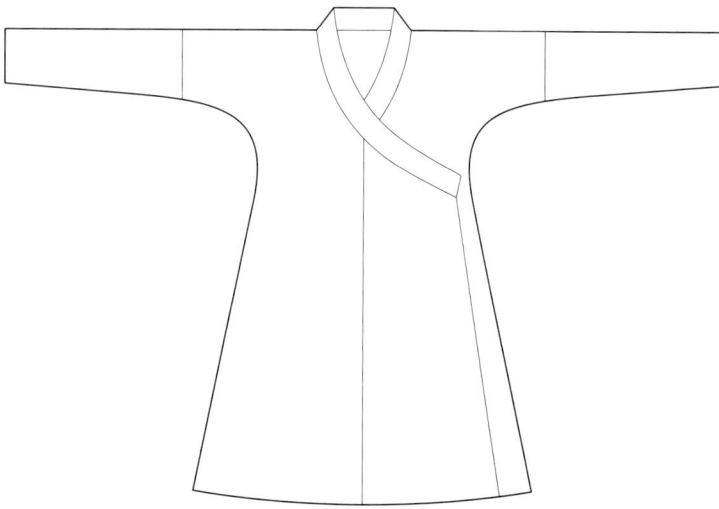

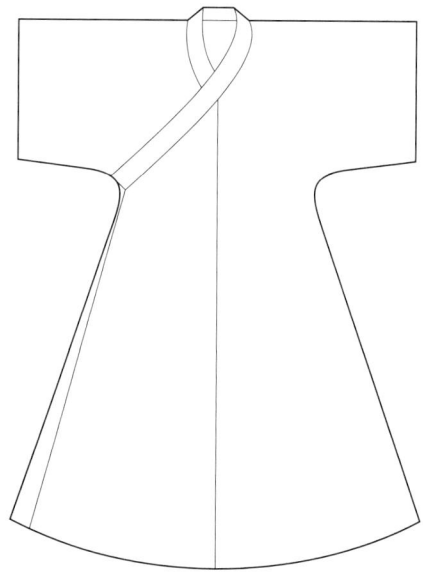

左衽（多用于蒙古族）　　　　　　　　　　右衽（多用于汉族）

图 2-19　元代袍服左右衽共制

1. 元代长袍无中缝、左衽、拼襟的十字型平面结构

元代具有蒙古民族标准性的长袍可以内蒙古察哈尔右翼前旗集宁路故城**❶**出土的印金提花绫长袍为代表。此件长袍的款式为交领左衽，直长袖，接袖，窄袖口。袖口宽 17.5 厘米，下摆宽 70 厘米，袍长 126 厘米。

根据考古资料，进行了初步的数据采集和结构复原。它的剪裁特点是：衣身为一整幅面料，袖子另接。右侧领口自底边是前门襟的拼缝线，这是由后中无接缝所致。这种剪裁结构，尤其是拼接前门襟的方式应该是北方民族袍服剪裁的一个传统特色（图 2-20）。图 2-21 所示的辽代内蒙古兴安盟右中旗代钦塔拉墓出土的锦袍也是一个典型例证，它的门襟拼接位置和结构形式与集宁路故城出土的印金提花绫长袍相同，并且外形也很相似。只是在内部结构上，代钦塔拉辽代锦袍分割、拼接多而复杂，有西域服装结构的特点。这可能是因为其主人的身份特殊，锦袍尺幅硕大，而布幅因织机的限制并无增加造成了分割线增多。另外，为了保证外表花纹的完整性而创造出一种特别的结构样式是传统华服常见的方法，但拼接门襟却是北方少数民族所特有的**❷**。

代钦塔拉辽代锦袍结构还有一个特点，就是腋下部分的直纱向拼接，使得袍服平面展开之后腋下有多余的量［如图 2-21（c）］。这种结构与先秦袍服小腰的巧合刚好说明先秦的先民和元人都有对服装运动功能性的朴素认识（小腰使胳膊可以从水平位置上抬而不会受到腋下衣身的牵拉）。

---

❶ 集宁路故城建于金代 1192 年，在元代被升级为路级城市。位于元代广阔疆域之腹地，这里曾经是蒙古草原与河北、山西等中原地区商贸往来的重要城市。考古推测，这里在元代末年（1351 年左右）毁于明军铁蹄。逃难的居民将大量的钱物、器具装于陶瓷等贮存器具中，深埋于地下，一埋就是 600 多年。1976 年，这里出土了一批瓮藏文物，其中有很多精美的纺织品，这件印金提花绫长袍就是其中一件。袍服的面料为天青色，"按蒙古族固有的习俗，天空中的青色被尊为最崇高的颜色，并非一般百姓及官员所能穿用的"。"集宁路为下路，达鲁花赤及总管的品秩为从三品，其命妇服用的这件有金花的提花绫长袍应系金答子，是符合当时规定的服饰制度的。"年代应在 1309 ~ 1351 年之间。

❷ 代钦塔拉墓地是一处辽代早期墓葬，推测在辽太宗会同年间（938~946 年）前后，出土了两件锦袍：雁衔绶带锦袍和重莲童子雁雀锦袍。据有关专家推测，墓主必是辽代初期的重臣或贵族。

衣身（后）

袖

袖

17.5

35

126

衣身
（前右）

拼襟

衣身
（前左）

拼襟

70

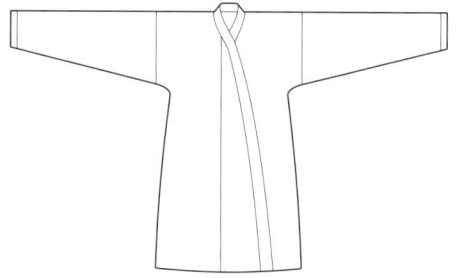

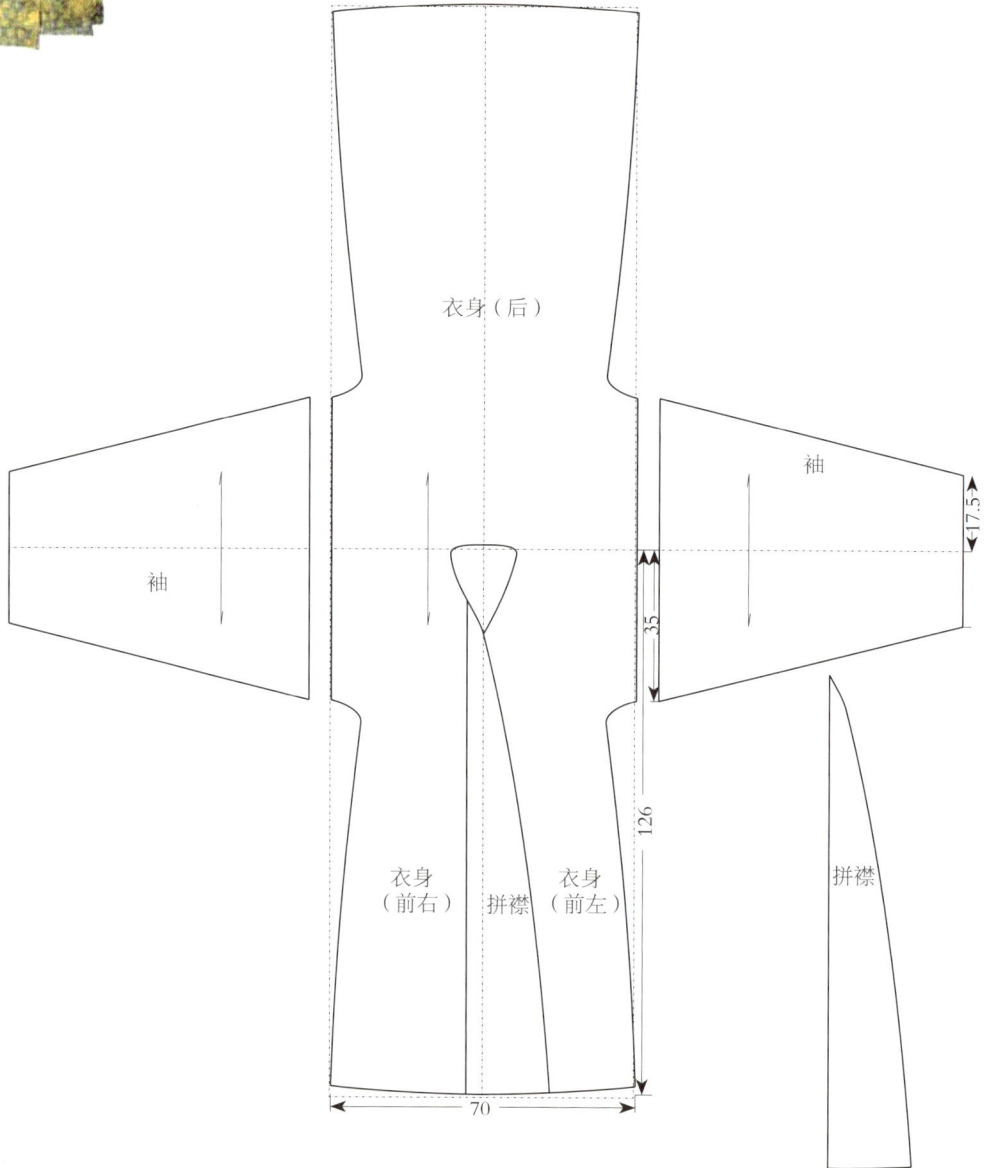

图 2-20　内蒙古集宁路故城出土元代印金提花绫长袍标本和结构图

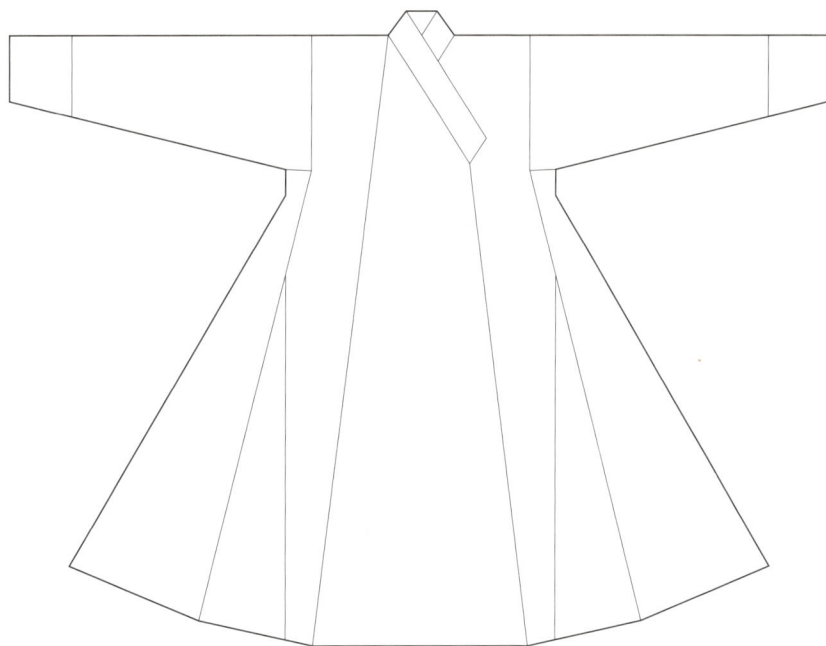

（a）重莲童子雁雀锦袍标本和外观图

图 2-21

6.3

领

衣身（后）

46

18

44

23

140

衣身
（前右）

衣身
（前左）

门襟

75

袖（2片）

55

袖口
（2片）

15

15

下摆
补角
（4片）

63

下摆（侧）

（4片）

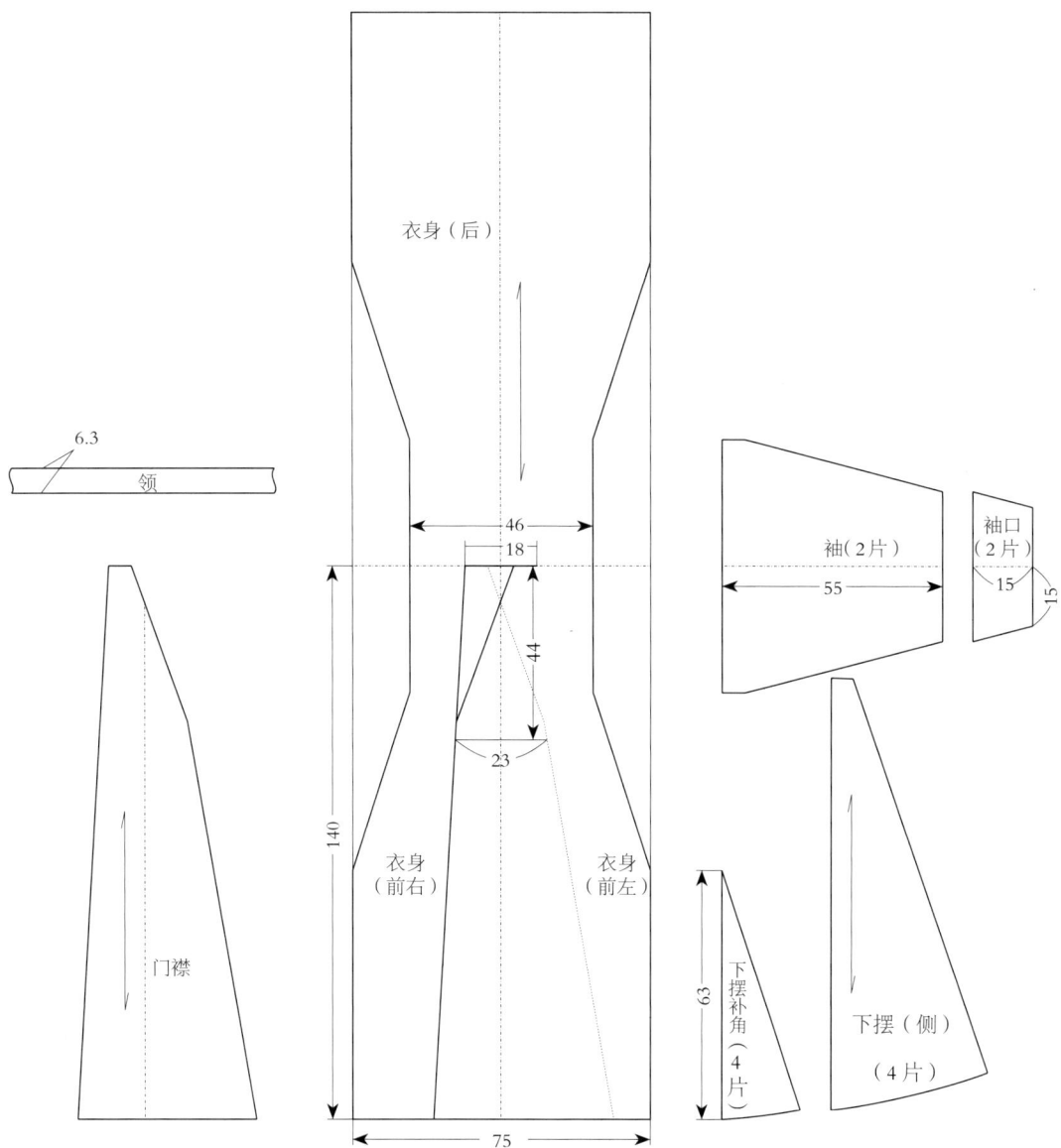

（b）重莲童子雁雀锦袍结构图

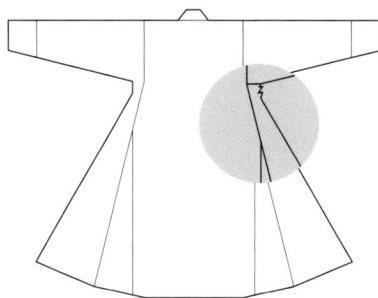

（c）腋下多余量

图2-21　内蒙古兴安盟右中旗代钦塔拉墓出土的重莲童子雁雀锦袍标本和结构图

资料来源：《纺织品考古新发现》。

虽然服用者身份（元代命妇、辽代贵族）不同，但它们的传承性清晰可辨，在结构和外形上的差异也许就是从辽代早期到元代末期蒙古人服装演变的一个缩影。虽然在几百年的时间里，服装的形制发生了很大的变化，但是主体的十字型平面结构依然如故。蒙古族这种后中无破缝和门襟的拼接形式的独特认知习惯，与中原汉文化的"中庸"（结构为后中破缝）与"和谐"（结构为左右对称）所显现的服装形态相比，北方少数民族服装所包容的左右衽共制、中缝的存留和拼襟结构多元的形态极大地丰富了大中华服饰十字型平面结构体系的民族多元性（表2-8）。

表2-8 代钦塔拉墓出土辽代锦袍与集宁路故城出土元代长袍之比较

项目	代钦塔拉墓出土辽代锦袍	集宁路故城出土元代长袍
外观图		
大身	长过膝	长过膝
衽式	左衽交领	左衽交领
袖子	窄长袖，腋下有余量	窄长袖
下摆	宽大拼摆	利用布幅宽
主结构	后中无缝	后中无缝
门襟	自右领口至底边另接	自右领口至底边另接
拼缝情况	拼缝多，主要增大下摆	拼缝少，基于面料的幅宽
所属时间	辽代早期（938~946年）	元代末期（1309~1351年）
所属地区	内蒙古察哈尔右翼前旗	内蒙古兴安盟科右中旗

2. 元代十字型平面结构在直领对襟衣上的文化传承

除了极具民族特色的左衽窄袖长袍之外，元代还有一些不分民族、不分阶层而广为穿着的服装，直领对襟袄就是其中一种。虽然元代的阶级、民族压迫残酷，但植根于华夏的服饰传统，一旦被确立下来，这种强烈的"血统"力量，是任何后朝统治者都不能轻视的。这种直领对襟袄就是对前朝服装宋代直领对襟衣的继承，只是结构上稍有不同，主要基于游牧生活方式的考虑，身和袖都很短，结构保持着原始风格，即衣身用一整幅面料对折剪裁，后中无破缝。袖有半袖或长袖，袖子与衣身的分割清晰。河北隆化鸽子洞窖藏短袄为此类服装的典型代表（图2-22）。

窖藏：据出土文书记载，窖藏年代下限为1362年，这批文物好像是有人在逃难期间暂存在山洞里的，因而主人的信息不得而知。但从出土文物的价值来看，应属于富贵人家。其中纺织品服饰最多，有两件保存完好的短袄，一件为袄面。

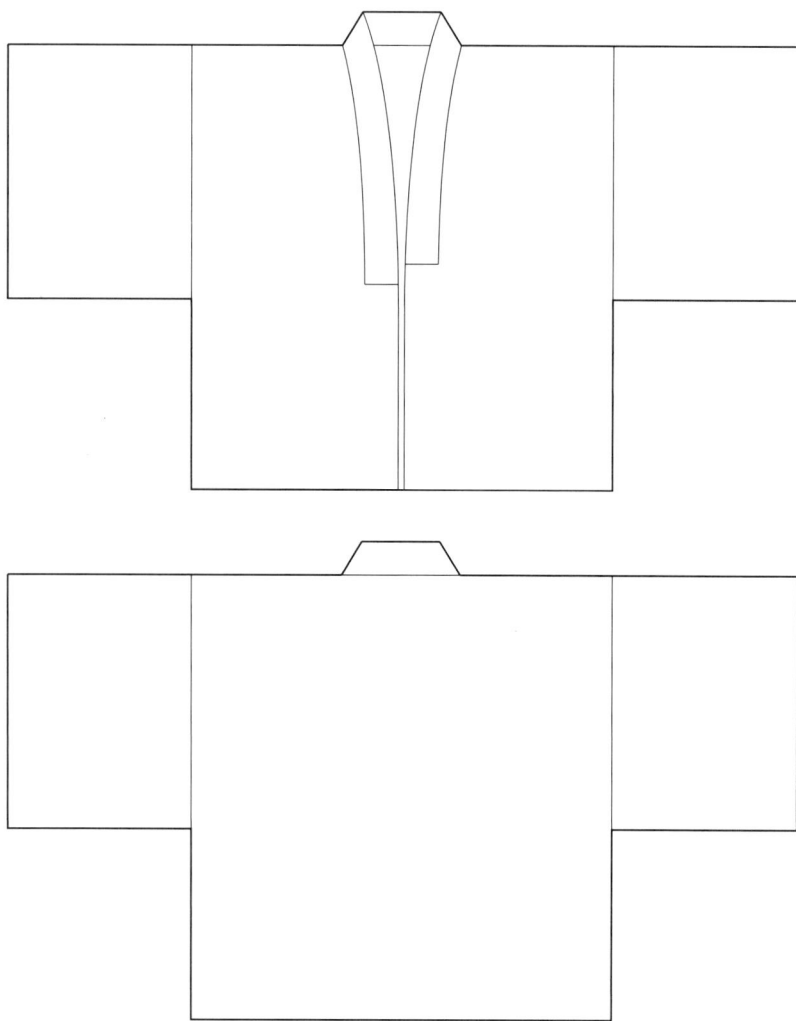

（a）外观图

（b）标本

图 2-22

53

23

衣身（后）

袖

15

32

56

衣身（前）

78.3

4.2

领

（c）结构图

54

衣身（后）

袖

衣身（前）

袖

袖

（d）用料图

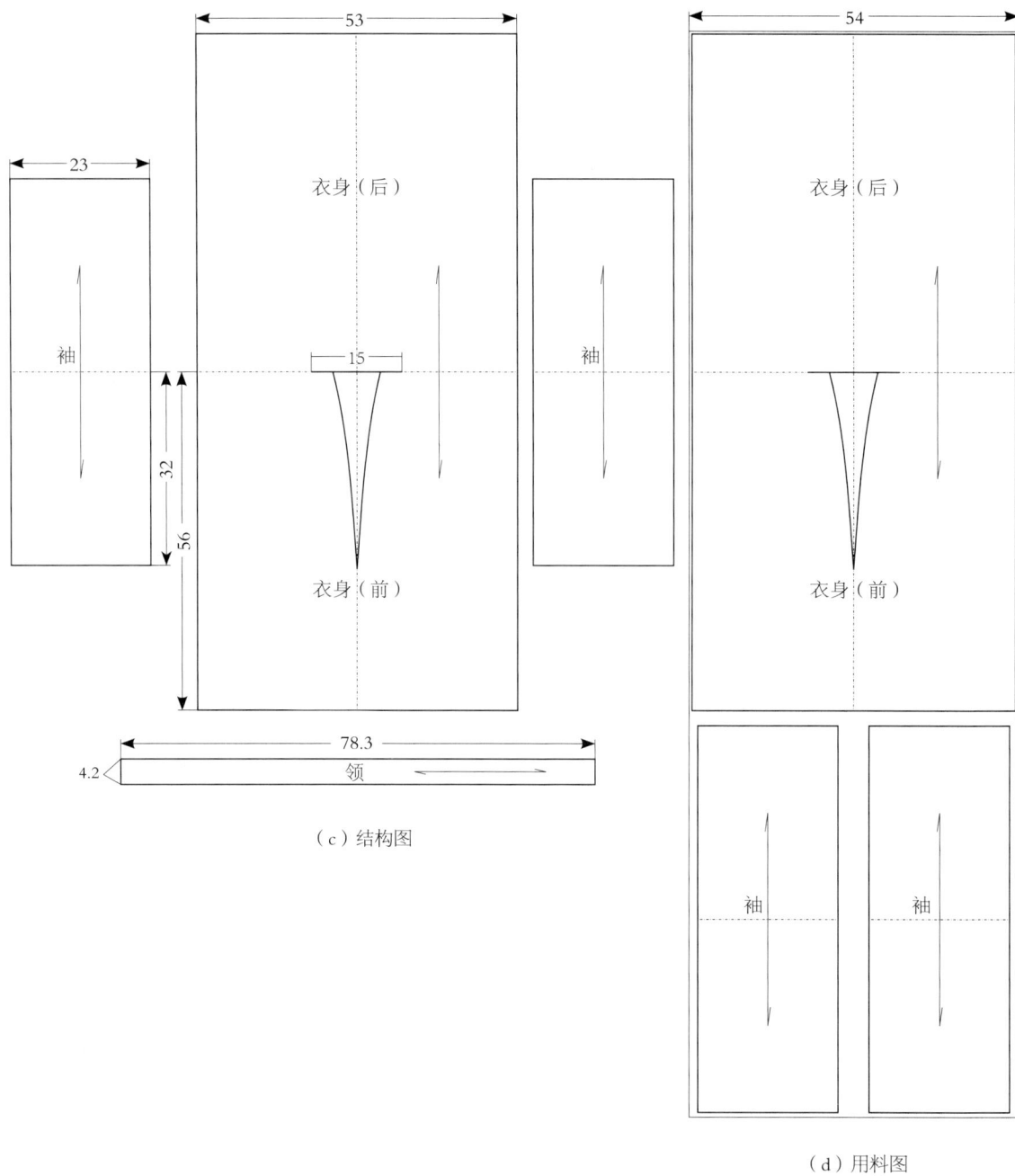

图 2-22　河北隆化鸽子洞窖藏蓝绿色地黄色龟背朵花绫对襟袄标本和结构图

资料来源：《纺织品考古新发现》。

类似鸽子洞出土的对襟、直领、筒状衣身的短袄，在苏州张士诚母曹氏墓、甘肃省漳县汪世显家族墓、内蒙古集宁路故城都有出土，款式的最大区别在于袖子，虽然有的为窄长袖（曹氏墓）、有的是半臂（鸽子洞窖藏、汪世显墓），但边疆少数民族基本保持着无后中缝衣身和袖子拼接的十字型原始结构，而中原汉民族创造的有后中缝、接袖的十字型结构是区别它们的重要特征（表2-9）。从出土的地点来看（苏州、甘肃、内蒙古、河北），此种对襟袍服的穿着范围相当广泛，并无蒙、汉民族之分。

如果将上文分析过的宋代直领对襟袍、元代的直领对襟短袄以及战国时期的新疆苏贝希男子直领对襟内衣作一个对比能够发现，它们的开领对襟结构基本相同（都是直领对襟衣，区别在于面料，装饰、做工，衣身长短，袖子宽窄以及下摆形状），领子的剪裁结构与装法完全一样，值得研究的是这种直领对襟形制从战国到宋元都没有脱离十字型平面结构系统。苏贝希古墓距今2300～2400年，相当于中原的战国时期，这说明至少远在战国时期古人就已经这样裁剪、缝制对襟衣的领子了，可见这种裁缝方法何其古老普遍和具有生命力。河北隆化鸽子洞窖藏的时间下限是1362年，两座墓葬的时间跨度近2000年。在近约两千年的时间里，这种直领对襟衣的剪裁缝制一直延续着，直至清末鲜有变化，说明大一统且稳定的华夏服装十字型平面结构就像汉文字的结构一样有其物质和精神"特异性选择"（达尔文语）的合理性。

它们的不同在于，在一统的十字型平面结构基础上，折射出不同时代、地域的民族性和对生产力的客观反映。

苏贝希出土内衣与元代短袄相比，虽然左右衣身都在一个幅宽之内，后中无破缝，但是下摆拼接三角，从而增大了下摆围度，满足运动需要。而元代袄面因为衣身较短，无须宽大的下摆来满足运动需要，因而没有这样的结构。

苏贝希出土内衣与宋代黄昇墓直领对襟衣相比，最大的区别在于黄昇墓的衣身后中破缝。从尺寸上看，苏贝希和黄昇墓直领对襟衣的下摆都大于幅宽，在这种情况下，西域的民族服装选择了比较零碎的在下摆做拼接的方式，而中原的服装选择比较规整的衣身通过中缝左右拼接，从而模糊了衣身与袖子的分界，避免了下摆两侧拼接对服装外表的破坏，使得服装的外观整体性更强（表2-9）。

虽然直领对襟衣的剪裁，尤其是装领方法传承了两千多年，但是时代、地域、民族、文化的不同还是在结构细节上留下了痕迹。从属于不同时代的相同款式的对比中，透过服装剪裁结构，我们看到的不仅仅是中华服装剪裁的历史传承性、结构的同一性，还有华夏大一统的民族融合的认同感表现得深刻而具体。就元代而言，这种民族融合的局面只持续了近 100 年（1271~1368 年）。元代末期，强烈的民族、阶级冲突导致了连年不断的战争。公元 1368 年，明军铁骑攻破元大都，中国历史进入了另一个汉族政权与少数民族政权相交替的历史轮回——明清时期，这将古典华服推向了极致也送入了历史，其中标志性因素就是十字型平面结构成为古典华服的最后守望者。成为历史，也是由分析的立体结构取代了十字型平面结构，真可谓成也萧何败也萧何。

表 2-9　战国西域、宋代、元代直领对襟衣的传承性和多元性

项目		战国西域直领对襟衣	宋代直领对襟衣	元代直领对襟衣
款式外观				
结构	结构图			
	装领	长方形装领	长方形装领	长方形装领
	衣身	后中无破缝，一幅面料内整裁	后中破缝，两幅面料拼接	后中无破缝，一幅面料内整裁
	袖子	窄长袖，与衣身分割清晰	广袖，长袖，有接袖，与衣身分割模糊	广袖，半袖，与衣身分割清晰
	下摆	宽大，两侧加缝三角	宽大，有开衩	窄摆，完整
	结构完整性	拼接多	规整	拼接少
地域		西域民族	中原汉民族	北方民族

三、明清服装十字型平面结构宽袍大袖与装饰的集大成者

　　明清时期是封建统治的末期，服装集历史之大成，面料华丽，装饰精美，图案祥瑞。这种盛极必衰的服饰华美暂时掩盖了统治者无法从根本上找出强国富民之路的封建统治良方，营造出一派歌舞升平、繁荣富裕的景象。

　　明代是中原汉民族从外族手中夺回政权的朝代，因而建国伊始，便废弃元代服饰制度，恢复汉族服制。上取周汉，下采唐宋的服饰制度，以及前朝民族服装融合的影响，加之江南纺织业的长足发展，使明代的服饰仪态万千，既气度宏美，又清丽婉约。但是，由于明代已经步入封建统治末期，受封建专制思想的束缚，服装虽然款式丰富，但在结构剪裁上极尽强化十字型平面结构之强势，使整体浑然的平面结构通过下摆开衩处加缝补角。采用小袖口垂大胡、上衣下裳拼缝、下裳做褶裥等对比手段使明服更加雍容华贵，加之以皇帝十二章为代表的象征性衣饰图案的示范性，使结构"格致精神"的变革停滞。

　　清代是中国历史上继蒙古族统治中原后的第二个少数民族政权，也是中国历史上最后一个封建王朝。清代统治者为了保持本民族骑射善战的民族特点，在统治的疆域内强制推行本民族（满族）服饰，对中国服装的发展产生了巨大影响。在服装结构上，虽然仍是平面十字型的剪裁结构，但一改明代宽袍大袖的结构状态，代以北方民族袍服窄袖筒身的结构，改明代的右衽交领和圆领共制为右衽圆领大襟，并衍生出一字襟、琵琶襟等独特的清代样式，出现了马蹄袖这种标志性的元素，可以说是区别汉族服饰的重要标志。

（一）明代服装十字型平面结构宽袍大袖的盛极必衰

明代男子以袍衫为尚。形制上除了保持传统的右衽交领以外，又恢复了宋时的圆领右衽大襟、宽袖直身的袍服为各阶层男子的主要便服。另外还有一种袍服，右衽交领，上衣下裳分裁，拼接时下裳做有褶裥，名为"程子衣"。女子服装中比甲、褙子、袄、裙等较为常见，领子式样有圆领、交领、直领、立领，袖有宽窄、长短、袖下有无胡之分。女子服装在结构上因阶层、穿着场合等不同，以及流行的影响，宽袍大袖、窄瘦长短等时有变化。总之，明代服装无论男装、女装，主体结构仍延续了前代十字型的平面结构系统，它的细节处理，特别是"胡"（行礼的功用）的广泛使用使这个系统推向极致。图 2-23 是以男子袍衫为例对明代服装基本结构的展示，看得出明代服装结构有着宋代，乃至汉唐服装结构的遗风。

纵观明代的服饰形制，其服装剪裁结构更加硕扩规整，程式化明显，虽然款式异彩纷呈，但基本的结构样式，即基于面料幅宽拼接、中心破缝、接袖却一如汉唐、宋代服装的规整而浑厚。这与明代大力恢复儒道传统汉文化以巩固封建统治有关，明代在文化现象上可以说是中国的"文艺复兴"，但为时已晚。此时的明代已经处于封建社会的衰败期，思想和政治的长期专制已经扼杀了服装剪裁结构创新的可能性，在封建礼教的束缚下和增加无度的衣幅（如硕大垂胡、缩褶等）使人们将美好的生活希望寄托于吉祥图案上，在装饰刺绣纹样上大做文章，繁缛堆砌的装饰之风初露端倪，大大抑制了古典华服在结构上的变革，华丽的装饰却掩盖不了没落封建王朝一步步走近灭亡的命运。

明代袍服基本结构形制	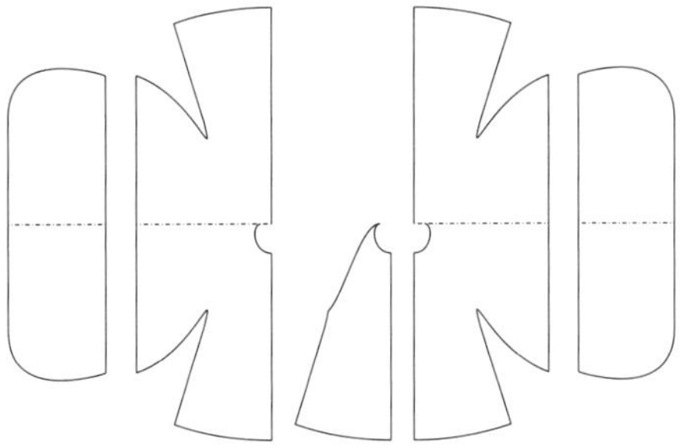	

项目	款式	结构
圆领大袖袍	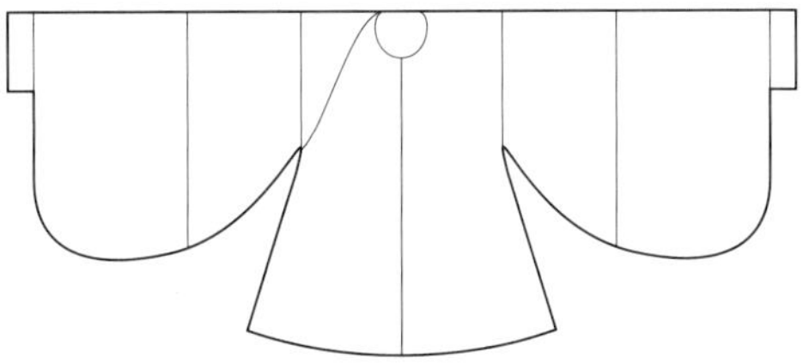	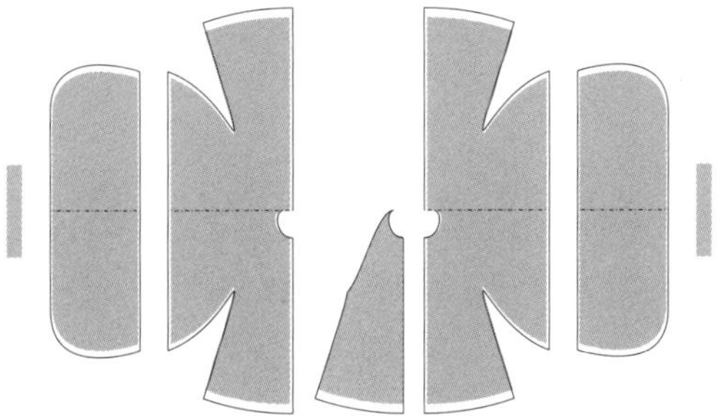
圆领大袖袍	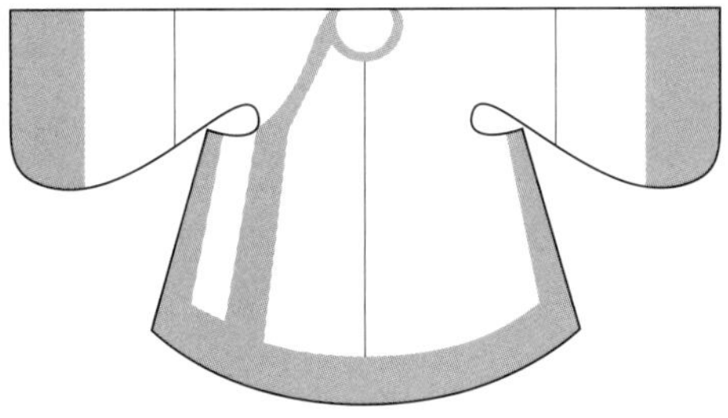	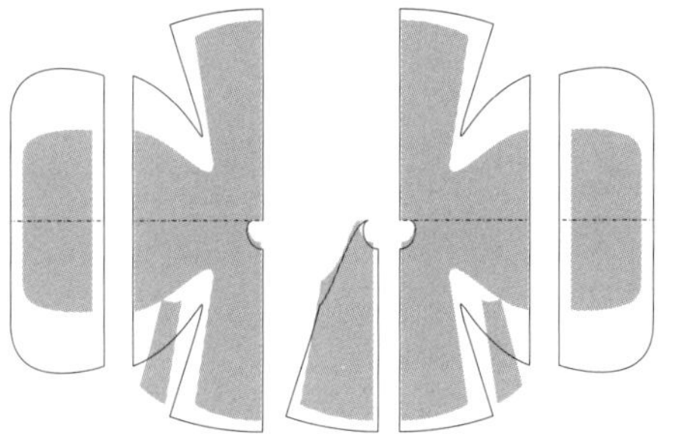
交领广袖袍	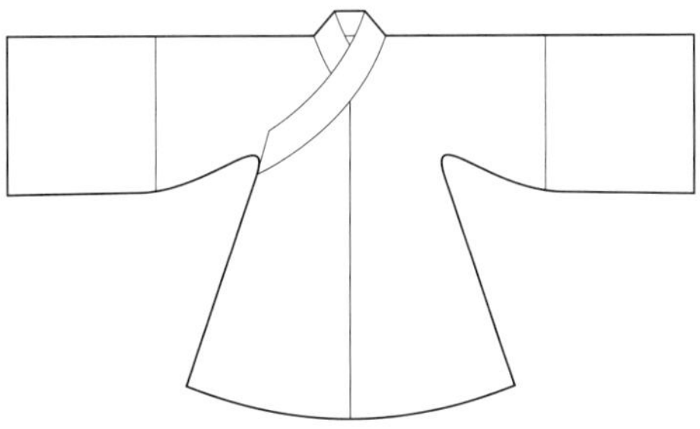	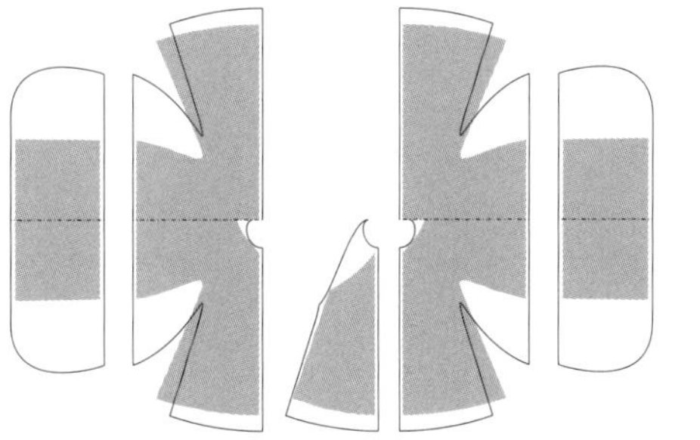
交领大袖程子衣	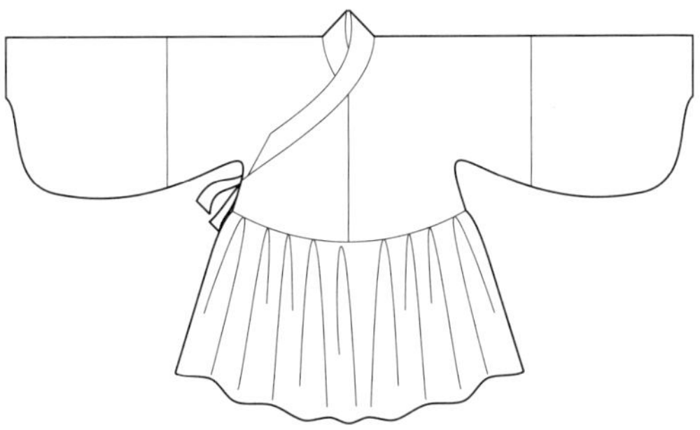	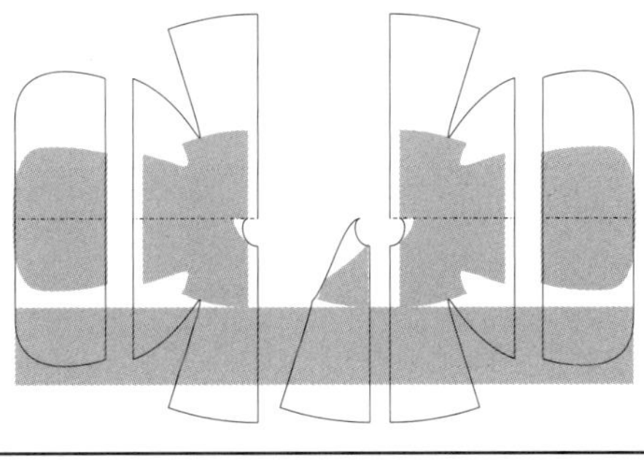

图 2-23　明代袍衫的基本结构

明万历帝招意大利传教士利玛窦进宫，并不是为了寻求西方的先进科技，而仅仅是为了招聘一个能修理西洋钟的修表匠。利玛窦终其大半生的心力和西学知识本想是将天主教传向东方，却有意无意（利玛窦与天主教会来往的书信）地把东方的"文明"传向了西方。因为明朝封闭式的儒家文化还很强大，当统治者和他所属文化的机体内部没有发生变化和求知欲望的时候，代表西方文明的外因便无法与之抗衡，可以说利玛窦生不逢时。因此，中国学者普遍认为明朝东学西渐大于西学东渐。明万历帝定陵出土的大量服饰从结构上看也证明了这种观点。服装结构在宽袍大袖的基础上采用了大量的充满矫饰感的拼接，这种甚至落后于先秦两汉深衣的拼接结构大行其道（图2-24）❶。更有甚者，前朝本应适用于骑射的后开衩袍服，到明朝却不惜废料，采用"内开外合"的双层结构制作了"织金妆花龙襕缎直身龙袍"（图2-25）❶。而西方的16世纪经过文艺复兴的洗礼，服装结构早已摆脱了"平面时代"进入以人本精神为主导的"立体时代"。而这个时期的到来又在清朝统治下摸索了一个半世纪。

从异族统治下崛起的明代政权，虽然服制已恢复为冠冕衣裳的汉制，但由于历代的民族融合（尤其是唐、元两代），少数民族的服饰元素已经深深地植入了汉民族服饰当中。比如下裳有褶裥的"程子衣"，在元代就有类似的款式，不同的是，元代时这种服装上衣紧窄，仅下摆两侧有褶裥，衣袖为窄长袖小袖口，而到了明代，形制的基本样式没变，只用宽身大袖来寄托汉民族儒雅博大的情怀（图2-26），不过这有悖于节俭的中华传统。因此，这种宽袍大袖的"明儒之尊"随着大清王朝的铁骑变得务实起来。

❶ 载入《定陵》，中国田野考古报告集考古学专刊，文物出版社，1990，5。

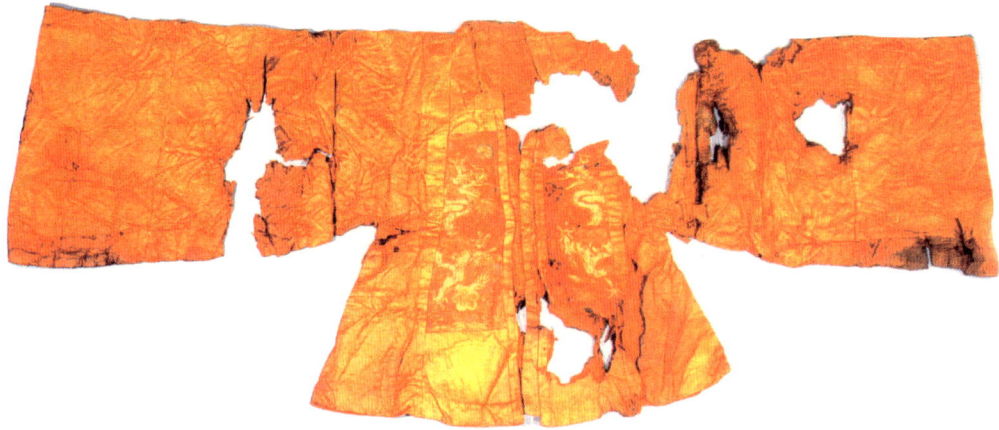

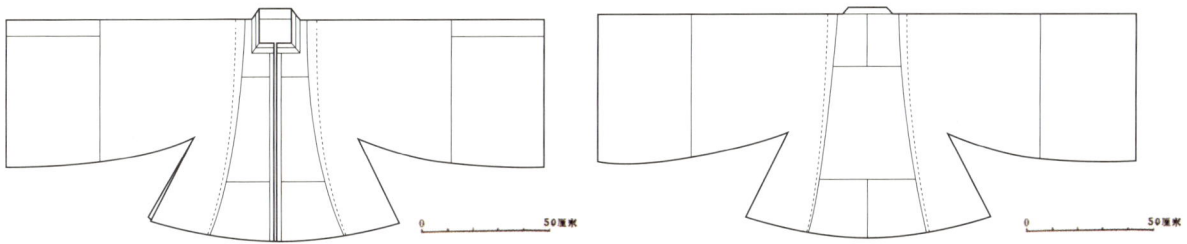

图 2-24　明万历帝定陵出土的女夹衣结构出现过多无意义的拼接现象

资料来源：《定陵》。

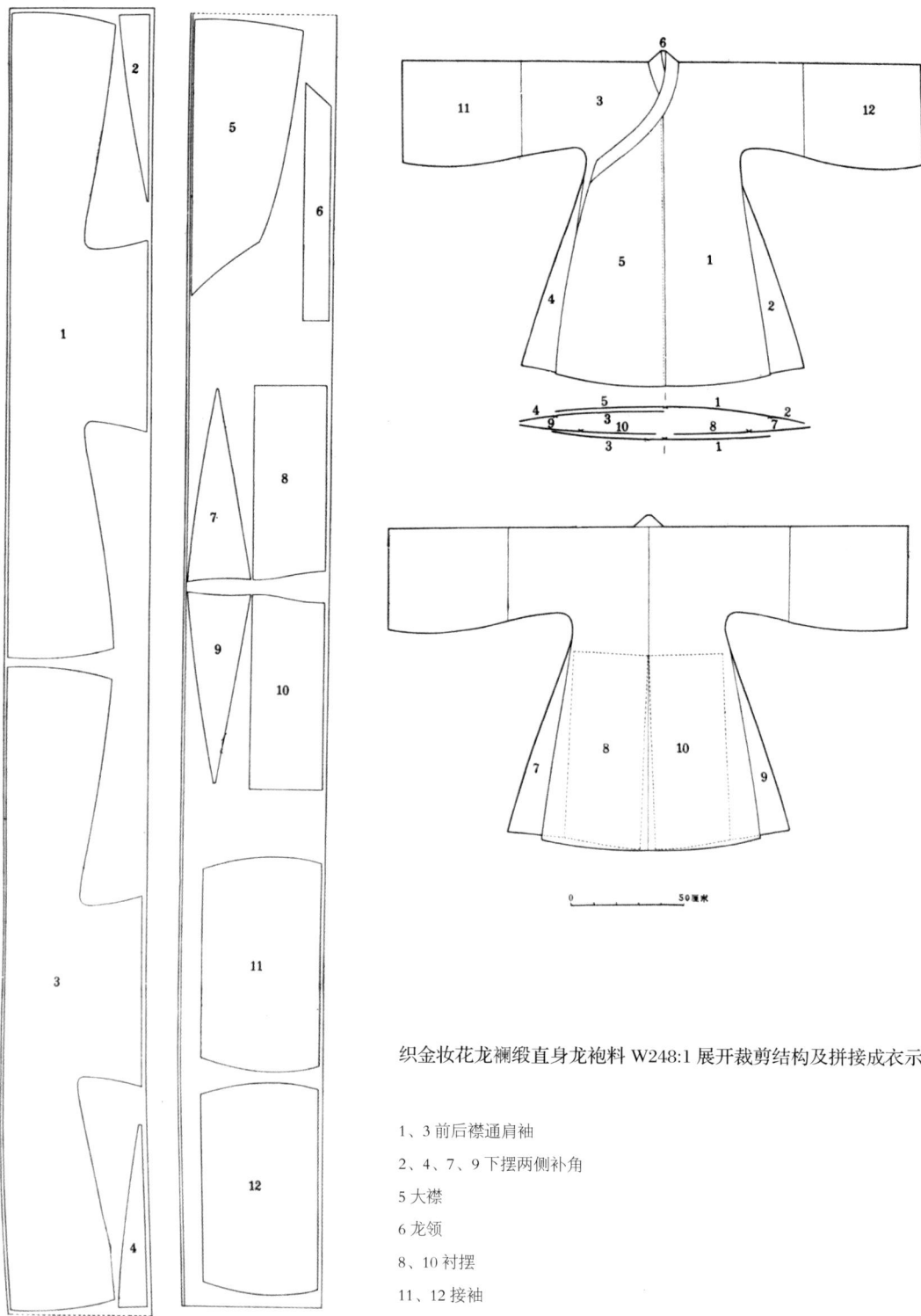

织金妆花龙襕缎直身龙袍料 W248:1 展开裁剪结构及拼接成衣示意图

1、3 前后襟通肩袖

2、4、7、9 下摆两侧补角

5 大襟

6 龙领

8、10 衬摆

11、12 接袖

图 2-25　明万历帝定陵出土后中下摆为"内开外合"开衩龙袍

资料来源：《定陵》。

元代袍服　　　　　　　　　　　明代程子衣袍服

图2-26　元代、明代"衣裳"分裁拼接袍服对照

（二）清代服装以十字型平面结构为依托的装饰手法走向极致

在中国的封建时代，服装平面结构不仅用来蔽体和装饰，这已成为中华民族的文化符号，同时也是封建统治的工具。与明代极力恢复汉民族传统服饰相似，清代统治者用强制手段推广满族服饰，并根据本民族服装文化制定了国家的服饰制度。经过初期不成文的"十从十不从"的过渡，满汉服装终于在清代中晚期完全融合在一起，其中一个不能忽视的原因就是对十字型平面结构基因的文化认同。

清代服装以袍为主，带有北方游牧民族服装的共同特征：窄长袖、宽下摆、高开衩。而马蹄袖、缺襟袍、四开衩又是满族服装有别于其他北方少数民族服装的独特之处。但所有这些款式特点对应在服装结构上，都属于结构的细节变化，而结构的主体——十字型平面结构，与前朝并无差别（图2-27）。

清代服饰可以说是古典华服轻结构重装饰的集大成者。清代装饰风格趋向繁缛，表现在服装上，就有"十八镶绲"之说的繁复装饰工艺。然而，这种独特装饰的形成与服装结构有着不可分割的关系，甚至结构决定着装饰的走向，二者完美地结合在一起，因为装饰总是沿着结构线实施，这恐怕也是清代服装的魅力所在。或许它会给我们的"装饰说""彰显说"找到一个真实而可靠的理由（图2-28）。

宋明袍服基本结构	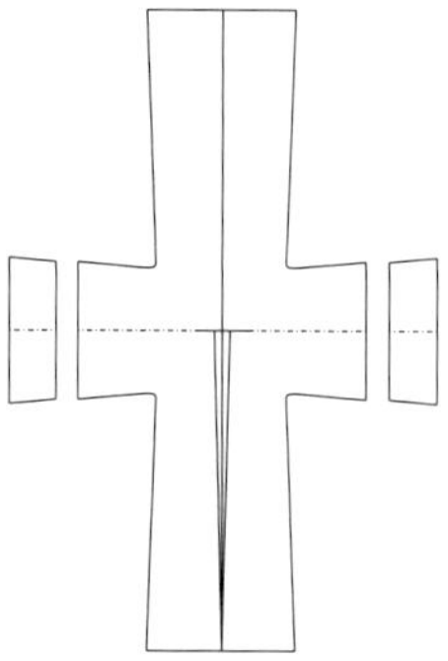	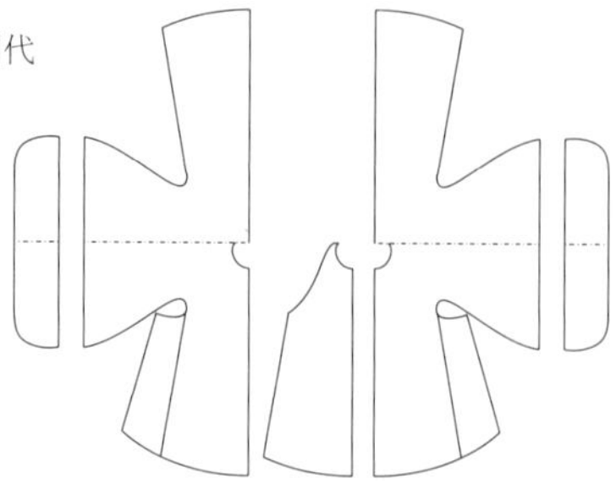
	宋代	明代

清代袍服基本结构	右衽大襟袍	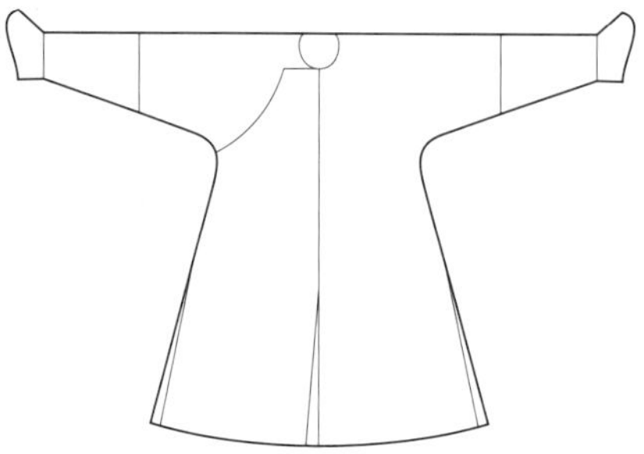	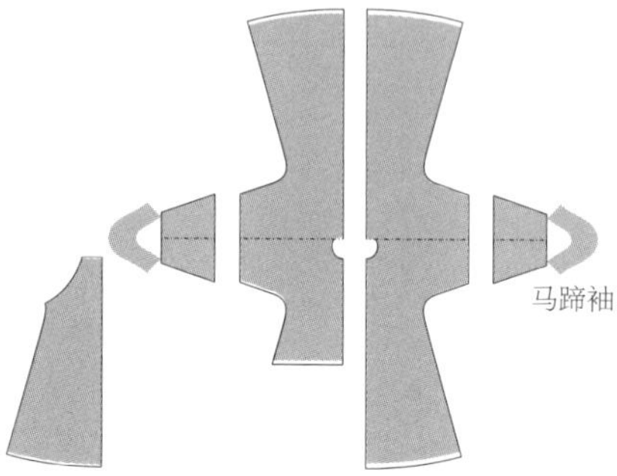
	缺襟袍	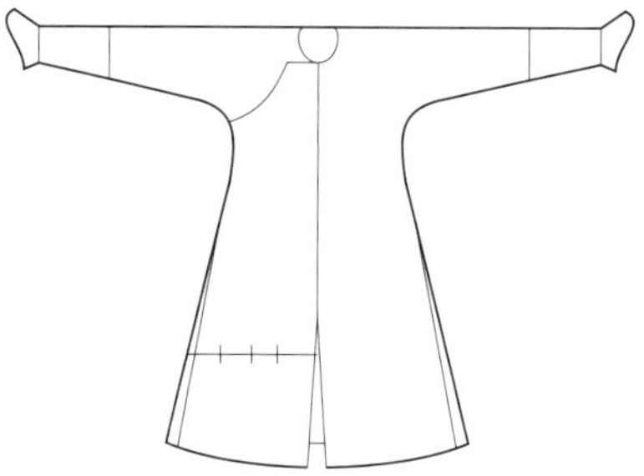	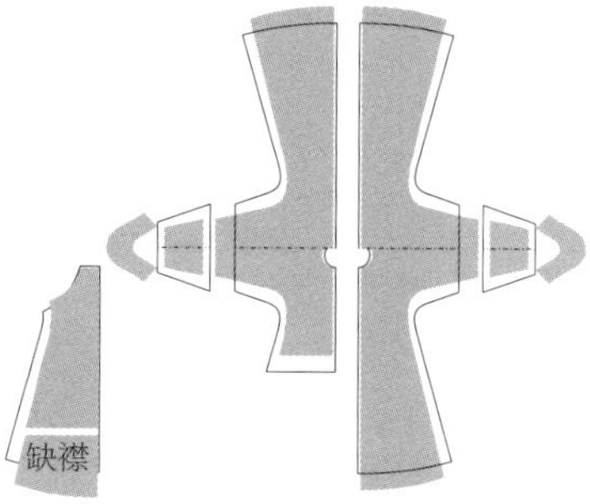 马蹄袖口
			缺襟
	对襟袄	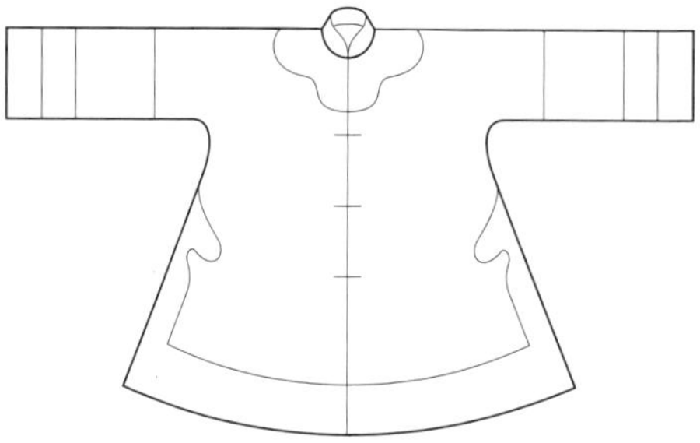	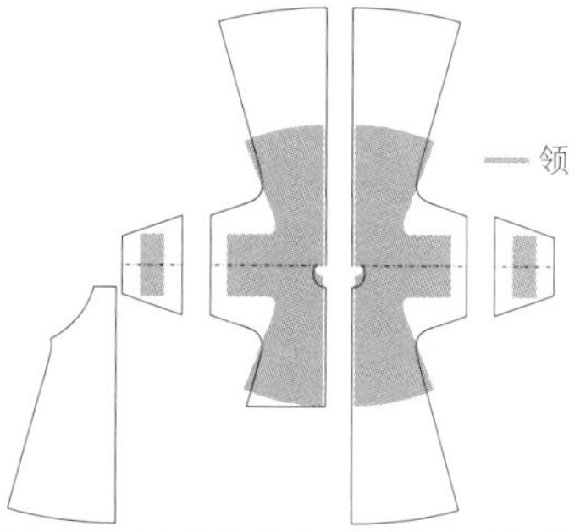 领
	琵琶襟马褂	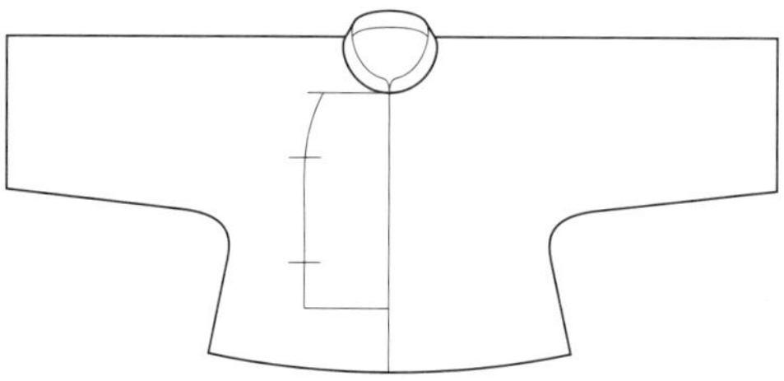	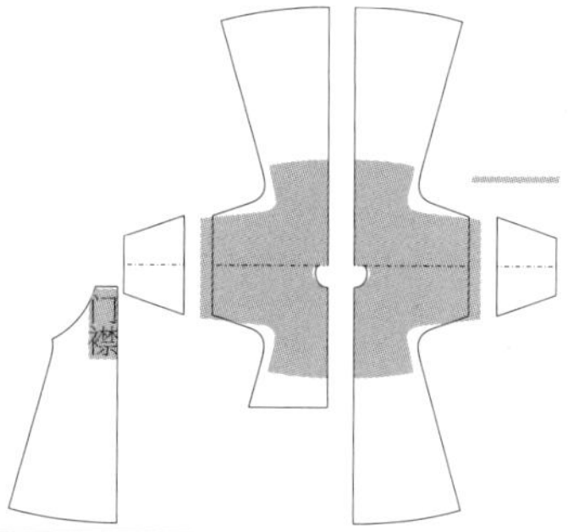 领
			襟

图 2-27　清代袍服基本结构与前朝的传承性

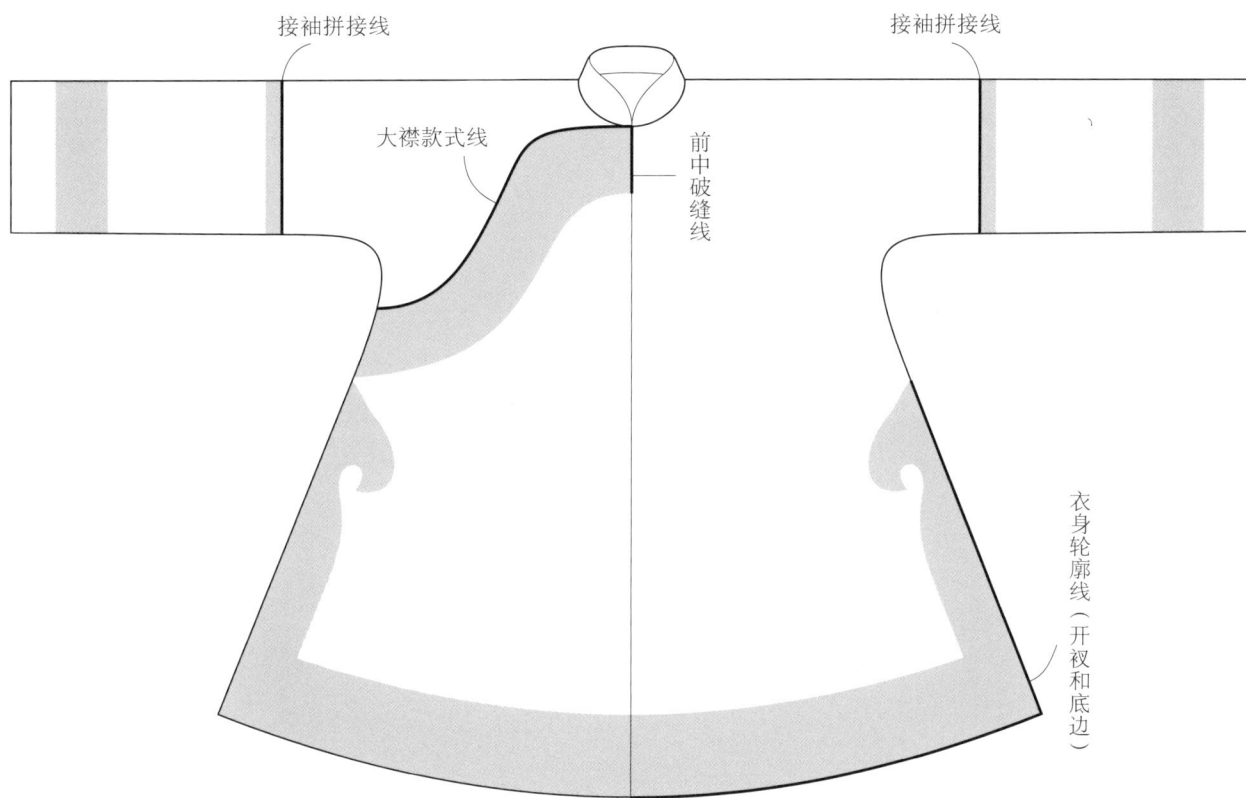

接袖拼接线   接袖拼接线

大襟款式线

前中破缝线

衣身轮廓线（开衩和底边）

图 2-28　清代服装结构与装饰的结合

可以认为，没有结构的分割，也就没有清代服装的装饰，结构成为装饰的先决条件，装饰依附结构而存在。装饰勾勒出服装结构轮廓，同时掩盖拼缝痕迹，这是一举多得的工艺处理方式，绝不是单纯地为了装饰而装饰，其实这种技术智慧从先秦就开始了。

如果从这个角度重新观察清前代的服装，会发现类似清代服装装饰依附结构的特点在每个朝代的服装上都有所反映。如汉代的曲裾深衣，宽阔的领、襟、裾、袖缘成为支撑服装的骨架也是装饰的最好去处。宋代的直领对襟袍同样在领、襟、裾、接袖缝和袖缘上都饰有花边。明代的圆领大袖袍也一样。如此看来，中国传统服装的十字型平面结构还是服装表面装饰依附的骨架。从而，传统服装结构成为了形成中国传统服装装饰特色最根本的物理条件（图 2-29）。

历史走到清代末年，也走到了封建王朝的尽头。长期的闭关锁国并没有挡住西方列强的坚船利炮。鸦片战争的炮声强行开启了中国朝向世界的大门，中国传统服装结构在宽博的平面上发展演变了五千多年之后，迎来了西方服装三维结构的冲击，而被迫寻找新的出路。在清末民初的动荡岁月里，中国传统的男装、女装结构演绎了不同的发展轨迹。清末民初时期距离今天只有近百年的时间，古典华服的结构基因仍很纯粹，更重要的是民间藏有的服装实物很多，可以接触式深度研究它们。因此，探索从服装实物结构研究中国这段特殊也是最后历史阶段的服饰文化，或许能够取得突破性的理论成果。

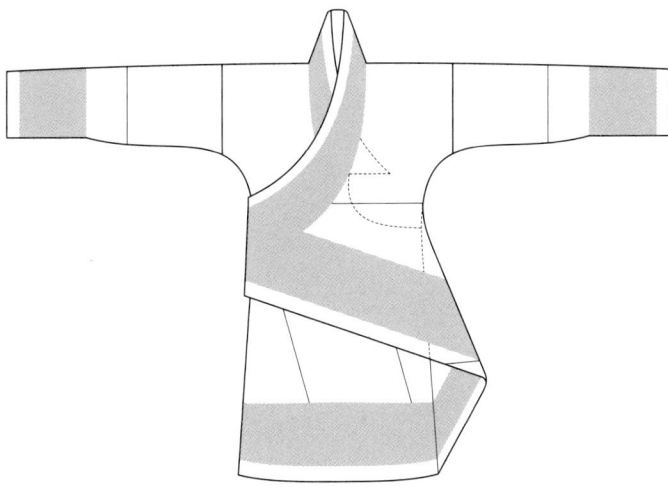

汉代曲裾深衣

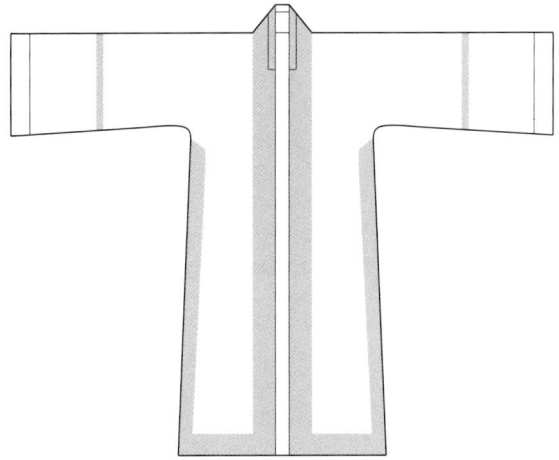

宋代直领对襟袍

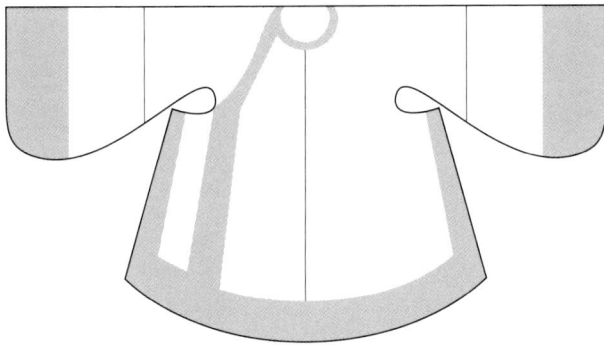

明代大袖袍

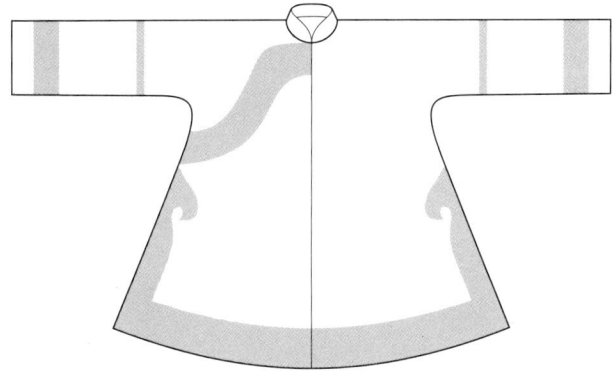

清代大襟袄

图 2-29 中国历代服装装饰对结构的依附

第三章

清末黑色团花织锦缎马褂结构图考

　　自本章开始对清末民初典型服装实物标本进行全面、深入、系统的结构图考证研究，得到了文献研究不能企及的一手材料，特别是很多鲜为人知的细节数据、结构形态和技术信息，会对已有的传统理论有所补充、修正，甚至颠覆。第一件研究的对象是清末极具代表性的黑色团花织锦缎马褂。通过对清末马褂实物标本的测绘与结构图复原，发现古典华服连裁肩袖线存在向前中偏斜，使平面结构呈现前身大于后身的现象。通过对衣片结构的模拟复原，运用平面实测和全息数据采集的方法，进行连裁肩袖线朝前中偏斜不同角度的多项实验，确定了其偏斜角度的范围，这种结构样貌是如何体现古典华服纸样设计的科学性和古人智慧的，研究成果会给我们可靠而前所未有的结论。

　　我国古典华服可以概括为"十字型、整一性、平面化"的结构特点，但由于对古代纺织品保护的原因，多数不能近距离接触，更不能进行破坏性结构研究，因此古典华服结构的深入研究滞后，造成古典华服现实结论的存疑。为此，北京服装学院民族服饰博物馆提供的实物标本使我们得以进行专项研究，通过对清末典型马褂实物标本结构测绘和复原，发现它在保持古典华服结构特征的基础上，肩袖线与前后中心线并不完全呈几何学意义上的十字型。为弄清这一问题，通过对实物全息的数据采集并复原实物的结构图，模拟其衣片的裁剪过程，证实复原结果与实物的数据特征吻合。通过对肩袖线偏斜不同角度的多项实验证明，马褂实物肩袖线偏斜的结构合理性，揭示了古典华服"十字型、整一性、平面化"结构并不单纯，而具有妥协人体工学的长期实践和经验积累却没有得到总结，值得深入研究。

一、黑色团花织锦缎马褂的形制特征

　　清末处于我国封建社会末期，袍服是这个时期男装的主流。同时，西风东渐导致西方服饰开始流入中国。对于男装而言，这个时期到民国初年男装呈现出西装革履与长袍马褂并行的服饰面貌。清末传统的长袍马褂，成为我国古典服装的最后守望者（图3-1）。它在结构上延续了中国传统服装裁剪的稳定性，弄清楚其结构机理，对于古典华服结构的溯源研究是个很好的切入点。

　　这件黑色满铺团花织锦缎马褂标本是19世纪末20世纪初中原山西平遥地区富商的传世品，直接的感受是它朴素的外观和精湛的技艺。从结构上看为连裁肩袖，保持了华服典型的十字型平面结构，对襟，直立领，盘扣5粒，后中有破缝和开衩，两侧开衩稍小，左襟上装有一个暗夹袋。接袖处为布边，因而判定此布幅的幅宽是接袖缝至前后中线的距离，约为68厘米。黑色暗团花织锦缎作为面料，生丝布作为里料。工艺为全手工缝制，针脚细密、平整，接缝对花严丝合缝（接袖处、左右门襟处等），工艺精湛。由此判断它是清末民初中原地区典型贵族马褂的结构形制。黑色团花织锦缎面料上团花的中心圆点正处于前后中线处，左右片扣合时即可见对花严整吻合，里料上的竖条纹与后中线平行。所以，无论是面料的团花纹样还是里料上的竖条纹样的分布，都可看出古人的精心设置与工艺的严谨经营（图3-2）。

图 3-1　马褂长袍是清末民初古典华服的最后守望者

资料来源：美国杜克大学图书馆电子图片库，摄影师：Sidney D.Gamble，拍摄于 1917 ~ 1920 年。

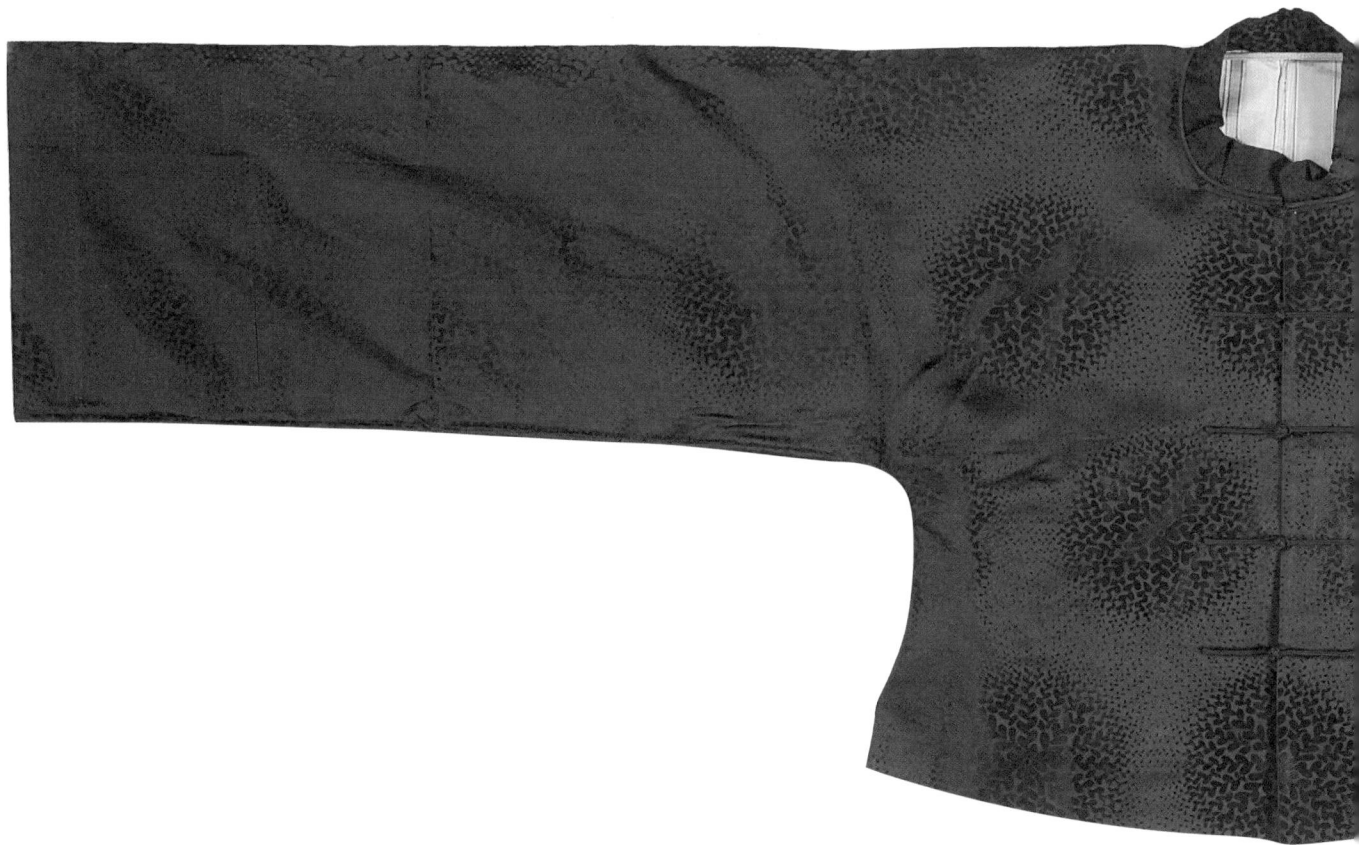

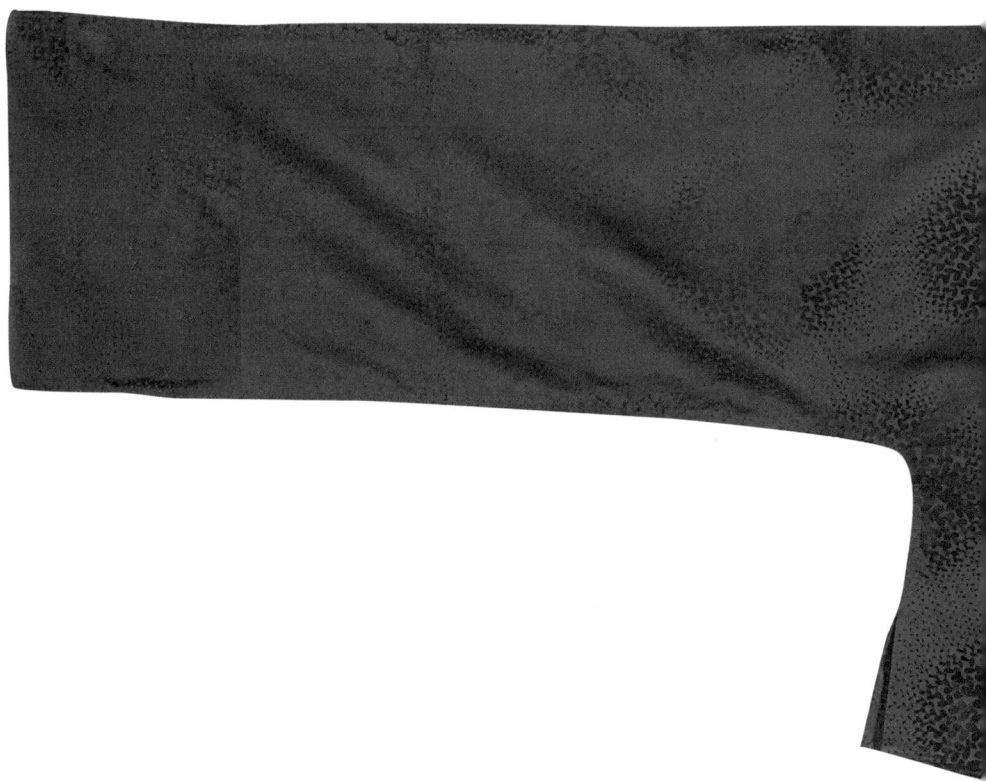

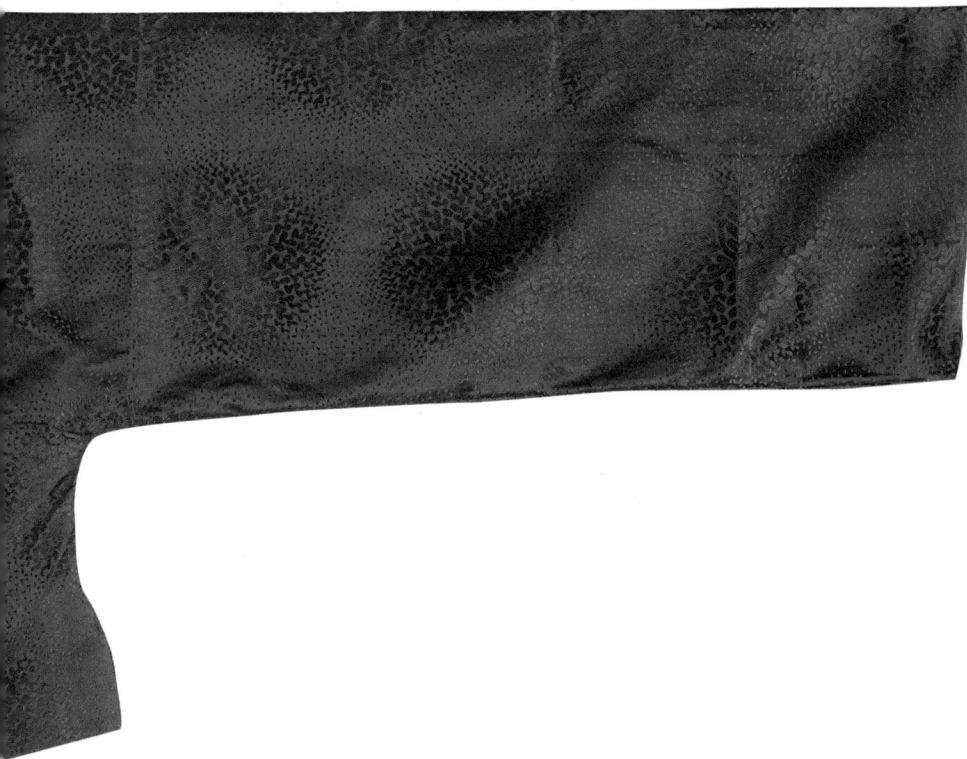

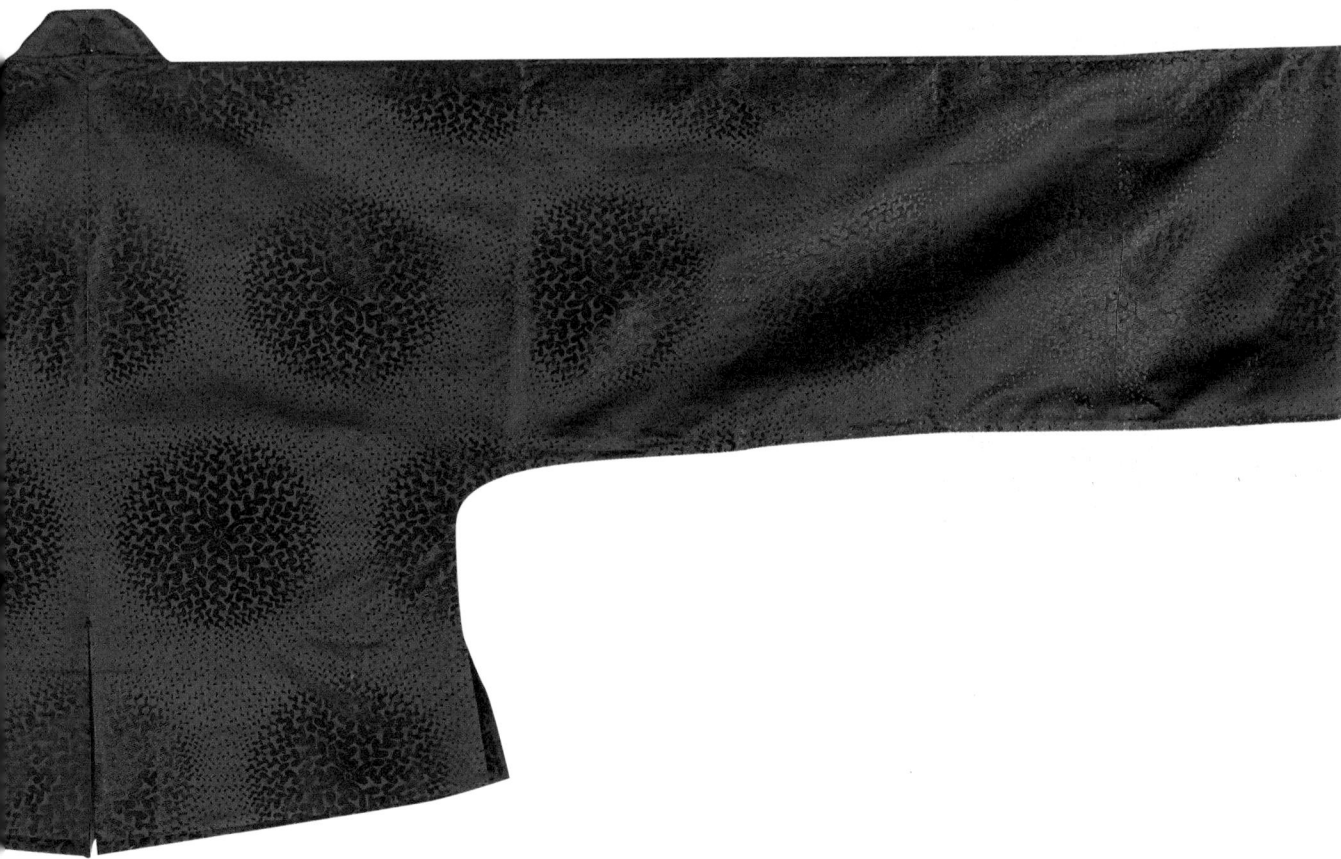

图 3-2

标本——里部

标本——局部

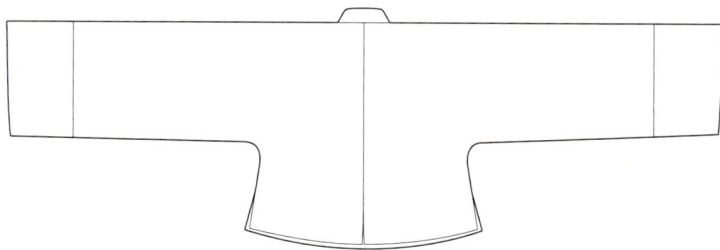

外观图——背面

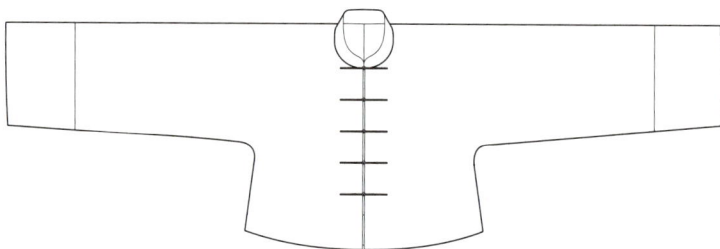

外观图——前面

图 3-2　马褂的标本细节与外观图

资料来源： 北京服装学院民族服饰博物馆藏。

二、黑色团花织锦缎马褂结构图研究

对马褂实物标本进行全息数据采集和客观复原是获取可靠结论的基础，测量方法和手段力求专业、准确。总体上分为面料裁片、衬里裁片、贴边裁片和团花分布的测绘进行结构图复原（图3-3）。通过对采集数据和复原结构图的综合分析发现，袖中线处的团花正中心点从领口到袖口逐渐向下偏斜［图3-3（a）］，说明前后袖的翻折线不是正横丝。右袖中缝处在距中线60厘米处，团花的正中心圆点下移了0.6厘米，而左袖上同样距中线60厘米处，团花的正中心圆点下移了1.2厘米，可见左、右片的袖中线都不是正横丝，且左衣片比右衣片的袖中线向后片偏斜得更厉害［图3-3（a）］。基本可以判断是由于服装为软性材料，左右衣片纱向的弹性不同和制作过程中的误差所致，但并不影响肩袖线向后片偏斜的事实。

领长 41
1.9 1.5
3.4

0.8 0.3
10.8
盘扣放大图

0.25 A'　　A'B'=27
26.7　3.7
14.5　　B'

开衩止点　　开衩止点　　开衩止点

C'　　24.2　　D'　　0.4

15.3　　　　　　　　　　　　　b=14.8

右接袖　　布边　　后右　　后左　　26.5　　左接袖

0.6　84.3　　　68　1.2
60　　　13.4　10.5　　60

25.3　26.1　　28.8　前右　7.5　前左　29.2　27.1　25.5

15.9　　　　　　　右侧暗门襟　　　　　　a=15.9

开衩止点　　C　　25.6　　D　开衩止点

5.4

9.1　27.8　13　1.5

0.5 A 1.1　　AB=28.3　　B
4.4　8.2

52.5

53.6

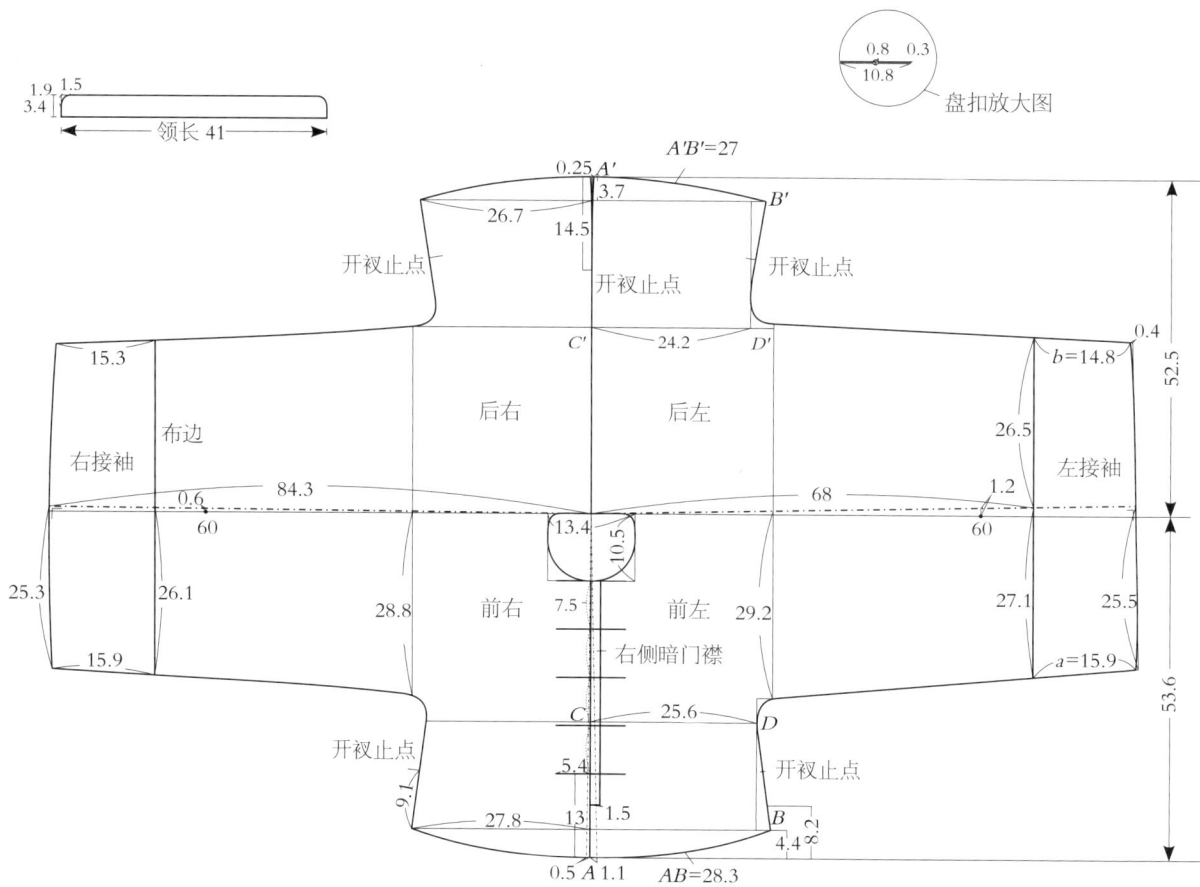

（a）主结构测绘与复原

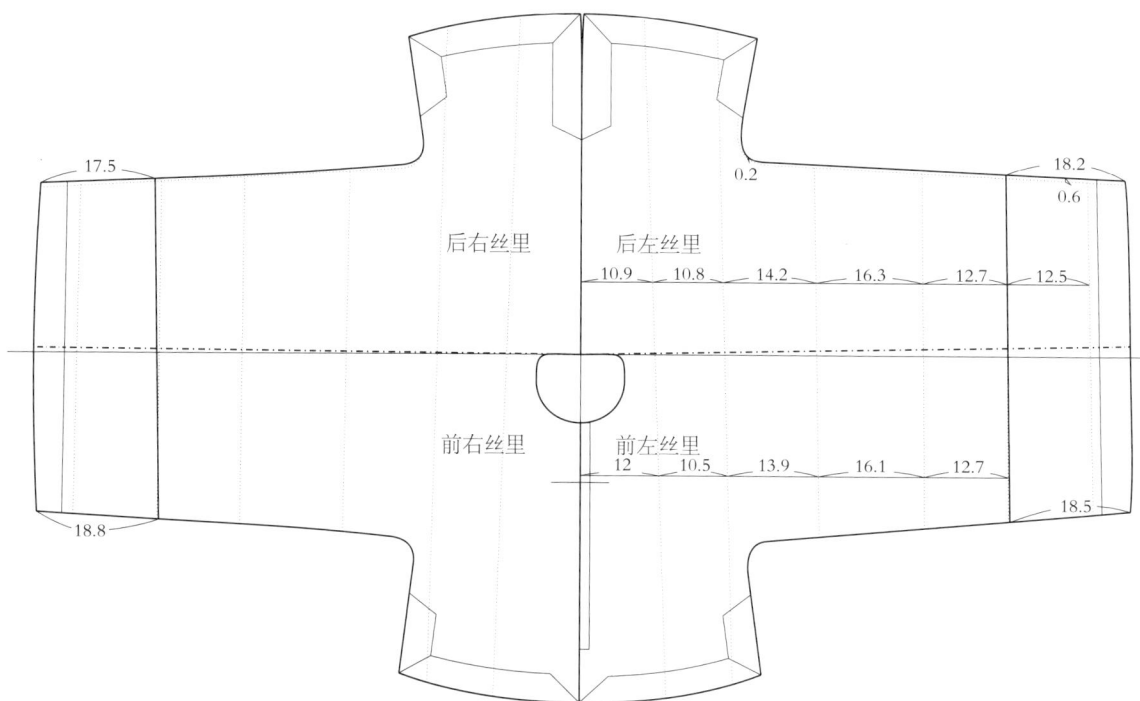

17.5　　　　　　　0.2　　18.2
0.6

后右丝里　　后左丝里
10.9　10.8　14.2　16.3　12.7　12.5

前右丝里　　前左丝里
12　10.5　13.9　16.1　12.7

18.8　　　　　　　　　　18.5

（b）衬里（反面）测绘与复原

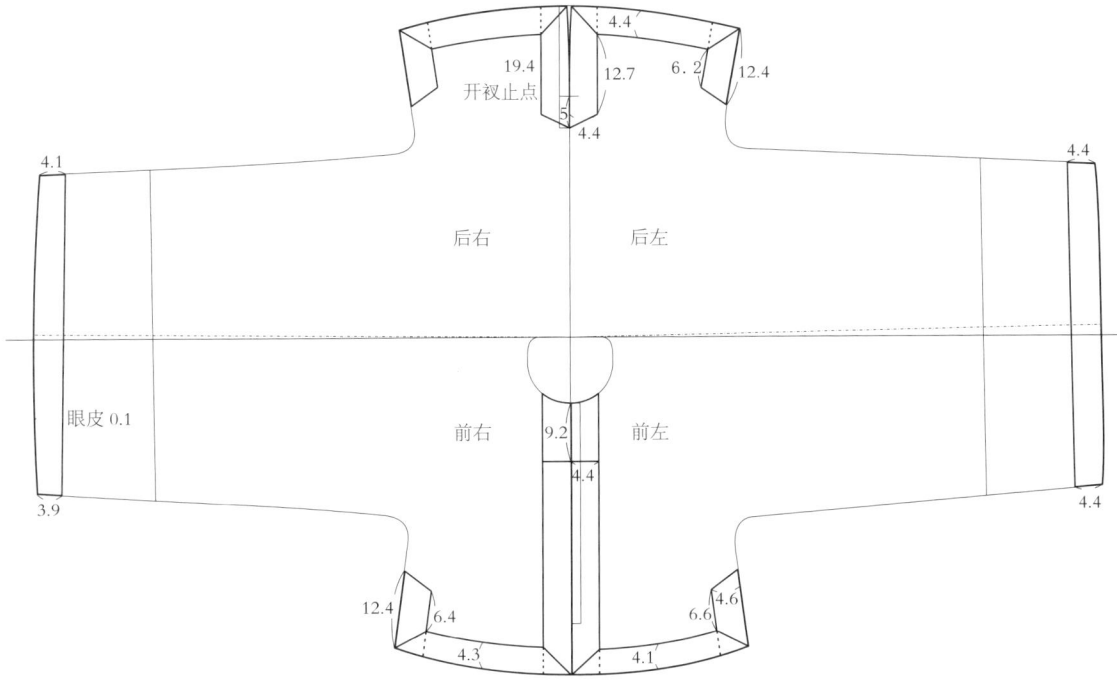

（c）贴边测绘与复原

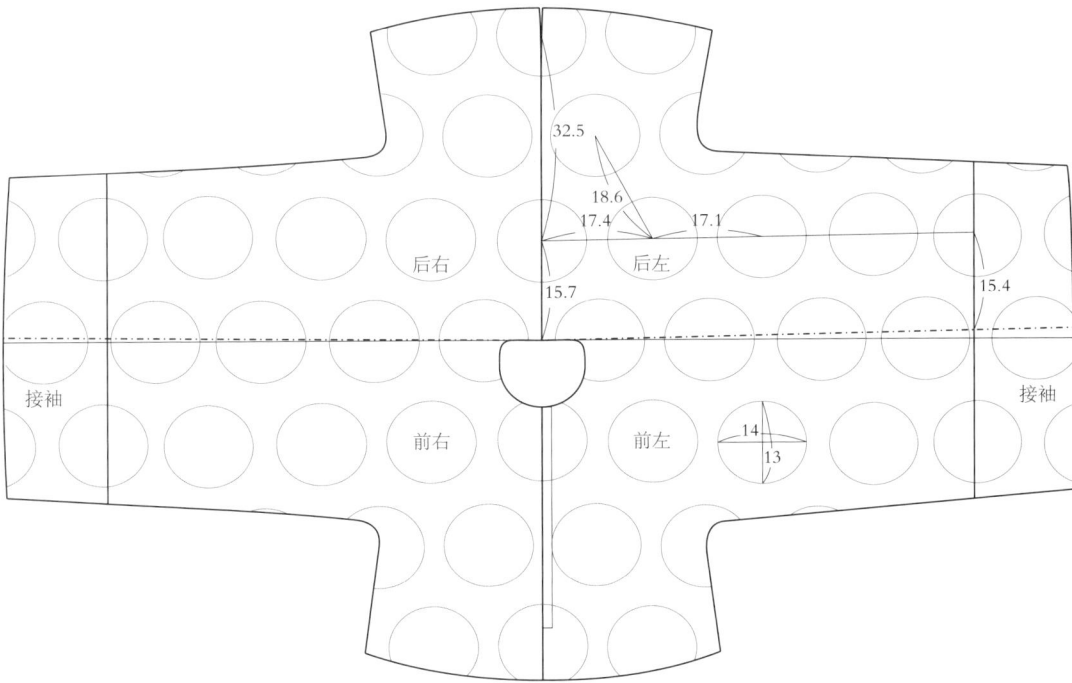

（d）团花纹样与结构的平衡处理

图3-3　马褂标本全息数据信息采集和结构复原

（一）马褂衣片结构模拟复原

我们试对这件黑色团花织锦缎马褂的衣片结构进行复原。由测量得知前中长为 53.6 厘米，后中长为 52.5 厘米，前后中与接袖处均为布边，说明前后中到接袖处之间为一个布幅宽，距离约为 68 厘米。因此，首先定出一个长为 120 厘米（大于前后中长之和）、宽为 68 厘米（幅宽）的长方形［图 3-4（a）］；沿着长边取其中点将其对折［图 3-4（b）］；在保证袖肥和胸围尺寸的情况下将其粗裁［（图 3-4（c）、图 3-4（d）］；然后按照事先的测量结果：左片的袖中线在距前后中线 60 厘米处，团花的正中心圆点向下移了 1.2 厘米，将翻折线向前偏斜，从而得到新的肩袖线［图 3-4（e）］；依据实物的袖肥尺寸、胸围尺寸和底边围度，在前片上画出袖弯线及侧缝线并沿线裁剪［图 3-4（f）］。我们将前后中的界点定为 A，前腋点定为 B，连直线 AB，它到衣身部分用浅灰色表示［图 3-4（g）］。然后以 AB 为轴，肩袖部分不变，只将前衣身转至前中线与后中线重合为止，即竖直状态［图 3-4（h）］。可以看到，在腋下处衣身与肩袖产生了部分重合（重合部分用深灰色标志）。再依据实物的衣长及底边的起翘度，在前片上定出底边线，然后沿此造型线，将前后片一起裁出［图 3-4（i）］。将腋下重合部分铺平［图 3-4（j）］，再将前后衣身展开［图 3-4（k）］，完成标本裁片的基本结构。这个结构为什么说有"妥协的人体工学"？

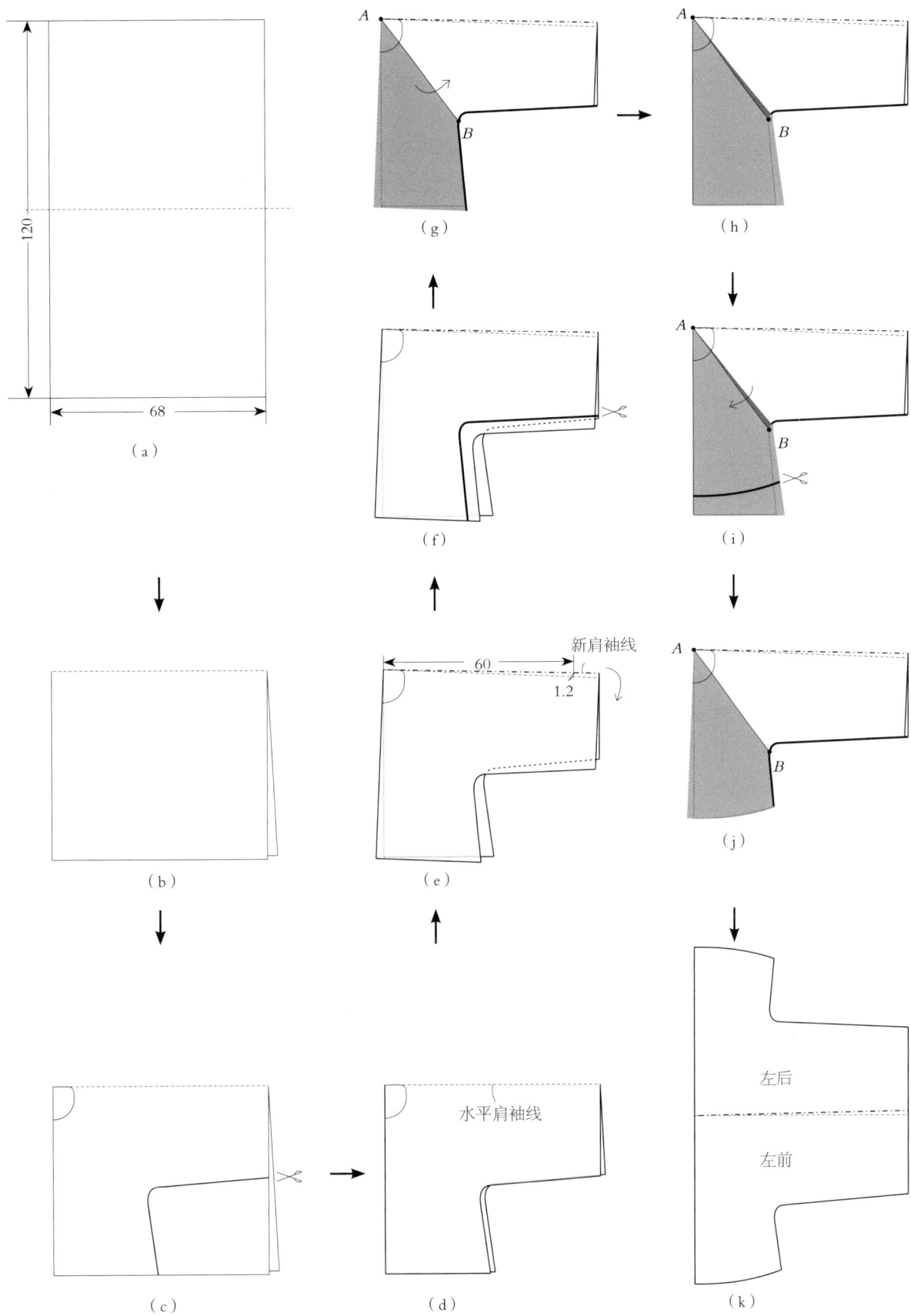

图3-4 团花马褂衣片结构的模拟复原流程

（a）

120

68

（b）

（c）

（d）

水平肩袖线

（e）

60

新肩袖线

1.2

（f）

（g）

A

B

（h）

A

B

（i）

A

B

（j）

A

B

（k）

左后

左前

（二）复原结构与实物比对分析

马褂连裁肩袖线偏斜结构技术，主要解决在不改变平面结构的前提下达到利用面料最大化与人体的平衡、体型与服装结构在外观造型上的平衡，通过标本与复原结构的比对分析才能看到古人的这种大智慧。将复原的结构与实物作比对分析，可看出实物的肩袖线已不再是水平状态［图3-5（a）］。造成前袖缝长后袖缝短，长的部分通过腋下缩缝使它们达到平衡，且使胸部造型呈现轻微的立体，故在接袖点处产生错位现象，好在是隐蔽的［图3-5（b）、图3-5（c）］。经测量得知肩袖线向前偏斜了1°，袖缝线上的前后接袖点（将其分别设为 A、B）不在同一条直线上，相差1.1厘米［图3-6（a）］，可判断出接袖结构必然是前接袖大于后接袖，从图3-3对实物的测量与复原图中可以看到左接袖片 a=15.9厘米，b=14.8厘米，相差1.1厘米，与实物吻合［图3-5（b）］。由于 A、B 两点不可避免地错位，幸好是在袖下缝处较为隐蔽，错位差量通过"大小头"的接袖补齐。从中也可看出古人最大限度地保持原材料的完整性，尽量不破坏其原生态面貌，体现出古人朴素的节约意识与人体工学（适体方便活动）的平衡，这可能是更大的人文哲学因素在发挥着作用，即"师法自然、天人合一"的宇宙观和"敬物与节俭"朴素的生存动机渐行渐远。

（a）肩袖线处的团花中心点逐渐偏斜

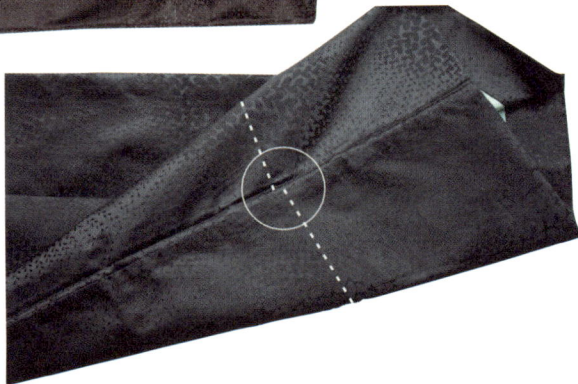

（b）前后接袖点错位，前接袖大于后接袖

（c）前腋下有缩缝，胸部造型立体

图3-5　实物细节处理

　　另外，前袖缝及侧缝的弧长为61.8厘米，小于后袖缝及侧缝的弧长62.6厘米［图3-6（c）］。但从复原过程中可知这个弧长包括两部分：袖缝长和侧缝长。同时也是分两个步骤得到的：前后袖弯线和侧缝线是在水平肩袖线向前偏斜之后产生新的肩袖线的情况下，前后片同步裁出的，此时前中线随肩袖线的偏斜以相同方向偏斜了相同的角度，后中线仍为竖直状态，那么前后袖弯线此时虽不等长但为同步裁出，缝合时不应该出现吃量，此时前后侧缝线也是相等的。接下来保证肩袖部分不变，只将前衣身转至前中线与后中线重合为止，再在此基础上将前后片一起裁出底边线。因此，在此步骤中前侧缝线就会大于后侧缝线［图3-6（d）］，前侧多出的量实际上在腋下就成为缩缝的胸凸量，在缝合过程中需用归拔工艺实现胸部的立体造型，这与实物图［图3-5（c）］中前腋下出现褶量且微微隆起的效果是吻合的，进而说明复原步骤的客观性是可靠的。

　　从图3-6（c）中还可看到肩袖线的偏斜带来前中线的偏斜，导致前胸宽大于后背宽，前底摆围度大于后底摆围度。而实物的测量结果也是如此，如图3-3（a）所示，前胸宽 CD=25.6厘米，后背宽 $C'D'$=24.2厘米，前底摆围度 AB=28.3厘米，后底摆围度 $A'B'$=27厘米，这样可以适应成年男性体型总量前大（腹凸原因）于后的外观造型上的平衡。

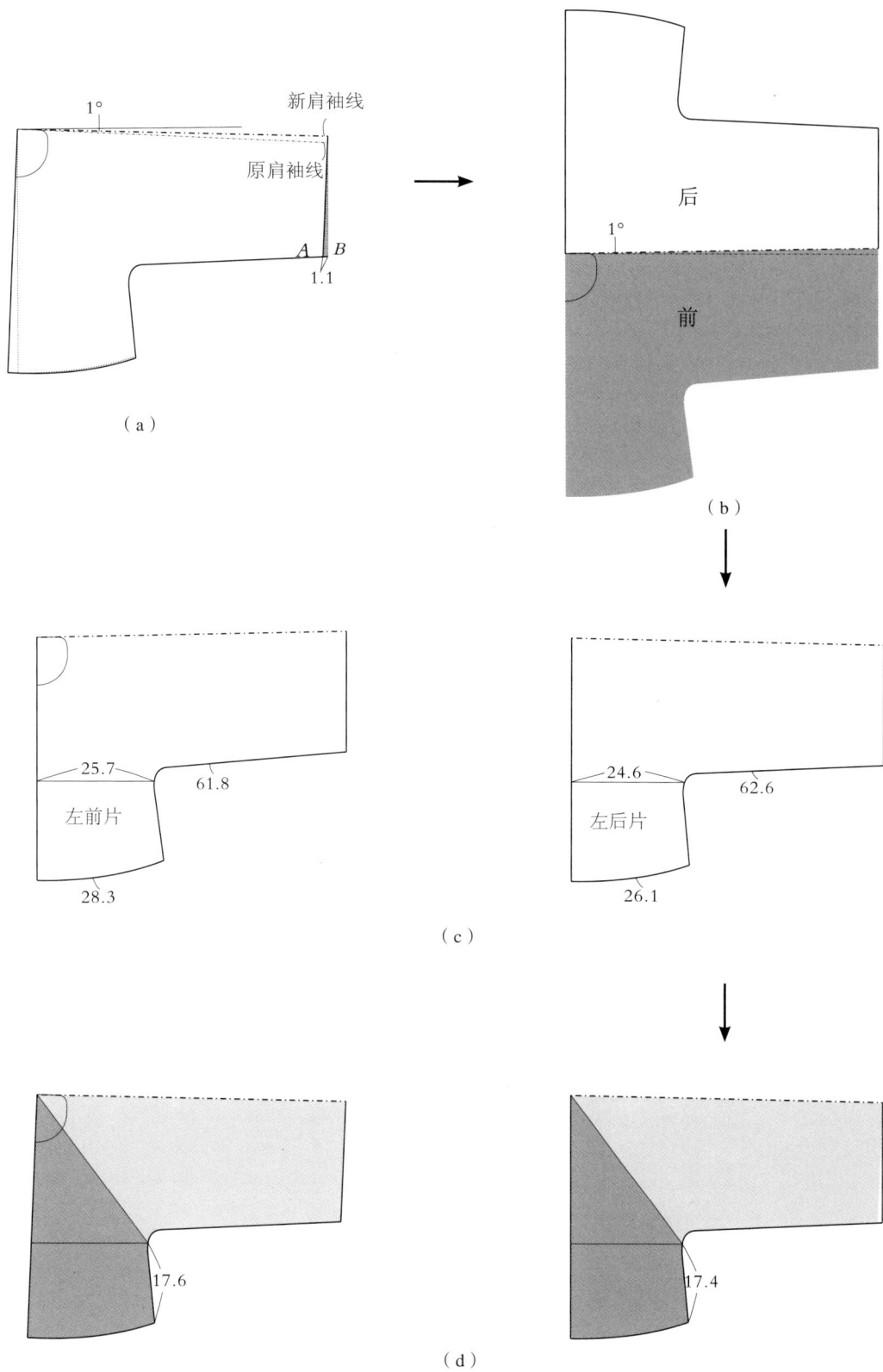

新肩袖线

原肩袖线

1°

A B

1.1

（a）

后

前

1°

（b）

左前片

25.7

61.8

28.3

（c）

左后片

24.6

62.6

26.1

17.6

17.4

（d）

图 3-6　马褂左片模拟复原的结构流程

（三）从肩袖线向前偏斜结构实验对其合理性的探究

基于以上分析，我们已证实此马褂标本在裁剪过程中肩袖线与前中线已不是理论上的垂直，而是前片有向前偏斜的现象，虽然肩斜量很小，但还是能从中看出此马褂结构在保持"十字型、整一性、平面化"基础上有意识地向适合人体的发展趋势努力，这就是所谓的"妥协的人体工学"。男子标准正常人体的肩斜为21°～23°。那么，在保持面料相对平伏的情况下，肩袖线的偏斜量是多少才算合理呢？

1. 肩袖线偏斜不同角度的实验

我们用实物的肩袖线偏斜度（通过测量已知为1°）作为标准状态［图3-7（b）］，向上采用不偏斜得到的是前后完全规整的裁片［图3-7（a）］；向下采用偏斜2°，前片整体会放大［图3-7（c）］；向下采用偏斜3°，前片整体会继续放大［图3-7（d）］；当偏斜度为最大状态11°时，前片会继续放大并出现严重变形［图3-7（e）］。古人选择了向下偏斜1°是否最合适呢？

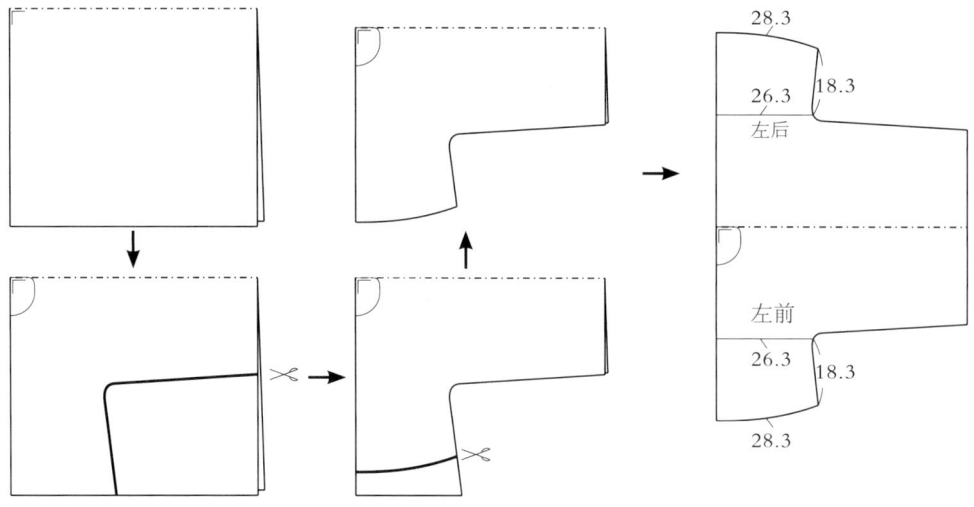

（a）肩袖线为水平状态

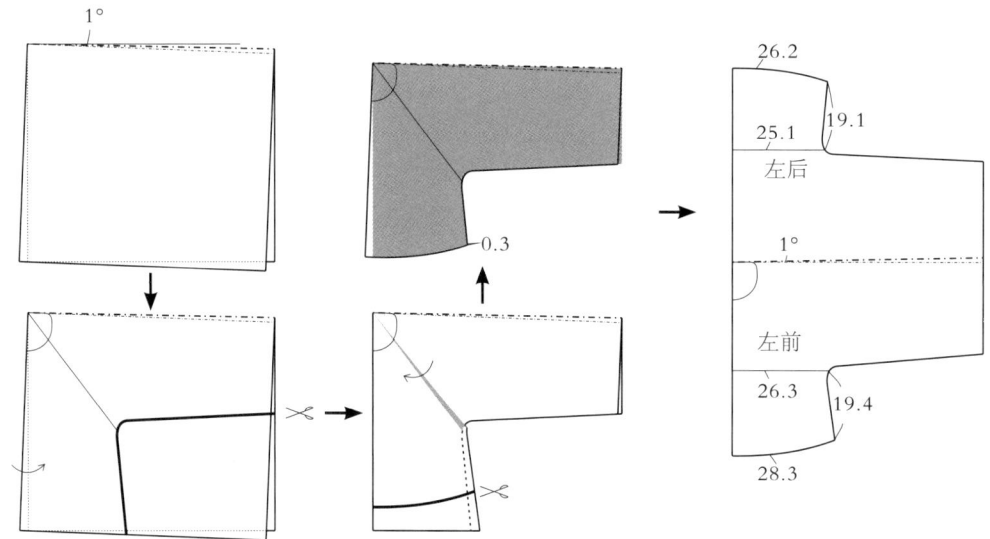

（b）肩袖线向前偏斜 1°

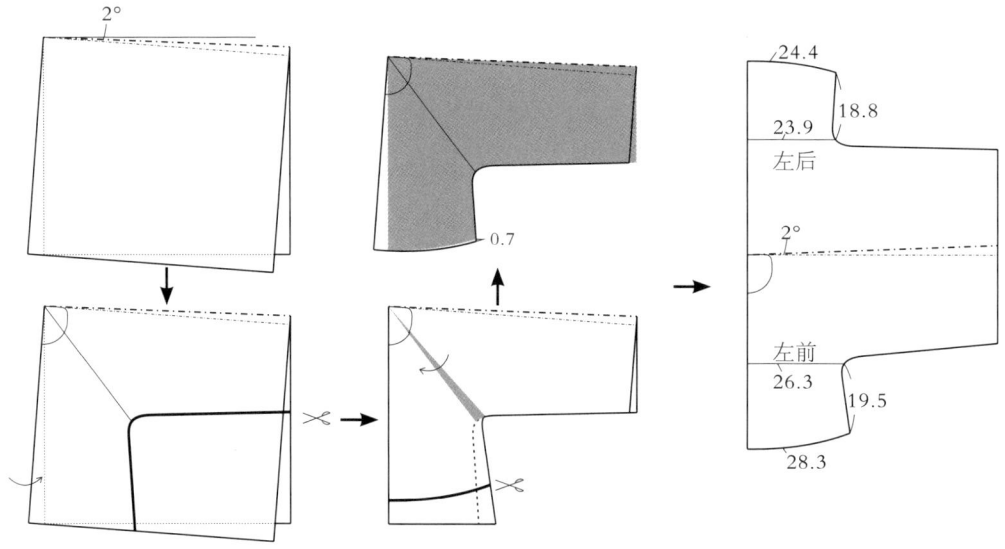

（c）肩袖线向前偏斜 2°

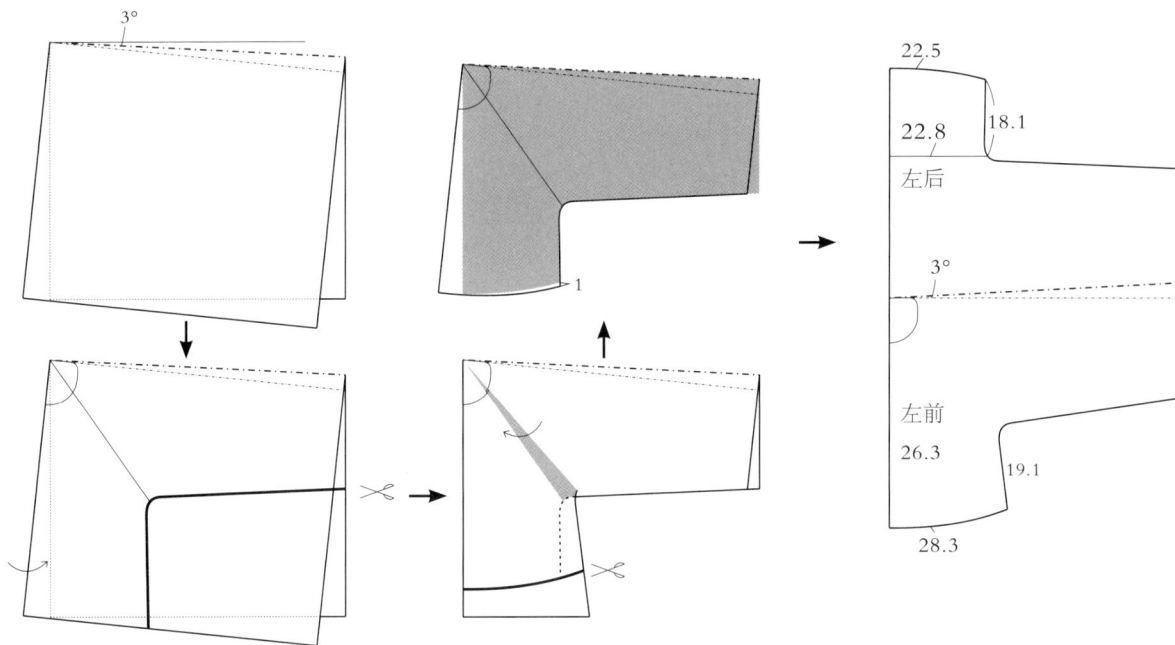

（d）肩袖线向前偏斜 3°

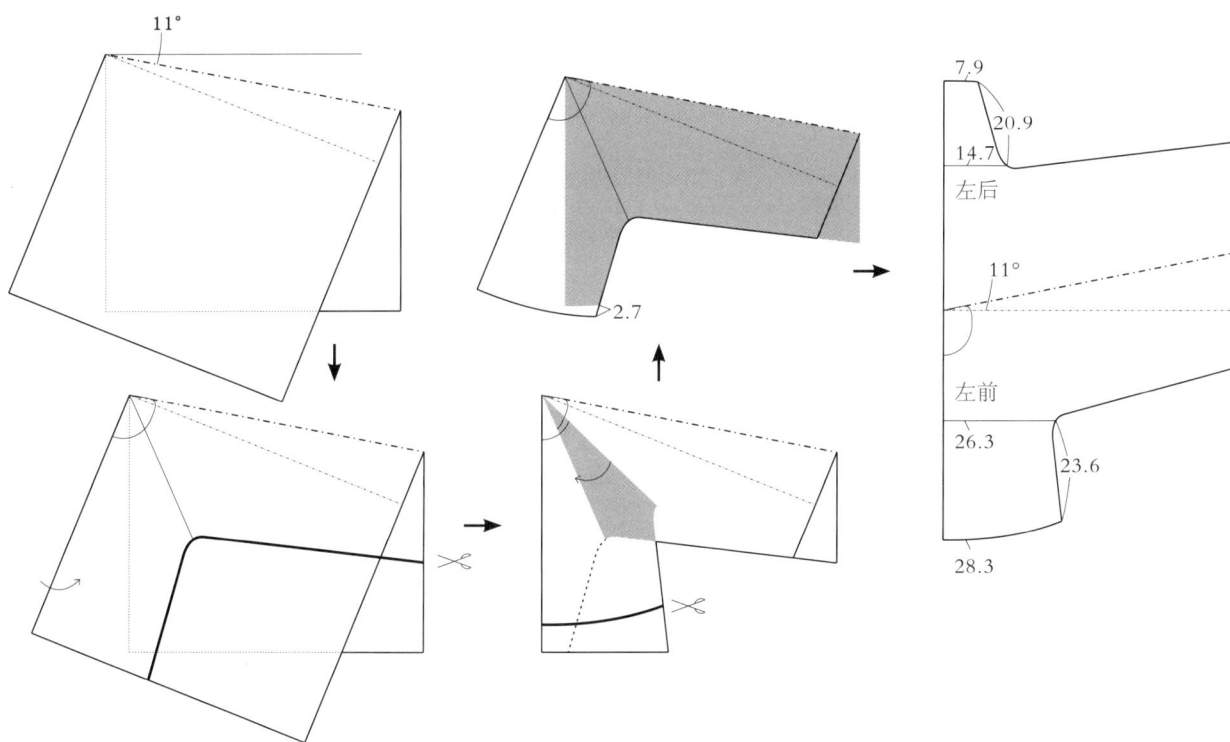

（e）肩袖线向前偏斜 11°

图 3-7　肩袖线偏斜度不同的系列实验

从以上四个实验结果中我们分别量取样本的前胸宽和后背宽尺寸、前后底摆围度的尺寸以及前后侧缝的长度，会发现测量结果存在一个有效的合理范围，即在无肩斜到肩斜 2° 之间是有效的，标本选择的是中间值 1°，显然表现出古人对面料、结构、技术与人体综合把控的能力智慧（见下表）。

2. 从尺寸复核角度分析

实验方法和实验依据决定了系列实验的结果：五个实验结果复核前片围度尺寸，虽然都一致且都与实物吻合，但因为肩袖线偏斜带来的前后片尺寸及前后侧缝差量的变化是否能符合要求。总的来看肩袖线偏斜角度越大，整体衣片的变形就越大，哪些角度是有效的，主要对成型纸样的后身做复核得出适用范围。

以男西装的松量 16 厘米作为参考（标准松量），测量实物的胸围尺寸约为 100 厘米，那么此件实物对应人体的胸围尺寸为 84 厘米左右，对应的腰围、臀围尺寸分别为 69 厘米和 86 厘米左右，属于体型较瘦小的人。通过尺寸复核实验 1、实验 2 与实物结果的数据都能满足人体尺寸。而实验 3、实验 4 之间显示其后片围度（胸围、底边）尺寸明显不足，而且前后侧缝相差 1~2.7 厘米，这个数值偏差太大，是无法用归拔工艺处理掉的。那么，肩袖线向前偏斜 3° 以上就属于超出合理偏斜的范畴应排除（见下表）。

肩袖线偏斜度不同产生的相关数据　　　　　　　　　　　　　　　　　单位：厘米

设计肩斜度		前胸宽	后背宽	前底边围度	后底边围度	前侧缝长	后侧缝长	前后侧缝差	撇胸量	结果
实验 1	无肩斜 ［图 3-7（a）］	26.3	26.3	28.3	28.3	18.3	18.3	0	0	有效
实物	肩斜 1° ［图 3-7（b）］	26.3	25.1	28.3	26.2	19.4	19.1	0.3	2.0	有效
实验 2	肩斜 2° ［图 3-7（c）］	26.3	23.9	28.3	24.4	19.5	18.8	0.7	4.0	有效
实验 3	肩斜 3° ［图 3-7（d）］	26.3	22.8	28.3	22.5	19.1	18.1	1.0	5.6	无效
实验 4	肩斜 11° ［图 3-7（e）］	26.3	14.7	28.3	7.9	23.6	20.9	2.7	0	无效

3. 从服装造型角度分析

据实物的测量结果，肩袖线产生偏斜必然导致前中线向后倾斜，按现代结构理论，可理解为撇胸配合斜肩的设计，是一种向合体趋势发展的造型（图3-8），因为撇胸伴随产生垂肩（溜肩）是符合人体自然规律的，这与实物的状态吻合，所以我们将现代板型知识运用于古典服装中去解释是行得通的。我们知道，即使是给肥胖（E体型）的人设计撇胸，最大也不能超过4厘米，因为撇胸的大小还会影响造型的适体美观，它不可以一味地满足体型的要求，它需要对人体的缺陷进行修饰，起到扬长避短的作用。图3-9（b）中肩袖线向前偏斜2°时，前后中界点相当于向后倒了约4厘米，这相当于撇胸4厘米。我们已知该件马褂为通行的宽松结构且对应的人体体型较瘦小，意味着实物肩袖线的偏斜事实上满足了一定的撇胸要求，但由于整体性平面结构的限制，偏斜不可能大于2°（最大值）。当肩袖线向前偏斜3°时，前后中界点向后倒了约5.6厘米，相当于超出了撇胸量的上限，使得衣片整体结构出现变形。因此，这既不符合理论，也不符合实际。

那么，肩袖线为水平状态时［参见图3-7（a）］，前后片始终是完全相同的，因而造成前片不足且缺乏立体感。肩袖线向前偏斜2°以上时［图3-9（b）、图3-9（c）］，前后中界点相当于向后倒了4厘米以上，这种状态前后片反差偏大也不可取。只有马褂实物肩袖线向前偏斜1°时最理想，虽然很微小，但它的存在使得前胸宽量增加，同时也使得前底摆围度大于后底摆围度、前侧缝长大于后侧缝长的各项指标更适度［图3-9（a）工艺呈可控制范围］。总之，从围度与长度两方面看前身尺寸都大于后身，与人体前体积大于后体积相适应，同时使服装造型更立体。并且因为肩袖线的偏斜，使袖子向前摆，符合人体胳膊的运动趋势，所以说衣片中肩斜的结构技术处理，可以实现应用面料最大化、适体和外观造型的平衡。这种结构及细致的工艺技术在清末民初一般贵族服装中是否具有普遍性，还需要有更多的考据，但这件马褂标本结构的科学性和精湛的技艺发生在民间，说明它有时代的典型性和代表性，可见这种挖掘对历史文化现象的认识增加了深刻性。

（a）肩袖线向前偏斜 1°

（b）肩袖线向前偏斜 2°

（c）肩袖线向前偏斜 3°

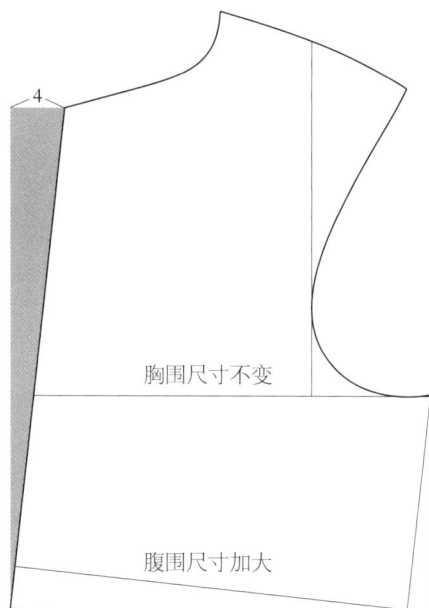

图 3-8　现代男装结构的撇胸处理（最大值）

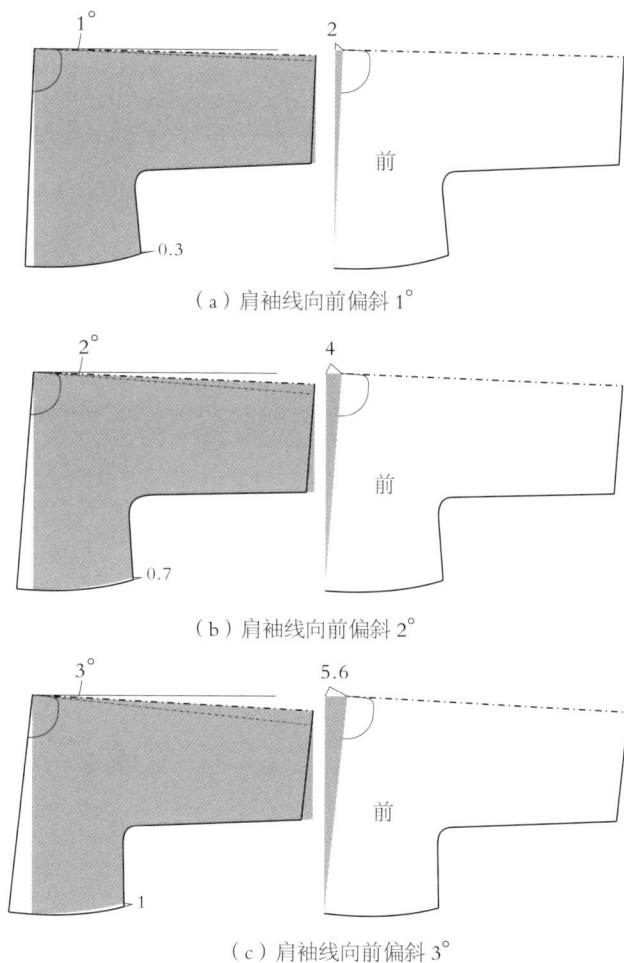

图 3-9　肩袖线的偏斜导致前中线的偏斜以适
应不同腹凸（古典华服控制在 2°以内）

三、黑色团花织锦缎马褂主结构与衬里结构的平衡

此件马褂采用全衬里结构，里料和面料同为丝绸材质，面料轻薄滑爽，里料丝绸为彩色竖条纹，虽历经一个世纪但色泽依然鲜艳。内部质料的优良更体现出此件马褂含蓄内敛却不失品质和庄重。通过严格的数据采集和测绘复原了实物标本主结构、贴边和衬里毛样的分解图。马褂的衬里同主结构一样为连裁肩袖，保持了华服典型的十字型平面结构，前后中有破缝并开衩，两侧开衩稍小，左右各有一接袖，贴边拼接较多说明边角余料使用充分，反映出标本尽管源出贵族，但节俭意识却很明确（图 3-10）。

后右侧缝贴边　后右底边贴边　后右中缝贴边

0.5　0.5　0.5　0.5　0.5　0.5　0.5

后左底边贴边　后左侧缝贴边

右接袖贴边

前左中缝贴边

0.5

后右　后左　左接袖贴边

$a=16.4$　67.9　68　$b=15.7$

0.5

右接袖　前右中缝贴边　前左　左接袖

前右　前右暗门襟

0.5　0.5　领　0.5　前右侧缝贴边　前左侧缝贴边　前左底边贴边

0.5　0.5

前右底边贴边

0.5　0.5　0.5　0.5

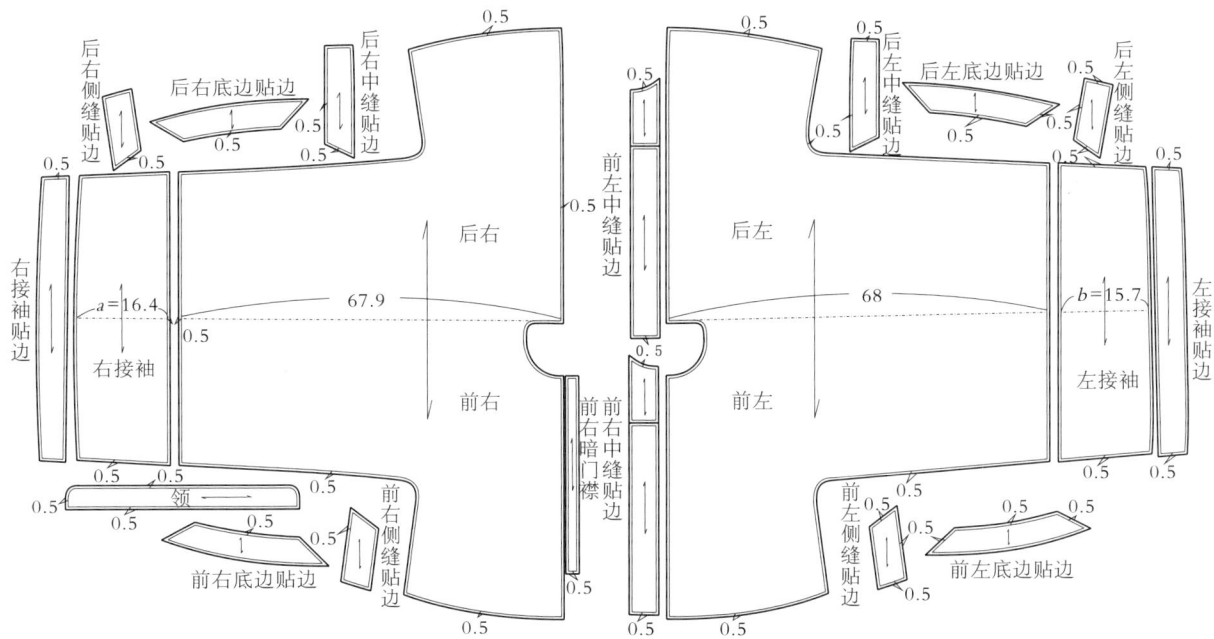

（a）主结构及贴边毛样分解图

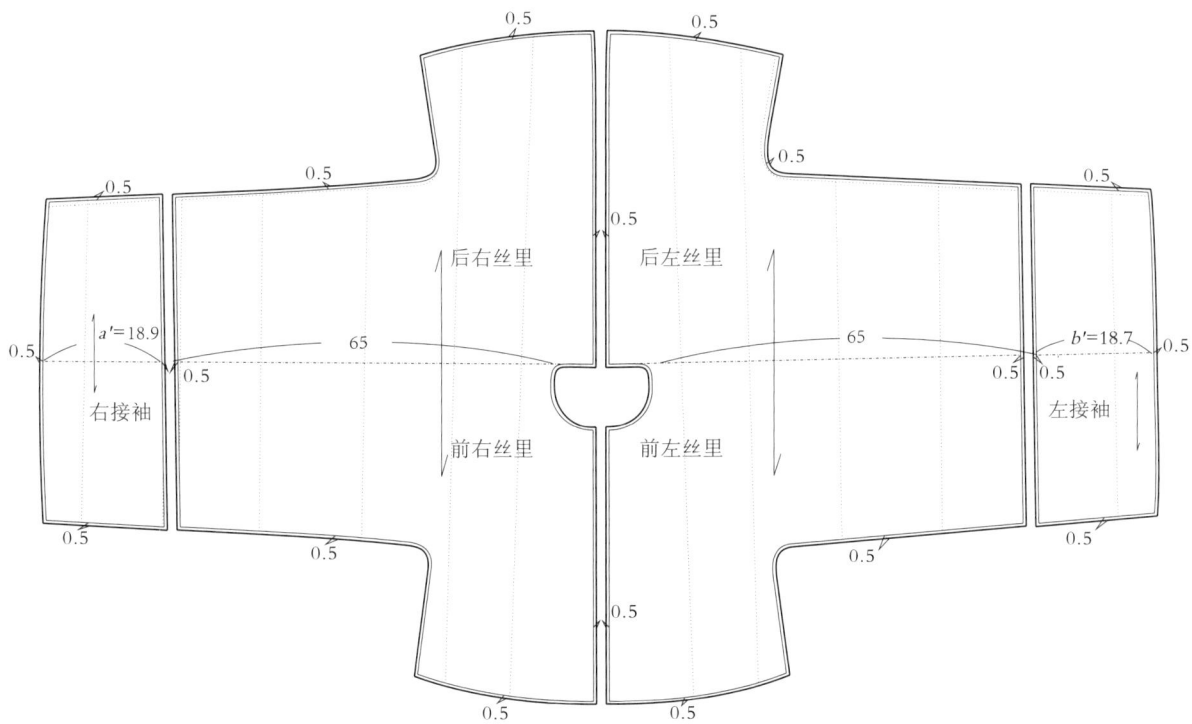

0.5　0.5

0.5

0.5　0.5

0.5　后右丝里　后左丝里　0.5

$a'=18.9$　65　65　$b'=18.7$　0.5

0.5　0.5　0.5

右接袖　前右丝里　前左丝里　左接袖

0.5

0.5　0.5

0.5　0.5

（b）衬里（反面）毛样分解图

图 3-10　马褂标本毛样数据采集和主结构、衬里结构的分解图

衬里的接袖宽 a'=18.9 厘米，b'=18.7 厘米 ［图 3-10（b）］，大于主结构的接袖宽 a=16.4 厘米、b=15.7 厘米 ［图 3-10（a）］，由于无法判断衬里的前后中与接袖边是否为布边，对于此现象（主结构与衬里的接袖缝的错位）我们无法给出明确的解释，但从内外结构尺寸比较上可初步推断有以下两种原因：

一是客观上，假如衬里的前后中与接袖线均为布边，那么衬里的幅宽即为衬里前后中到接袖线之间的距离约为 65 厘米 ［图 3-10（b）］。主结构面料的幅宽已确认约为 68 厘米 ［图 3-10（a）］。由于衬里的幅宽小于主结构面料的幅宽，这一客观因素决定了衬里接袖宽要考虑补齐衬里幅宽的不足而自然大于主结构的接袖宽。那么，主结构与衬里的接袖线的位置肯定不会重合，无形中也解决了接袖处平整度的问题。

二是主观上，假如衬里的幅宽与主结构面料的幅宽相同，即衬里幅宽也是 68 厘米，那么根据马褂标本，我们可推测在制作过程中，主观上将衬里的宽度减少 3 厘米再与接袖拼缝，旨在使面料与里料接袖缝产生错位，不会因为缝份的重合而使接袖处过厚而影响外观的平整。这是符合事实和"重工艺轻裁剪"的华服传统的。这也给了我们研究华服结构的一个重要提醒，就是面对实物样本，不要漏掉在我们看来是微不足道的细节，因为用现代人的心境已经很难理解古人可以终其一生干一件事情的技艺了，只有我们把网撒得越大，承载重要信息的鱼漏掉的可能性就越小。

四、黑色团花织锦缎马褂内置口袋结构设计的玄机

此件传世实物品相保存完好，工艺极其考究、细腻，对花严整的工艺处理体现其做工精湛、设计巧妙，最令人叹为观止的是其内置口袋的隐秘性设计。内口袋置于左前片门襟的下方，对其结构数据进行采集，在服装上如何认识近代设计的科技思想有所发现。内置口袋的工艺类似于今天女裤直插袋的工艺，袋兜夹放在左前片面与里的中间，袋兜与衬里同料，袋口的贴边与衣身贴边同料，能看出即使这些隐秘结构的用料也都是极其讲究的。左前片口袋处有四层衣料，加上贴边厚的地方达到七层，但所有衣料都为丝绸质地，质料轻薄加之工艺精良，所以外观极其平整，不易发觉。

马褂是近代古典华服的集大成者，沿袭了华服外表不设口袋的传统，内置口袋的设计就显得尤为重要。由于其口袋位置的隐秘性，其口袋的功能性得以充分发挥，暗夹袋的设计在满足使用功能的同时保持了外观的简洁、规整和内敛寓吉的玄机（图3-11）。

标本

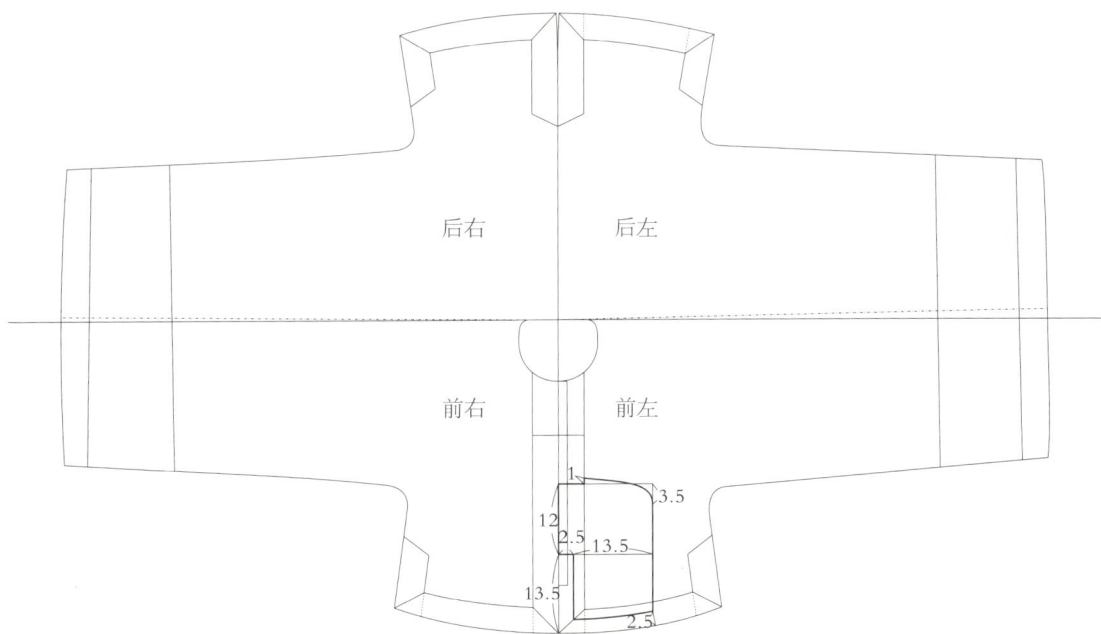

后右　　后左

前右　　前左

1
12
2.5　13.5
13.5
2.5
3.5
13.5

图 3-11　主结构与内置口袋结构测绘与复原

今天的西装款式虽然前身上有手巾袋和两个大袋，但它们的存在并不以使用作为目的，不是用来装物品的，一般情况下都是不使用以保持外观的平整，它们的存在是以一种潜在的功效揭示男装的历史和文化。从男装造型美学的角度看，是要保持外部的平整感。因此，凡外表具有功能的结构都不去利用，而是采用内部或不影响外观的隐蔽结构的功能设计。西装的设计思想就是淡化外观、强化内部设计，内部的设计几乎成为识别男装品质的标志。清末男子马褂暗夹袋的设计理念与今天的男装造型美学思想如出一辙。所不同的是，马褂外观口袋既然不可使用也就没有存在的必要，自古以来从未改变过，华服历史上就从来没有过明袋设计。女装古典华服也恪守着这个传统，因此这种具有普世的表象就不是一个简单的功用问题，而是文化问题，马褂暗夹口袋在古典华服中并不是个案，其实是以"敬畏造物"（尽量保持面料的完整性）体悟"天人合一"的中华传统生活方式的一种潜意识。我们更容易把它误认为是简约思想自古有之，其实我们是疏于对其理性的研究与自省，因为用今天的思维定式解释古代的事象，每每诠释得越清楚就越不可靠。

五、黑色团花织锦缎马褂盘扣结构考案与"敬物"思想的折射

另一个细节，即盘扣的工艺处理也体现了古人对物质存有敬畏之心的思想，对人造之物更是如此，因为它比自然之物来之不易。对它的文化认知，我们更是表现得无知和缺乏耐心，而对它的研究会让我们更多地关注结构的细节，但还远远不够。此件马褂盘扣为直扣，材质为本料裹绳工艺，造型简洁，平直纤细，与这件形制短小的马褂整体相得益彰，通过它我们才真正体会到古典华服的含蓄和精致。在初次解系纽扣时如果不得要领会很吃力，后来无意中用拇指按住纽头，将下纽襻从下往上翻时很容易就解开了纽扣，而如果用上纽襻去解开或系上都会很费力，可见它是根据习惯而设计的，和我们今天看到的盘扣大相径庭。从功能的设计到精致的程度、工艺的秘籍，今天几乎无法复制（图3-12）。

标本

外观图

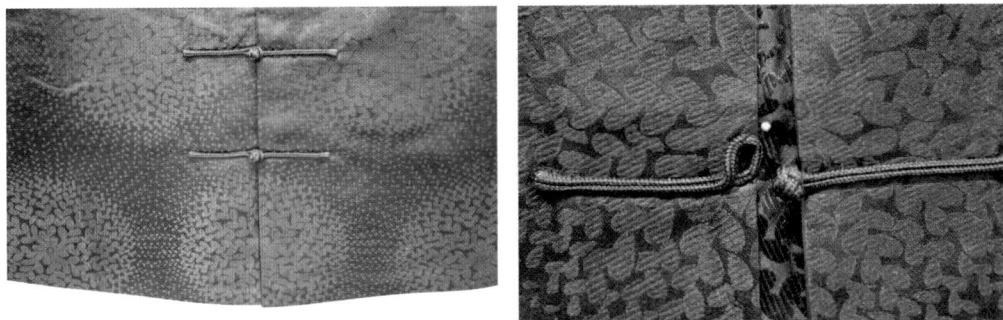

图 3-12 马褂盘扣细节

（一）盘扣结构的考案

　　盘扣结构与设计的玄机如果不作理性的研究也是无法解开的，因此我们对盘扣的数据进行采集和测绘。盘扣扣合后的直扣总长为10.8厘米，纽头的直径约0.8厘米，上纽条在纽襻长BC=0.9厘米处固定，下纽条在纽襻长AC=1.6厘米处固定，形成纽襻上短下长状态（图3-13）。纽头的周长为0.8×3.14≈2.5厘米，而上下纽襻总长为$BC+AC$=0.9厘米+1.6厘米=2.5厘米，正好与纽头的周长吻合（图3-13）。

　　若上纽襻起点B调至A处，则上下纽襻等长都为1.6厘米，整个纽襻的长度就会增加为3.2厘米，对于直径为0.8厘米的纽头来说，这样的纽襻太松。相反，若将下纽襻起点A调至B处，上下纽襻都为0.9厘米，整个纽襻的长度则会缩短为1.8厘米，这样的纽襻对于周长为2.5厘米的纽头无疑太小了。若我们没有对这些细节进行数据采集和结构测绘的研究，这种精准的计算和巧妙的设计，便无从知晓，亦无法理解古典华服蓄蓄精致背后的技艺与科学精神。那么，这种复杂且不规则设计的背后是什么？

（二）盘扣装钉方法的考案

通过对标本盘扣装钉方法的探究发现，从今天的现状看这种技艺已经失传了。现在试图复原它。

如图3-13所示，下纽条的纽襻长 AC 比上纽襻 BC 长，为 $AC-BC=0.7$ 厘米。这正好可以解释实物的纽襻从下往上翻时很容易就解开，而用上纽襻去解开会很费力的原因。而今天仿制的华服普遍采用纽襻上下固定点相同的方式，事实上是根本不了解古代的这种技艺秘籍。这两种盘扣装钉方式带来的结果有什么不同？

我们模拟这两种装钉方式，然后从它们扣合的结果去判断我们不得不佩服古人的智慧。标本的纽襻上下固定点不在同一个位置上，上纽襻 BC（0.9厘米）小于下纽襻 AC（1.6厘米），扣合纽头时上纽襻短，其止点 B 实际起到固定纽头的作用，扣合后的剩余量只有0.1厘米［图3-14（a）］。如果依据纽头周长为2.5厘米，上下纽条的固定点若在同一位置上，则上下纽襻等长为1.25厘米，扣合纽头后的剩余量为0.45厘米［图3-14（b）］。从中我们可以看出两种装钉方式对于扣合后的盘扣效果不同。很明显，纽襻固定在同一位置上的盘扣比标本的盘扣有更多的余量，这就会导致前中暗门襟暴露且对花亦不严整，而标本中的纽襻与纽头的扣合几乎是严丝合缝，则保证了左右片门襟对花的严整，并创造了一种巧妙的"扣解"功能。同样长度尺寸的纽襻因为装钉方法的不同，对服装外观、品质的影响深刻。

通过对马褂盘扣结构和装钉方法的考案，发现在如此小的细节上古人却运用了惊人的智慧与耐心，古人这种追求技艺精益求精的处世态度，与其说是尚礼，不如说是对造物的敬畏。在古人看来，织物是人创造的，但它受命于天，是天赐予人间的神物，否则精美的织物就不会如此艰辛地织造出来和轻而易举地获取它。因此，对织物的精心呵护、善待和保持它们的完整性（十字型平面结构为最佳形式）同样是对"敬物"思想的真实折射。

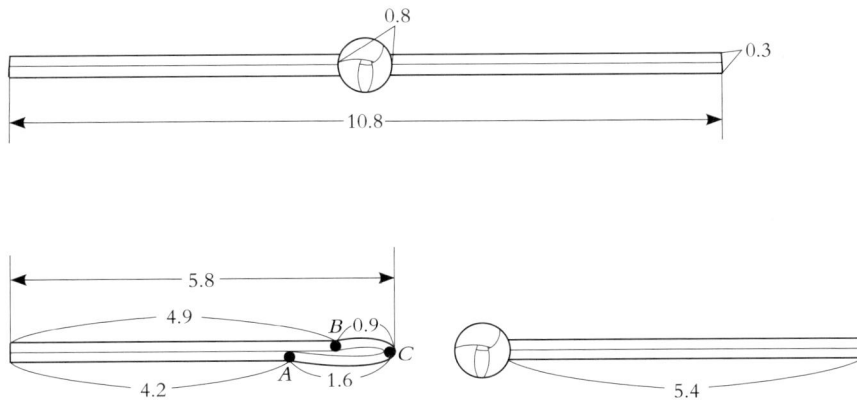

图 3-13　盘扣（放大图）结构测绘与复原

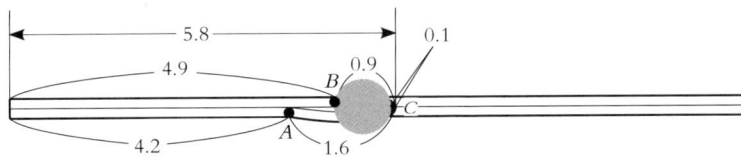

（a）纽条止口不在同一点上

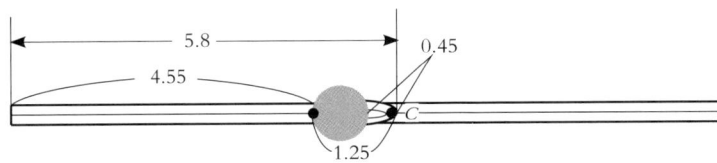

（b）纽条止口在同一点上

图 3-14　盘扣纽条止口不同决定纽襻的扣合效果不同

第四章

清末蓝提花绸挽袖袍服结构图考

　　与黑色团花织锦缎马褂相比，对这件蓝提花绸挽袖袍服的结构研究有着不同的感受，因为它们代表着清末民初汉文化男、女服饰造型的典型特征，但它们有什么区别和承载怎样不为人知的信息并没有通过结构研究获得的权威考据和文献。我们发现通过其结构图考证的深入研究对这件清末汉族民间袍服产生了格外的感慨，这种感慨有跨越时空与古人心灵对话的感觉。它轻如蝉翼，却承载着厚重的历史，哪怕它残破（袖边处面料腐蚀，有些缝线脱散），却如岁到暮年的智者，虽然体衰却散发着智慧的光芒、流露出岁月的气息，有着别样的美！想象它曾经的盛衰荣辱，看到残破处，它仿佛在无声地低吟曾经在国破家亡中遭受的悲惨命运！正因为如此，它为我们提供了难得传承记录古人智慧的渠道，挖掘展现它们长久以来的无声信息！产生这种感受并不是没有原因的，在清末这个中华民族最屈辱的历史时期，这种大襟挽袖最具时代特征的女性袍服见证了这段历史，就是记录者也得从西方人的相机中苦苦地搜索，因为这时我们根本就没有制造这种机械的工业和国力（图4-1）。从中国服装史的角度看，可以说它是近代改良旗袍和现代西式旗袍的原生物，而且它们的演变过程，主要是从结构变革的形态为标志的。因此，弄清楚它的结构特质对认识和研究近现代女装旗袍结构的蜕变与特点至关重要。

图 4-1　大襟挽袖是最具时代特征的清末女袍服

资料来源：《晚清碎影：约翰·汤姆逊眼中的中国》，约翰·汤姆逊摄。

一、蓝提花绸挽袖袍服的形制特征

蓝提花绸挽袖袍服为北京服装学院民族服饰博物馆藏品（图4-2），收于山西。根据其质地、做工、装饰风格等方面推断为清末民初贵族传世精品。形制为宽袍大袖，七分袖长。肩袖线、前后衣片为连裁结构，遵循"十字型、整一性、平面化"古典华服结构的典型规制。有里襟，里襟的前止口为布边，两侧开衩，前后中有破缝，亦为布边，采用"握手缝"（即包缝）工艺，缝份宽为0.2厘米，每针的针距为0.2厘米，这说明工艺精巧细致。领口、大襟、侧缝（大约在侧开衩上方至底边）和底边处外覆装饰边（贴饰），外边沿的单层双面绲边的绲边宽为5.2～5.5厘米，且平整均匀，工艺精湛。前片造型完整，里襟和后片的侧缝底边处有补角线（图4-3）。

绲边是古典华服中常用的工艺，丝绸的质料滑爽但不容易加工，而此件蓝提花绸挽袖袍服标本中的绲边非常工整、圆顺，宽窄一致、立体感强且柔软，在底边、衩边、门襟、领缘处既有装饰作用又有使边缘光洁、加固的实用功能。整件衣服为全手工缝制，每针的针迹线长不到0.1厘米，针距0.2~0.3厘米，工艺细腻而隐秘。为使衣服内部缝份光洁并加固接缝处，内部附加贴边处理，材质采用与面料相同的布料，针脚依然细密。服饰内部的用料及工艺丝毫不逊于服饰外观的处理，可见此袍服应该是清末汉族富家女子服饰（图4-2、图4-3）。

标本——正面

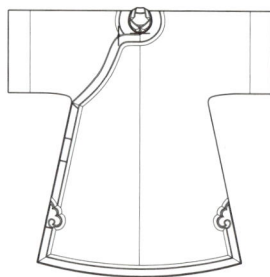

外观图——正面

中华民族服饰结构图考　汉族编

标本——背面

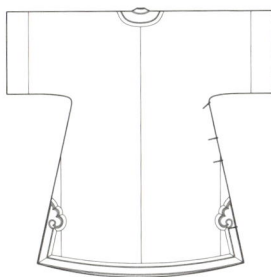

外观图——背面

图 4-2 蓝提花绸挽袖袍服标本与外观图

资料来源：北京服装学院民族服饰博物馆藏品。

前领贴饰

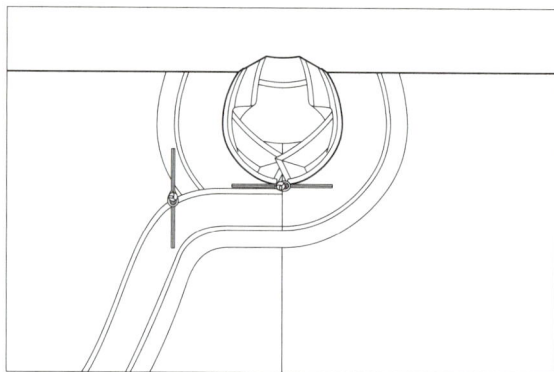

里襟领贴饰

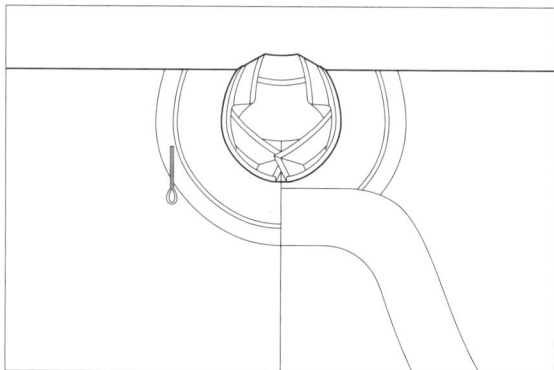

后领贴饰

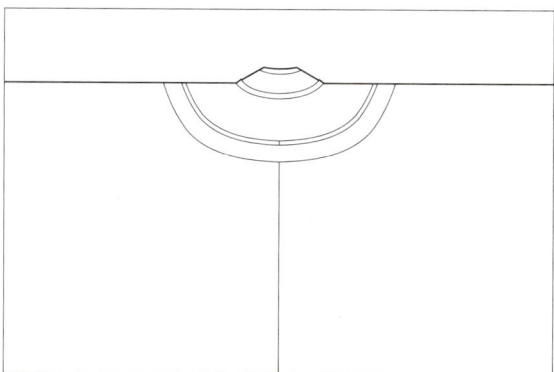

后左、里襟下摆贴饰

中华民族服饰结构图考　汉族编

图4-3　蓝提花绸挽袖袍服细节和外观图

二、蓝提花绸挽袖袍服结构图研究

  蓝提花绸挽袖袍服标本由于它的结构在清末女装袍服中具有典型性，对其进行全息数据采集和复原是本研究获取可靠结论的基础。包括主结构、内贴边结构测绘与复原，并根据透光技术获得缝份尺寸，进行了主结构（贴边）毛样分解图复原和外装饰贴边结构测绘与复原工作（图4-4）。根据标本综合测绘数据、结构特点和工艺分析，实物前后中破缝，且为布边，里襟的前中缝也为布边，袖边（接缝处）为非布边。前后中心线到袖边的距离为60.5厘米，前后底边宽度相同，1/2的底边宽度为48.1厘米［图4-4（a）］，说明此标本的幅宽大于60.5厘米。1/2的底边宽度在一个幅宽之内，就是说里襟和后片的最大宽度都没有超出幅宽范围，为什么里襟和后片下摆（三处）有"补角摆"现象，而前片没有，这种补角摆结构出于什么考虑？面料的幅宽是多少而导致它需要如此裁剪？通过对其结构的深入研究或许会有新发现。

  由于仅仅能判定前后中为布边，而袖边不是，无法得出确切的幅宽状况。现有文献中并没有关于清末丝绸面料幅宽度和织机宽度的记载，即使有，针对这个标本个案也只能作间接推导，因而我们只能对其排料情况进行模拟实验。依据实物结构的考据信息，我们对实物的主结构进行模拟排料，再用标本的结构数据信息来验证排料推导出可能的几种方案。实物的结构形态是客观的，那么此实验从客观出发，最后又受客观的检验，由于实验方法是科学的，所以推导出的实验结果也会是科学可信的。

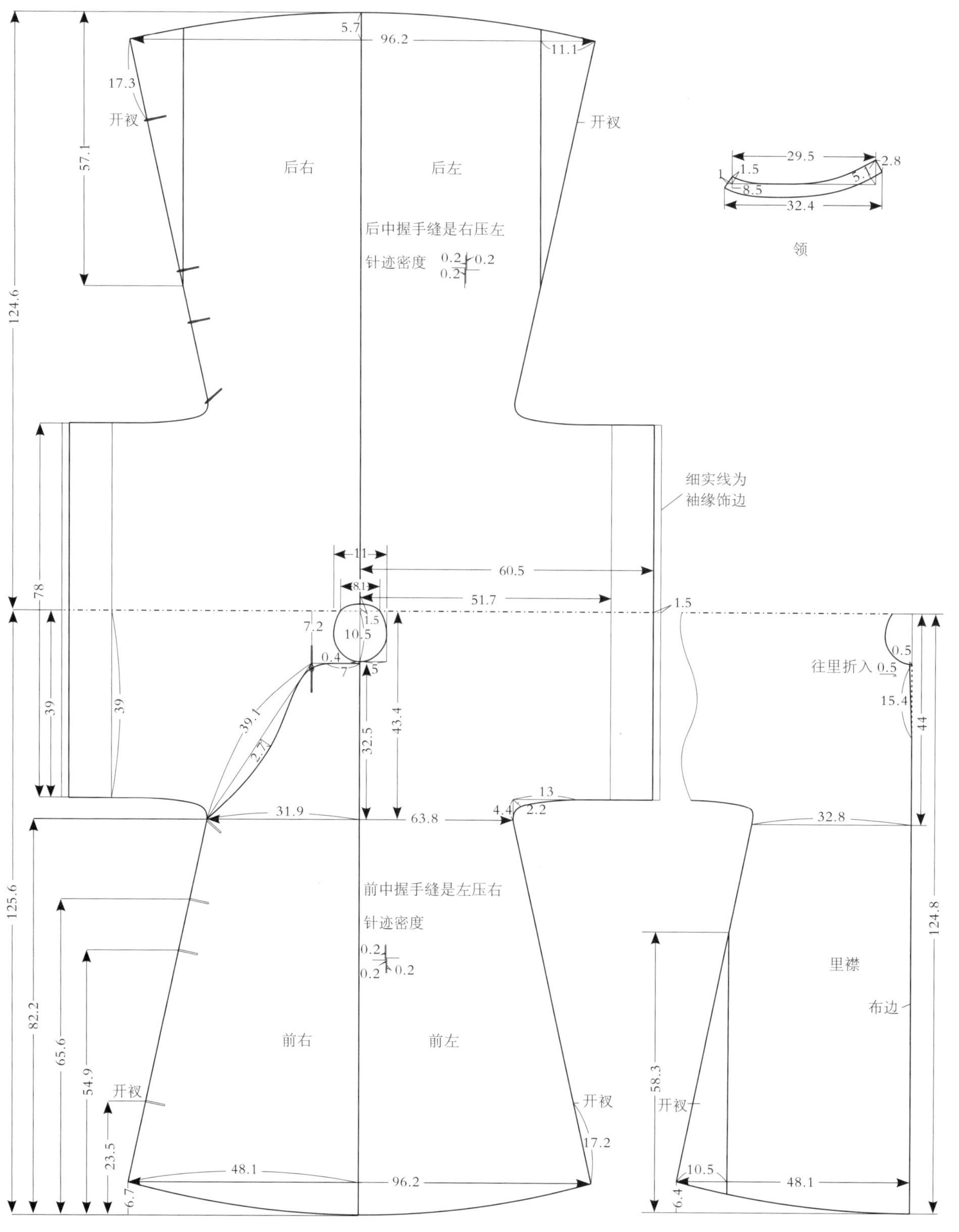

5.7
96.2
11.1
17.3
开衩
开衩
57.1
124.6
后右
后左
后中握手缝是右压左
针迹密度
0.2
0.2
0.2
29.5
2.8
1.5
1
8.5
5.7
32.4
领
细实线为
袖缘饰边
11
60.5
8.1
51.7
1.5
78
7.2
1.5
10.5
0.4
7
5
0.5
往里折入 0.5
15.4
44
39
39
39.1
2.7
32.5
43.4
13
4.4
2.2
31.9
63.8
32.8
125.6
前中握手缝是左压右
针迹密度
0.2
0.2
0.2
124.8
里襟
布边
82.2
65.6
54.9
前右
前左
58.3
开衩
开衩
开衩
23.5
17.2
48.1
96.2
10.5
48.1
6.7
6.4

（a）主结构测绘与复原

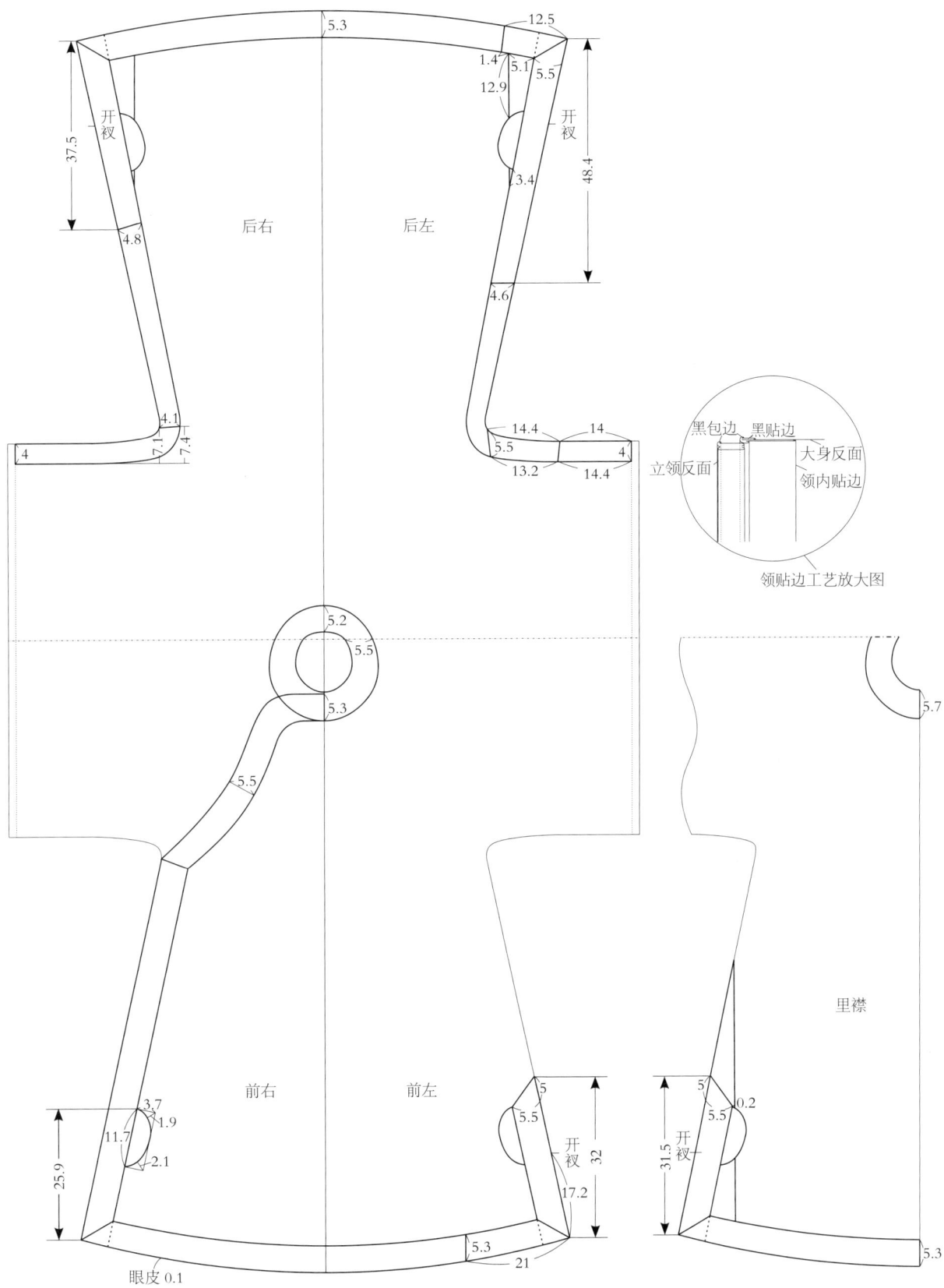

図中文字：

5.3

12.5

1.4　5.1
5.5

12.9

开衩

3.4

开衩

48.4

37.5

后右　　后左

4.8

4.6

4.1

4　4.8　7.1
7.4

14.4　14

5.5　4

13.2　14.4

黑包边　黑贴边

立领反面　大身反面
领内贴边

领贴边工艺放大图

5.2

5.5

5.3

5.5

5.7

前右　　前左

3.7
1.9

11.7

2.1

25.9

5
5.5

开衩

32

17.2

5.3
21

眼皮 0.1

里襟

5
5.5

0.2

31.5

开衩

5.3

（b）内贴边结构测绘与复原

图 4-4

后底边贴边

0.5 0.5 0.5 0.8 0.5 0.5 0.5

0.5 0.5 0.5 0.8 0.5 0.5

0.5 0.5 接后右 接后左 0.5

开衩 0.8 0.5 开衩 对位点

0.5 对位点 0.5

后右侧贴边 0.5 后右 后左 0.5 后左侧贴边

0.5 0.5 0.8

0.5 0.5 0.5 0.5 0.5 0.5

0.8 0.5 0.5 0.5

0.5 0.5 0.5 0.5 0.5

0.8 0.5 0.8 0.8

0.5 0.5 领

0.5 0.5 0.5

领口及门襟贴边 0.5

0.5 0.5 1

0.5 0.5 0.5

0.5 1

0.5 0.5

对位点 0.5 0.5 0.5

前右 0.5 里襟 前左 开衩

开衩 里襟侧贴边 接里襟

0.5 0.5 0.5 0.5 0.5 0.5

0.5 里襟底边贴边 0.5 0.5

0.5 前底边贴边

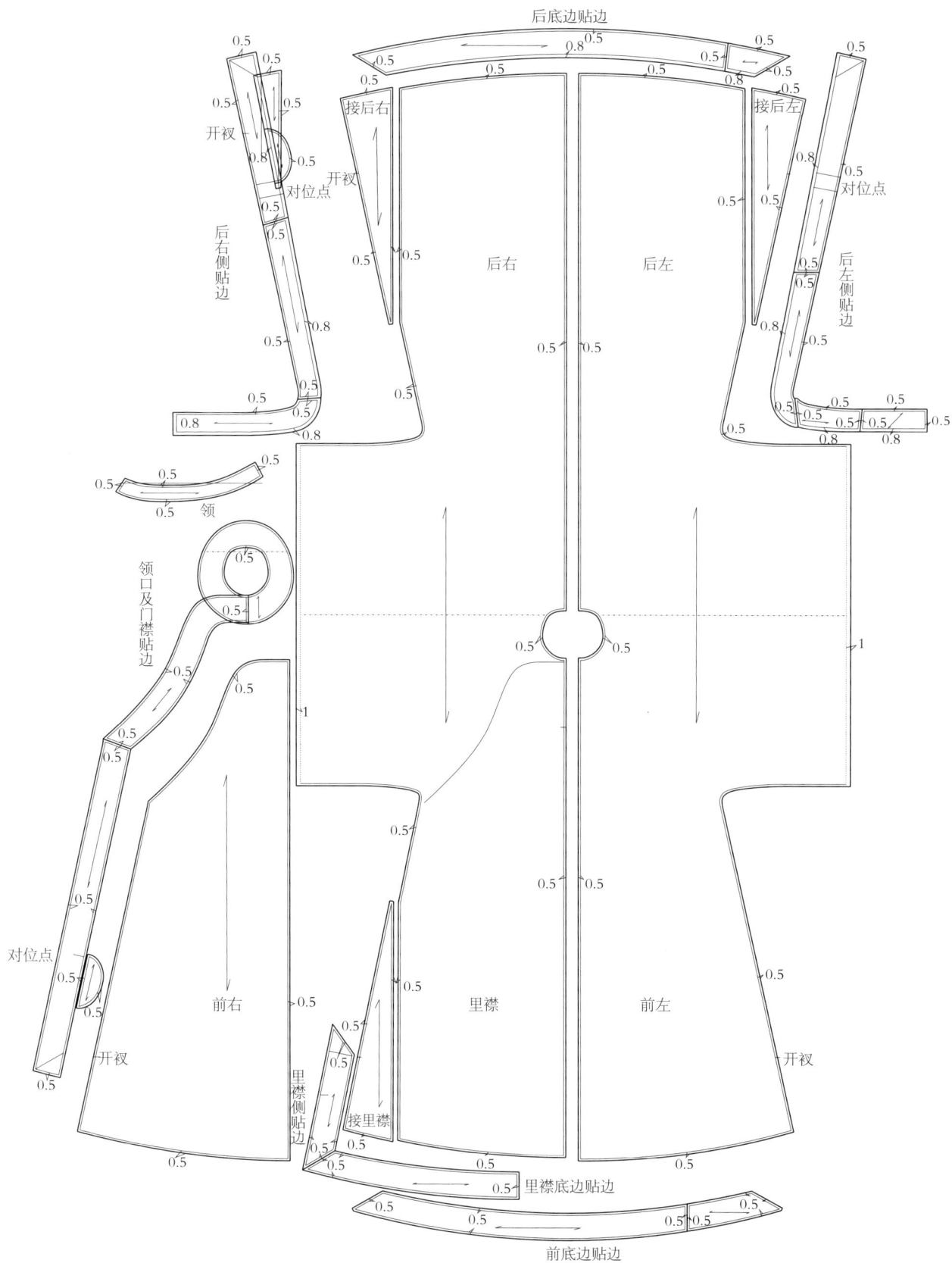

（c）主结构（贴边）毛样分解图复原

后右

后左

立领外装饰贴边

0.5 ———— 1.6

3.9

0.5 3.9
1.6 0.4

领外装饰贴边

10.3
5.2 2.5

10.3

装饰

立领 黑贴边
黑包边
0.4
大身
1
2.9 0.5 领内贴边

领外贴边工艺放大图

0.5

袖装饰贴边 ×2

2.5 5.2

3.9

0.5
0.4 .3
1.6

缝份 0.4

1.5

9.5

8.5

0.5

里襟

布边

0.5

3.7

前右

前左

37.8

1.6 0.4

3.1

0.5

缝份 0.8

0.5
3.9
0.4
1.6

0.2
0.2 0.2

1.6 0.4

3.1

0.5

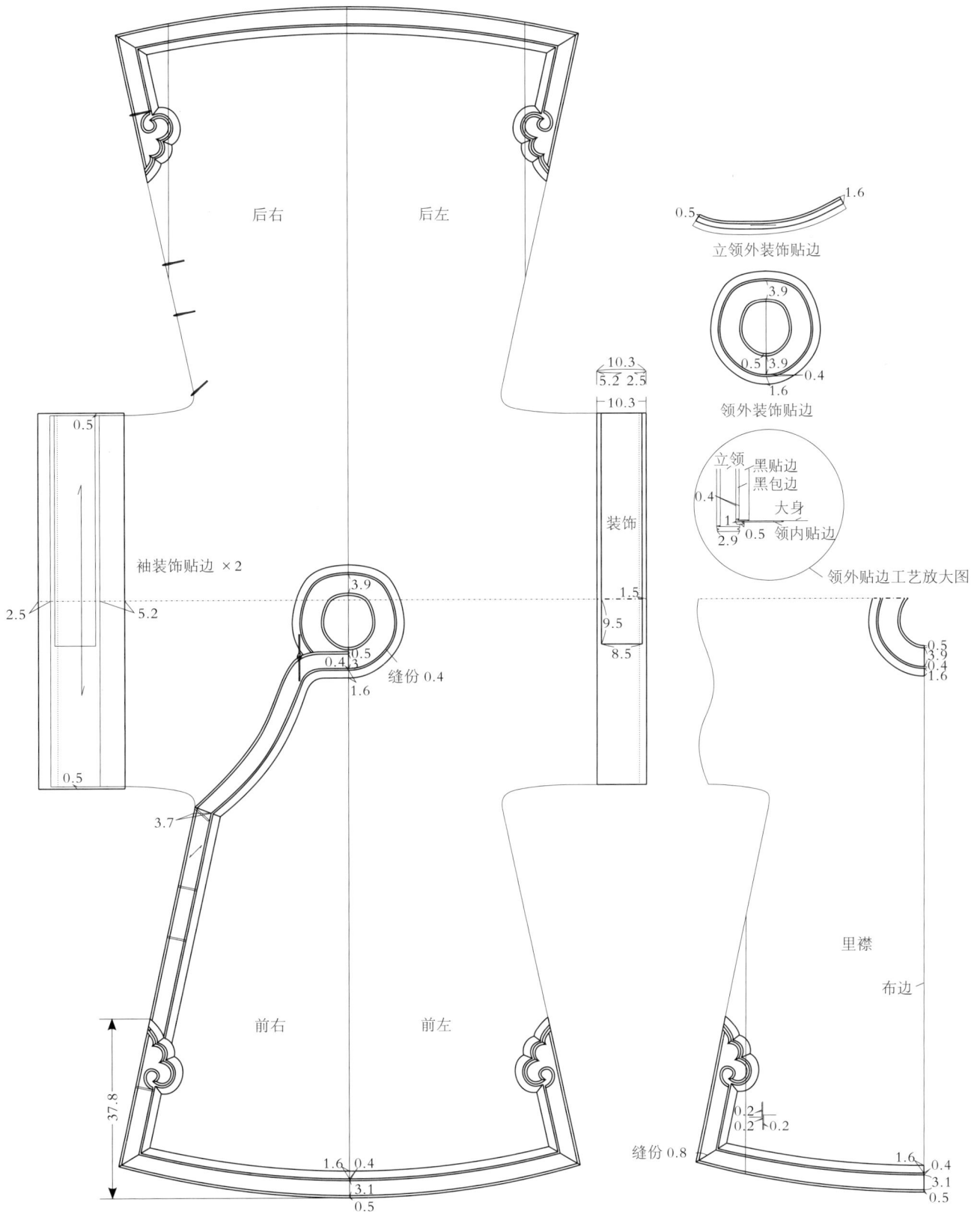

（d）外装饰贴边结构测绘与复原

图 4-4　蓝提花绸挽袖袍服标本全息数据采集和复原

（一）标本面料幅宽考据的实验分析

我们知道实物的主结构与内贴边都使用的是相同面料，根据惯常经验，排料的时候先不考虑零散的贴边裁片。在排料的过程中，贴边裁片应该是依附于主结构裁片排定后插空排放的，以充分利用主结构裁片之外的边角余料，所以在考证面料的幅宽问题时只考虑主结构裁片而放弃贴边结构裁片是裁剪的普遍规律。因此，主结构裁片模拟排料实验就能够说明问题。

1. 模拟排料实验

实验可能出现的情况：依据实物裁片复原信息，主结构毛样包括左衣片、右衣片、前右片（大襟）、里襟角摆、后左角摆、后右角摆和领共七个部分。假设实物后片和里襟底摆边不采用补角摆结构，主结构毛样只有左衣片、右衣片、前右片（大襟）和领四个部分。然后将实验1、实验2两种不同结构形式的裁片分别排入两个未知长宽的矩形面料中，满足衣片的前后中心线均为布边的客观要求，并以最大限度地利用面料为原则，分别模拟出排料图，结果得到面料幅宽为76.7厘米和83.3厘米两个长方形。

我们利用实验1和实验2的实验内容和实验结果将它们进行排列组合：即依据实验1的结果（面料幅宽为76.7厘米），用实验2情况中的分片结构；依据实验2的结果（面料幅宽为83.3厘米），用实验1情况中的分片结构来进行两个新的排料实验得到实验3和实验4（图4-5）。在四个实验结果中，两种幅宽加补角摆比完整下摆要节省衣料，76.7厘米幅宽比83.3厘米幅宽要省料，在同一种幅宽中加"补角摆"比不加的结构更省料（图4-6）。通过实验数据分析，先人在袍服结构中用"补角摆"与不用的选择上，宁可牺牲"美观"也要节省材料的理念比我们更有理性和智慧。

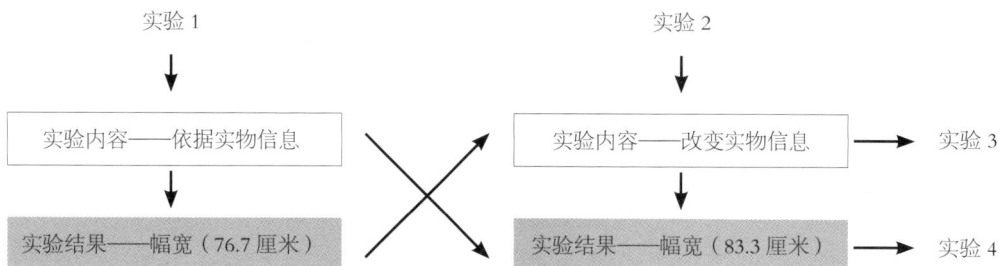

图4-5　主结构毛样模拟排料排列组合实验路线图

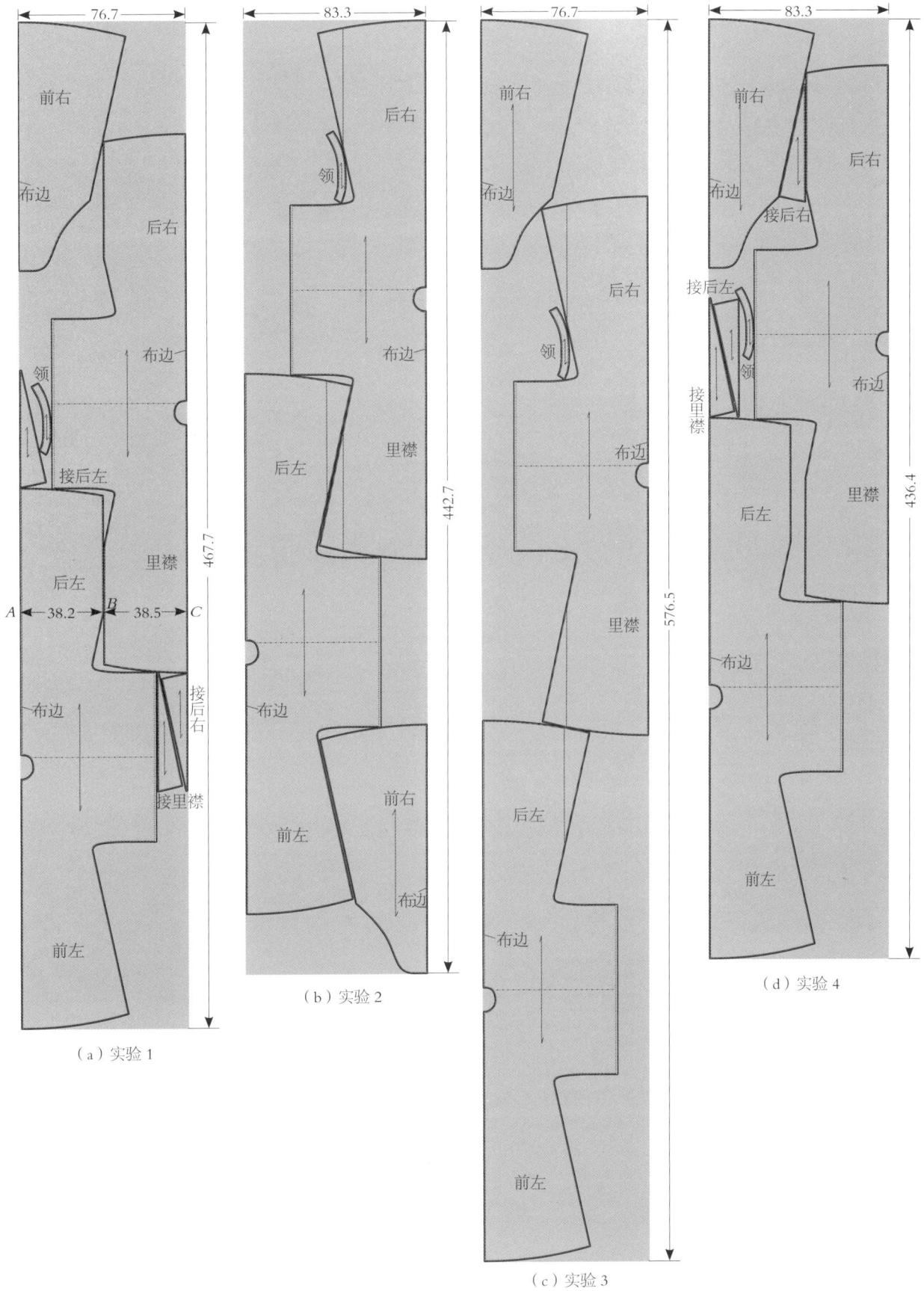

（a）实验1

76.7

前右

布边

后右

领

布边

接后左

里襟

后左

A ← 38.2 → B ← 38.5 → C

467.7

布边

接后右

接里襟

前左

（b）实验2

83.3

后右

领

布边

里襟

后左

布边

442.7

前右

布边

前左

（c）实验3

76.7

前右

布边

后右

领

布边

后左

布边

里襟

576.5

后左

布边

前左

（d）实验4

83.3

前右

布边

接后右

后右

接后左

领

接里襟

布边

里襟

后左

布边

436.4

前左

图4-6　主结构毛样模拟排料图的用料分析

2. 实验数据分析

　　四组实验产生的相关面料的幅宽和面料的用量情况的相关数据汇于下表即一目了然。从面料的使用量角度分析：实验 1 和实验 3 的面料幅宽同为 76.7 厘米，实验 3（无角摆）的用量为 576.5 厘米，实验 1（有角摆）的用量为 467.7 厘米。实验 3 比实验 1 费料是因为实验 1 有角摆，可以套裁，优点是极大地提高了面料的使用率，缺点是下摆处有补角线，采用的解决办法是前后有别、内外有别，再利用边饰遮挡，补角线几乎完全被掩盖了（参见图 4-13）。

　　实验 2 和实验 4 的面料幅宽同为 83.3 厘米，有角摆（实验 4）仍比无角摆（实验 2）省料。

　　实验 1、实验 4 无论从实验内容、实验过程、实验结果都与实物的主结构信息相吻合，只是面料的幅宽不同，所以我们将实验结果中都有补角摆的 76.7 厘米和 83.3 厘米两个尺寸定为探讨面料幅宽的两个候选项进行分析。

不同结构、不同幅宽产生的相关数据　　　　　　　　　　　单位：厘米

实验分组	后片和里襟下摆边处	面料宽	面料长	长 × 宽（平方厘米）	结果
实验 1	有补角摆	76.7	467.7	35873	有效
实验 2	无补角摆	83.3	442.7	36877	无效
实验 3	无补角摆	76.7	576.5	44218	无效
实验 4	有补角摆	83.3	436.4	36352	有效

　　表中的四个实验，因为实验 2 和实验 3 不符合标本裁片（有补角摆）的要求被排除。从实验 4 的结果看，它相对于实验 1，其标本面料的幅宽增大，面料用量减少，但若从面料用量（长 × 宽）来看，实验 4 的面料用量结果（36352 平方厘米）大于实验 1（35873 平方厘米）。而在主结构裁片相同情况下，可推断实验 4 对面料的使用率不及实验 1。主结构在幅宽为 83.3 厘米的面料上排料就显得不合理，因此，标本面料幅宽应为 76.7 厘米是可以确信的。客观上对清末袍服布幅宽度的调查中也都在 70～80 厘米之间，几乎没有超过 80 厘米的，由此可见，先人以"幅宽决定服装结构"的敬畏自然、崇物惜物的节俭精神和智慧着实给我们上了一课。

（二）布幅宽度决定结构设计

由上述实验证明蓝提花绸挽袖袍服面料的幅宽约为 76.7 厘米是可靠的，我们测得后左衣片宽 *AB*=38.2 厘米，里襟宽 *BC*=38.5 厘米［图 4-6（a）］，它们的宽度近似相同，都约等于面料幅宽的一半，前后中破缝也皆因受幅宽所限而致，"补角摆"的广泛运用，说明省料比美观更重要。因此，我们能否从这个个案中推断出结构线位置的设定与面料幅宽之间有着重要的依附关系——面料的幅宽决定结构的设计这样一个结论？

这样的例证在古典华服结构中是具有普遍性的。北京服装学院民族服饰博物馆的另一件馆藏品清末靛蓝土布黑边大褂反映幅宽决定结构的样貌更加无所顾忌（图 4-7），我们对其主结构的数据信息进行了全面采集，前后四个补角摆全部暴露无遗（图 4-8），可以看到其前后中破缝皆为布边，肩袖处与下摆处都有接缝。若将肩袖处与前后衣身下摆处的破缝相连，可发现它是一直线贯通前后，说明肩袖和衣身下摆处的破缝均为布边。据此我们可以推断，此标本的布幅宽度为前后中到接袖之间的距离约为 38.8 厘米，这是当时民间手工织机织造土布通常的宽度。破缝结构的设计依附于布幅宽度而定，这几乎成为清末华服裁剪设计的定式。

标本——正面

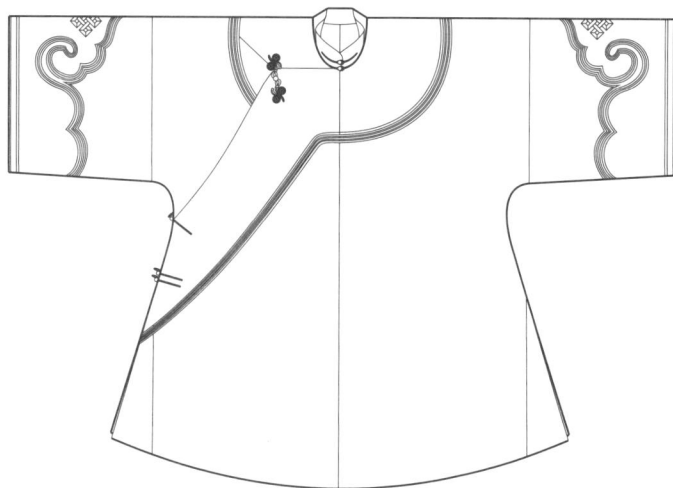

外观图——正面

标本——背面

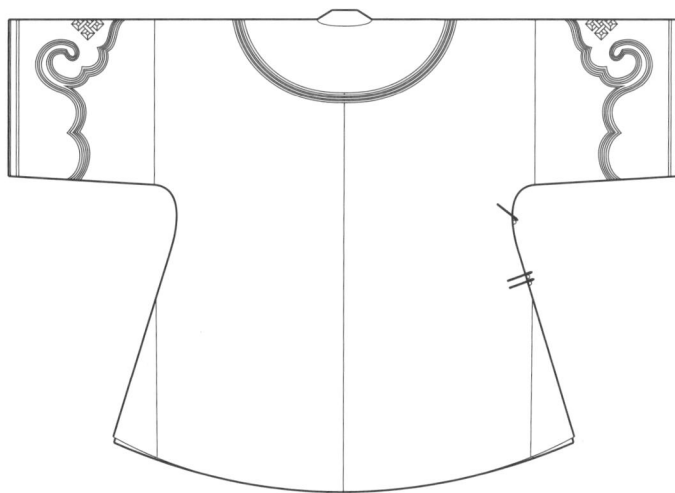

外观图——背面

图 4-7　靛蓝土布黑边大褂标本与外观图

资料来源：北京服装学院民族服饰博物馆藏品。

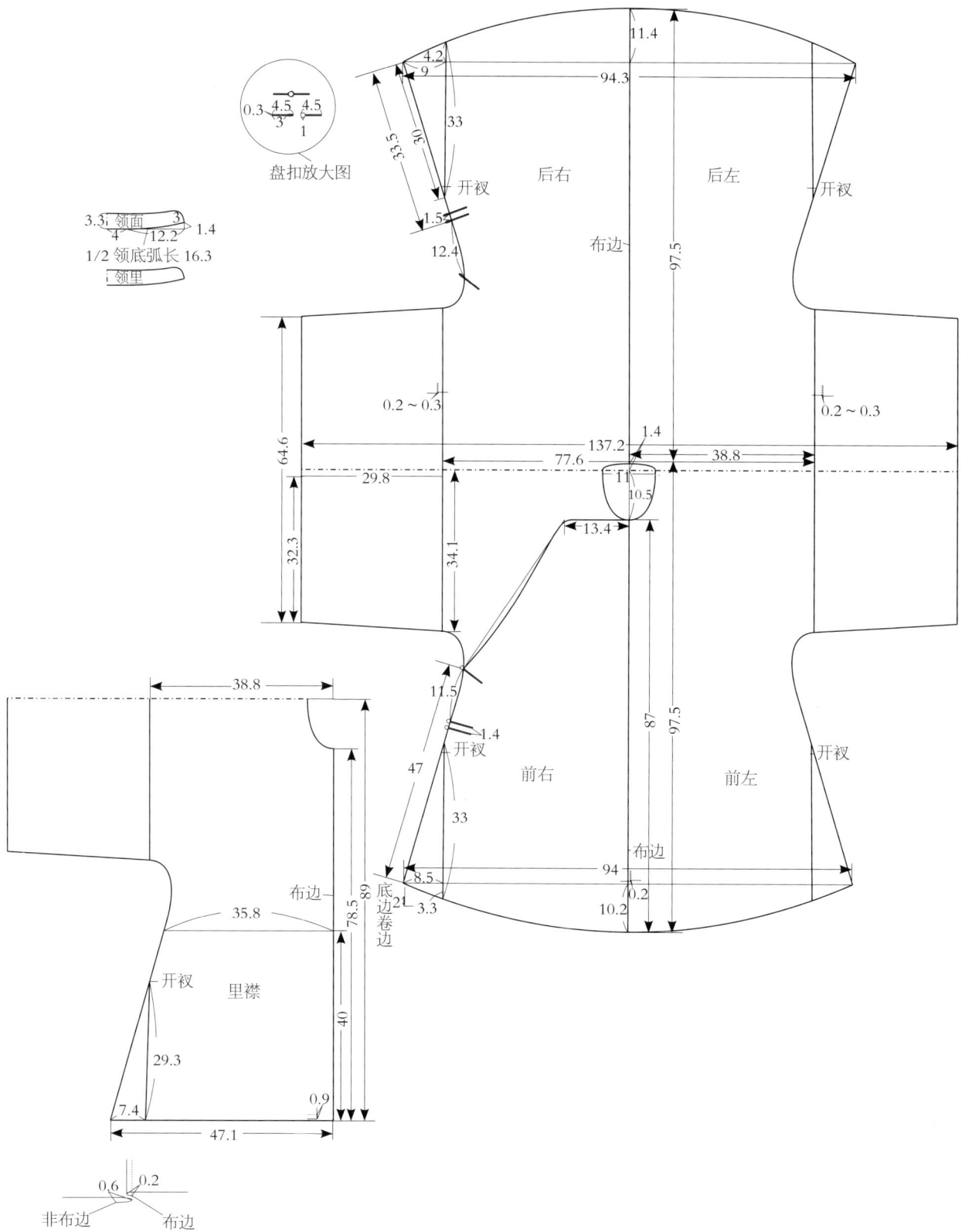

盘扣放大图

0.3 | 4.5/3 | 4.5/1

3.3 | 领面 | 3
4 | 12.2 | 1.4
1/2 领底弧长 16.3
领里

11.4
4.2
9
94.3
33.5
30
33
开衩
后右
后左
布边
开衩
1.5
12.4
97.5
0.2～0.3
0.2～0.3
1.4
64.6
137.2
77.6
38.8
29.8
11
10.5
32.3
34.1
13.4
87
97.5
11.5
38.8
前右
前左
47
开衩
1.4
布边
89
78.5
35.8
33
开衩
94
布边
布边
8.5
0.2
里襟
21
3.3
底边卷边
10.2
40
29.3
7.4
0.9
47.1
0.6 | 0.2
非布边
布边

图4-8　靛蓝土布黑边大褂标本主结构数据采集和复原

这可以视为中国传统服饰结构设计的"师法自然"思想。西方服饰结构设计的理念依据是人体（人），中国传统服饰结构设计的理念依据是面料（物），这与中国传统道家思想中的礼让自然、顺应自然、道法自然相契合。儒家的中和、中庸思想在中国传统服饰结构设计中是以"最大限度不破坏原材料的完整性为原则"成为实践儒家思想的自觉行为，可以说"十字型、整一性、平面化"的华服结构，最大限度地节俭是手段、最大限度地保持面料的完整是愿望。因为完整是"圆满"表达的最佳，也是最节约的形态。

三、拼缀结构美学思想的理性精神

清末女子古典华服的拼缀结构是很普遍的，通过对蓝提花绸挽袖袍服这件典型藏品拼缀结构的研究发现，它几乎颠覆了传统以"彰显"为核心的装饰学说。"拼"的直接目的是为节俭而并非美观，因此它多分布在非主体和正视结构上；"缀"是指补缀、饰缀，但它的主要功能是将节俭和圆满取得最佳的平衡，而结果却达到了装饰效果，至少装饰不是目的，像补角摆、袖缘饰、边饰等。因此，清末古典华服拼缀结构的美学思想是充满理性精神的。

（一）补角摆的启示

蓝提花绸挽袖袍服后片和里襟下摆上的补角摆结构是基于最大限度地利用面料，体现出古人宁可牺牲结构（美观）也要充分使用材料这种对自然之物的敬畏心理和节俭的服饰观，也表现出古人在科学使用面料上的大智慧。但这不意味着它对构造美学的放弃，虽然补角摆的设计动机是节俭，但如何分布却渗透着儒家美学观点，冠衣（正面视）总是要保持规整，这就是为什么这件袍服后身有补角摆而前片底摆边依然保持完整、前身大襟（外层）没有补角摆而里襟有的原因［参见图4-4（c）］。

中国两千多年的封建体制，在衣冠服饰中也留有深深的尊卑烙印，有上衣尊、下裳卑、表尊里卑之说。贵族与平民的服饰也不能混淆，上可以兼下，下不得僭上，即尊贵者可以着庶民服饰，而百姓却不可以僭越贵族，这就是"布衣"释庶民的传统说法。服饰结构形制与之配合也就顺理成章了。

这亦成为当今文明社会普世的规范，国际着装规则（The Dress Code）用传统的儒学解释就是 "上可以兼下，下不得僭上"的规则，可见传统华服的古训具有现实意义。

《论语·乡党篇》记录服装之礼仪中说道："君子不以绀緅饰，红紫不以为亵服"。绀（gàn），深青带红色；緅（zōu），黑里透红色；绀緅在古代被视为间色；饰，领与袖之边饰；亵服，有译为贴身内衣。意思是君子不用黑里带红的颜色（间色）做领与袖的饰边，不能将红紫色（正色）用于私居之服，因而古人的贴身内衣多是白色。这段话说的就是外衣为贵，内衣为贱，表尊里卑的意思。在结构形制上的这种表现往往被忽视，因为自古以来"裁剪技艺"就被视为雕虫小技，其实当深入到它们的结构内部，这种思想则变得清晰而深刻。

对于蓝提花绸挽袖袍服，前片为外即为尊，里襟和后片就为内即为卑，清末讲究的贵族服饰中的补角摆虽然可以节省面料，但在分布上要保证前片的完整以示尊贵，所以只有后片和里襟上有补角摆。可见在古人看来，节俭与尊卑是和谐共生的美学关系。由此指标也可以判断在中华传统服饰中，礼服与常服、贵族服与贫民服、中原富地汉族与边远贫瘠少数民族服装结构"物理认识"上的区别。

勤俭节约与其说是中华民族的传统美德，不如说是人类的美德，否则人类就不会有今天。古人节俭的动机与那个时代生产力不发达，物质不繁荣，生产力水平落后等客观因素的制约有关。而节俭、天人合一的"敬物"思想却是人类的普世价值观。今天，人们突然需要天然彩棉和原生态的服装，低碳生活方式成为时尚，其实它的精髓就是"节俭"，这在中国传统格物致知的自然观思想支配下早已为我们树立了历久弥新的典范，而我们始终以形而上大于形而下的思维像看一场古装戏一样，充其量就是个票友的水平。这正应验了现代设计理论鼻祖英国人莫里斯的预言："将现当代设计与古人相比，我们不得不遗憾地承认我们的设计远远不如古人"。这不是说我们的技术手段和能力不如古人，而是说我们的设计不能像古人那样对当时所构成的社会和文化的全部要素做准确的诠释和表达。

（二）袖缘饰形制的节俭与务实传承性

在考据中，蓝提花绸挽袖袍服袖边上（接袖表面）多有刺绣边饰，它的分布往往是后袖多于前袖，装饰布满后袖，只在上方向前袖延伸了一小部分，这似乎与传统的表尊里卑、上贵下贱的世俗表象相悖（图4-9）。然而这并不是特例，在北京服装学院民族服饰博物馆的藏品中还有很多这样的标本，苏州丝绸博物馆藏品中也多见类似现象，在有关清代女子服饰的图片收录中也很为普遍(图4-10)。所以说，此现象并不是个别裁缝违背常理、标新立异的结果，也不是当时裁缝的失误导致前后袖颠倒缝制，这正是由于古人考虑到服装穿着后（非静止状态）表达表尊里卑的结果，特别是妇女纲常所追求的避世绝俗在形制上的精妙反映。妇女在着衣后，坐姿手臂总会置于前身并呈合握状，前袖随着胳膊的弯曲折向里面，后袖则会呈现在外，后袖上的装饰图案此时就正好由后转向前面。后袖的装饰图案大于前袖的分布，将集中了物力、技艺和智慧结晶的袖缘饰品置于最显耀的地方，但它朴素的动机却是节俭与务实的敬物精神。

前袖口边饰只占小部分

（a）标本——正面

后袖口边饰布满

（b）标本——背面

图4-9 蓝提花绸挽袖袍服前后袖边装饰分布

图 4-10　前后袖缘装饰分布实例

资料来源：选自包铭新《中国旗袍》。

图 4-11　福建省博物馆藏南宋紫灰绉纱绲边窄袖女夹袄的
耐磨"补缀物"

资料来源：选自《中华历代服饰艺术》。

　　其实不仅仅是清代，清之前古典华服的对襟贴近后领部位都有耐磨的"补缀物"（今天的僧袍还在延续着），清洁时也只拆下补缀物或更换它，这显然是"可持续性"的设计（图4-11）。饰物更多的不是装饰性而是识别性，所以它必须有"示众"作用。清代官服的补子、明代帝王服的十二章都是识别性而非装饰性，大多情况是因为缺乏考证而误认为装饰。宋代男子服饰中，将用以区分官职高低革带上的带铐放在后面是为防止宽大袖胡的掩盖，使得从背后一看便知官员的品级（图4-12），其意义和此标本后袖边饰大于前袖如出一辙。

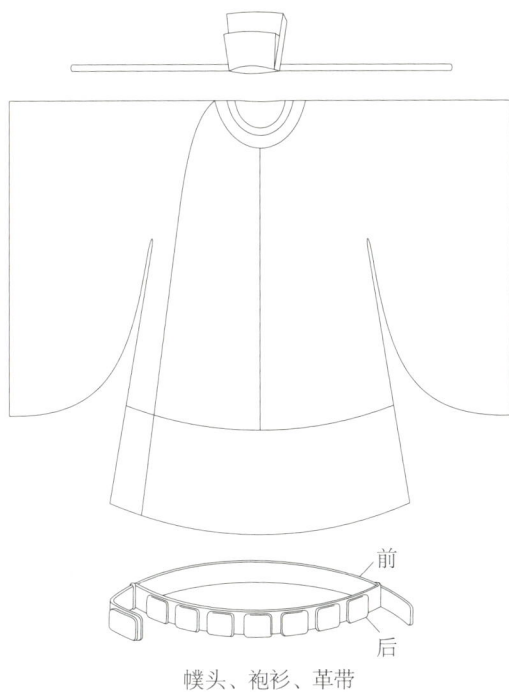

前

后

幞头、袍衫、革带

台北故宫博物院藏宋理宗坐像

图 4-12　宋代官服革带带铐示后不示前

资料来源：选自《中华历代服饰艺术》。

（三）蓝提花绸挽袖袍服贴边和贴饰的谨慎处理与耐心

　　内贴边与贴饰不同，它的作用是为了遮盖住内侧毛边，并起加固的作用。蓝提花绸挽袖袍服贴边分布在内侧的领、大襟和后侧、前侧的下摆边上 [参见图 4-4（b）]。贴饰即饰边通常在外层与内贴边对应的位置，它除了与贴边有相同的功能外还有（对补角摆）修饰、耐磨的作用。由于里襟、后片下摆处有补角摆现象，而大襟下摆处没有，导致它们的内部毛边不同，所以其内贴边和贴饰结构在不同的衣片上不尽相同。以标本右侧为例，右侧包括了里襟、后右和大襟三部分。我们对里襟、后右和大襟下摆处的贴饰及内贴边分别进行绘制，然后将相同部位的内外结构重合，内贴边结构用灰色标志（图 4-13）。

线描图

后右　　里襟

右侧外

里襟　　后右

右侧内

后右　　里襟

右侧内外不重合

里襟下摆

里襟外观　　右侧内

（a）标本

线描图

大襟外

大襟外

大襟内

大襟内

大襟内外重合

（b）标本

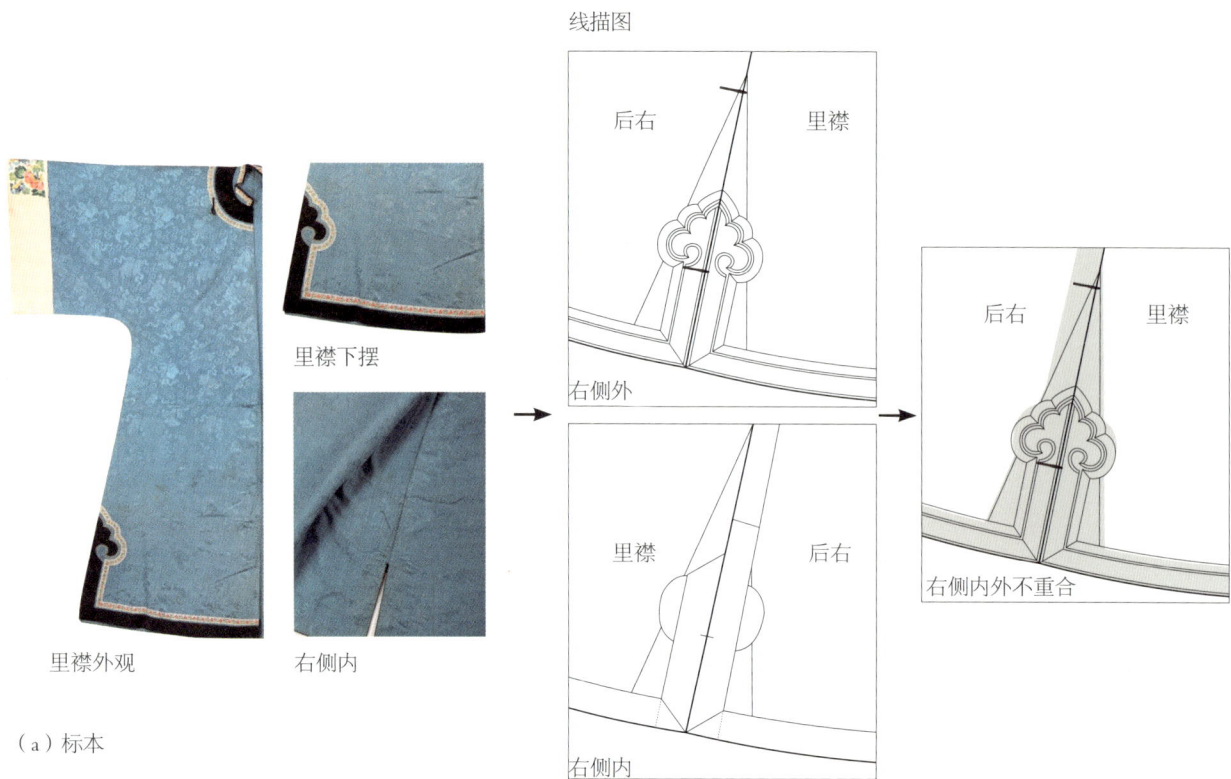

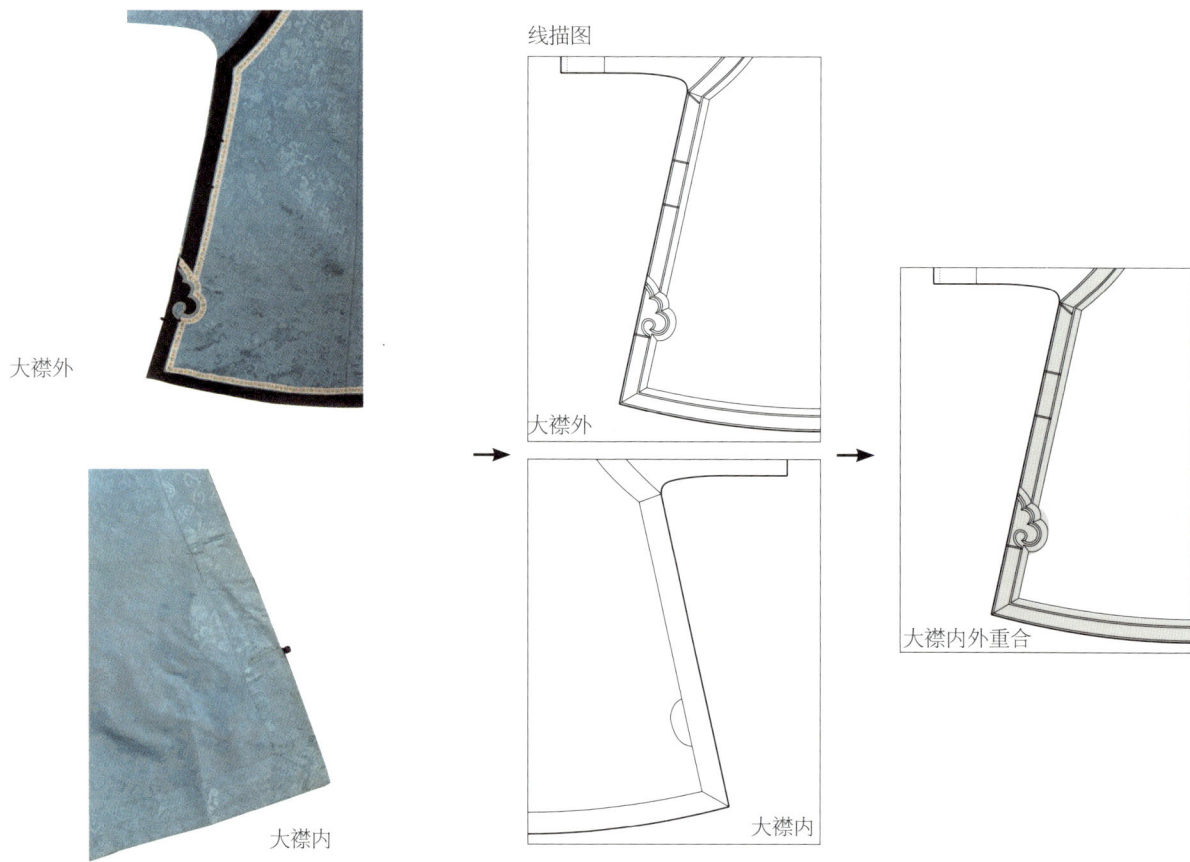

图4-13　标本右侧、大襟局部贴边与线描图

首先，明显看出贴边分布是沿着补角摆的拼缝设计的，起加固和覆盖缝份的作用，贴饰用云纹并不完全与贴边重合［图4-13（a）］。其次，大襟的下摆处无补角摆，所以大襟的内贴边就比后右和里襟的内贴边结构规整并与云纹贴饰吻合，说明内贴边和贴饰的结构渐行渐远［图4-13（b）］。第三，后右的内贴边比里襟的内贴边有延伸到侧缝和袖底缝的部分（图4-14），说明右侧的缝份是倒向后片的，与今天服装侧缝倒向后片的工艺处理方式相同。第四，云头贴边形状没有完全依贴饰云纹的曲度变化，而是对其进行了概括处理，因而云头的贴边相比较饰边（贴饰）的云纹样有富余［图4-13（a）］。其他贴边形制以恰好覆盖住接缝为原则。

实物考据结果显示后右侧内贴边结构分片由五部分组成，里襟侧内贴边由三部分组成，大襟侧内贴边由两部分组成（图4-14），而贴饰要规整得多。可见内贴边结构细碎、零散，它一定是用的边角余料，是在满足功能的同时尽一切可能地节俭。这么多的拼接虽然可以极大地提高面料的使用率，但无形中提高了工艺的复杂度、难度和工时，若不是为了节约面料，大可不必在贴边问题上如此伤神费心。然而，它并不是以牺牲美观装饰为代价，所以它的贴饰（饰边）的结构设计异常精巧、规整，使外观因为节约而产生的补角摆被贴饰的光芒所笼罩。这种由裁剪的小心谨慎，极其强烈的节约意识，用耐心和技艺去呵护来之不易的精美织物，如此敬畏之心所表达的外贵内贱、表尊里卑的中庸美学，在今天依然值得学习和悟道。

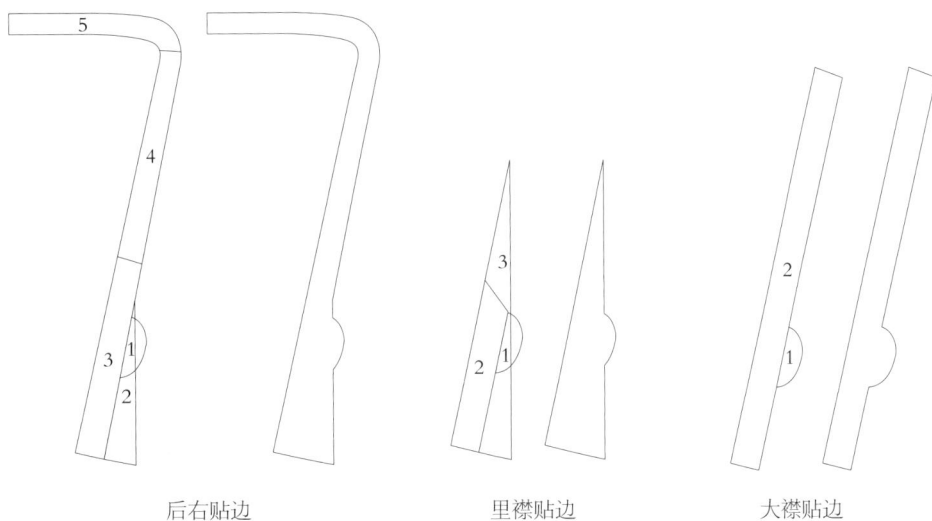

图4-14　右片侧贴边结构与其外轮廓示意图

后右贴边　　　　　　里襟贴边　　　　　　大襟贴边

第五章

清末民初麻、棉质常服大褂结构图考

　　清末民初，主流汉族服饰的整体面貌仍保持着稳定的形制，其中最重要的标志是延续着中国几千年固有的"十字型、整一性、平面化"的传统结构。这与古典华服自古以来采用麻、棉、丝这些薄而柔软的织物有着千丝万缕的联系，这种由织物的性格决定的结构风貌，造就了一个完全不同于西方"羊毛文明"的"丝绸文明"，使中华服饰内敛、含蓄的道德精神找到了真实、可靠、有力的实物证据。古典华服为什么重工艺轻裁剪（结构规整简洁）、重规整轻分析，与其说是对宗族、礼教的诠释，不如说是对丝绸这种柔软织物体悟的升华。清末尚肥袖民初多窄袖的女性常服正是这种精神的最后守望者（图5-1）。我们通过对这个时期的一些汉族女子典型服装实物的结构进行全方位的数据测量、采集和绘制，以获取尽可能真实而可靠的原始信息，继而进行全面细致地研究，挖掘这种深层次的思想和社会动机。传世的服装中有的显焕，有的黯淡，但它们几千年的积淀被浓缩和定格在清末而弥足珍贵，它们承载了太多的信息，至今没有被解读。穿越历史的尘埃，仿佛能看到那些端庄贤淑的女子，精心比照着裁剪、饱含深情地缝制，倾其全部感情化入这一针一线中……而与它们相遇只是历史的碎片。每次与之相处时总感觉时间无比局促，分开时难以割舍。欣慰的是，我们找到了和古人亲密交流的方法——从服装结构每个细节的对话中发现，中国古典服装的结构形式看似简单，但仔细琢磨，却蕴涵着对麻、棉、丝这些柔软织物细密的心思、散发出智慧的光芒，我们不禁为自身无洞若观火的识见、不能解读其中的秘密而惴惴不安。

（a）棉、麻多用于平民

资料来源：《晚清碎影：约翰·汤姆逊眼中的中国》，约翰·汤姆逊摄。

（b）丝绸多用于贵族

图 5-1　棉、麻、丝常服是清末妇女普遍的装束

资料来源：美国杜克大学图书馆电子图片库，摄影师：Sidney D.Gamble，拍摄于 1917～1920 年。

一、麻、棉质典型常服大褂的形制特征

我国先秦时期的服装材料多以毛皮和麻等天然材料为主。《韩非子·五蠹》中有相关记载，"冬日麑裘，夏日葛衣"，葛即葛麻。丝和棉的使用在麻之后，是与伴随着养蚕和种棉所带动的纺织业的农耕文明有关，一方面它比以羊毛为主的游牧民族率先进入了工商社会，促进了社会进步，另一方面此类吸湿性、透气性强的纤维适合中原亚热带温暖、潮湿的地理环境。在服装的裁剪上，轻薄的织物适宜尽可能少的剪裁，保持织物的原貌，才可以更好地展现材料的悬垂飘逸。这与主流的尊重自然、礼让自然、顺应自然的造物思想，以及渗透着老庄"人法地，地法天，天法道，道法自然"的古老哲学不谋而合。教导人们只有顺应自然，才能在自然界中生存与发展。所以在尽量不破坏的前提下改造和利用面料，最大限度地挖掘表现材料的自然特征，体现着最朴素而直接的天人合一的自然观。

在审美情趣上，中国传统服饰讲求含蓄、古朴和典雅，形制飘逸，掩饰人体；色泽鲜艳而不妖，质地细腻而不滞。这就是深受传统儒家中庸和谐思想影响下的审美判断。清末服饰对麻、棉、丝的坚持则是对这种特质的最后守望。我们仅对北京服装学院民族服饰博物馆提供的六件清末典型常服大褂，以结构考证为基础进行深入研究，却发现了跨历史和朝代的重要信息。我们按其面料特征，分为麻、棉、丝三类，其中麻质的服装选取一件、棉质的选取两件（丝质的标本参见第六章内容）进行结构形制特征的分析和比较（图5-2），发现古人对材料如此小心翼翼的呵护，让我们今人如何面对自然、如何对待创造之物产生启发和警醒。

（一）蓝麻布大褂

蓝麻布大褂，此件传世品为蓝色麻质面料，款式为直立领，右衽大襟，有里襟，下摆微张，盘扣5粒。整体形制宽袍大袖，衣长至膝，两侧有低开衩，袖长掩至指尖并采用接袖结构，袖口附有植物纹样的印花贴饰，领、大襟和袖口处附有宽1厘米的装饰条。结构上前后中有破缝，前后片与肩袖连裁。前后中与接袖缝份仅0.3～0.4厘米，从如此小的缝份我们可以判断出它们均为布边，否则容易脱纱。工艺为全手工缝制，实物整体感觉素雅清新（图5-3）。

蓝麻布大褂

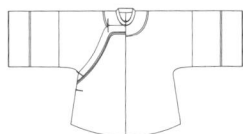

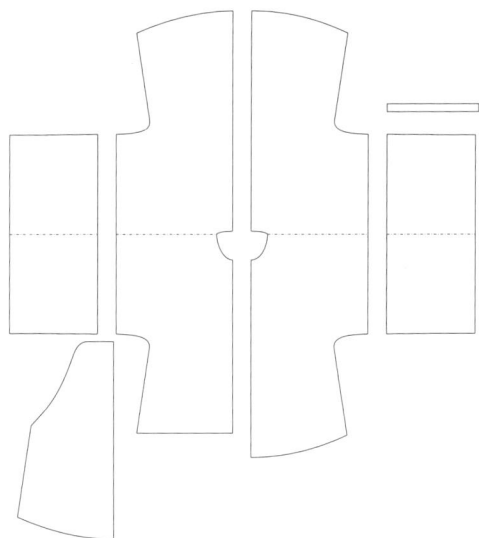

靛蓝土布黑边大褂

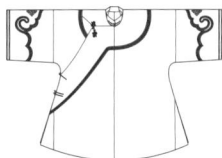

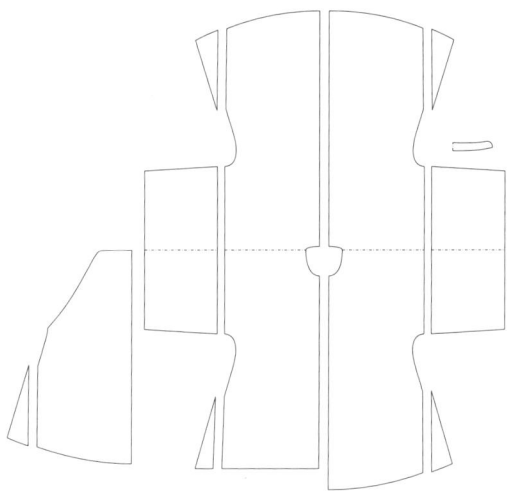

深蓝土布大褂

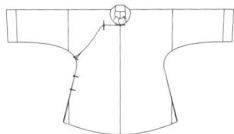

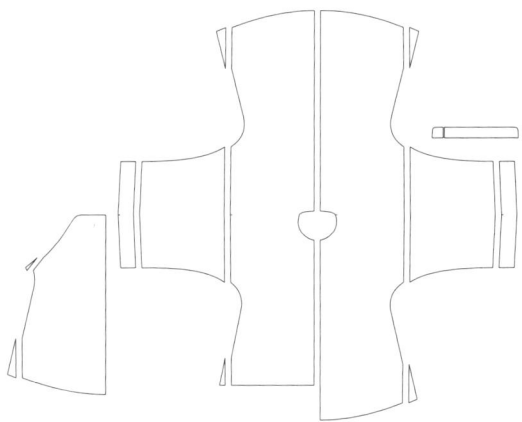

图 5-2　清末麻、棉典型常服大褂的基本面貌

标本——正面

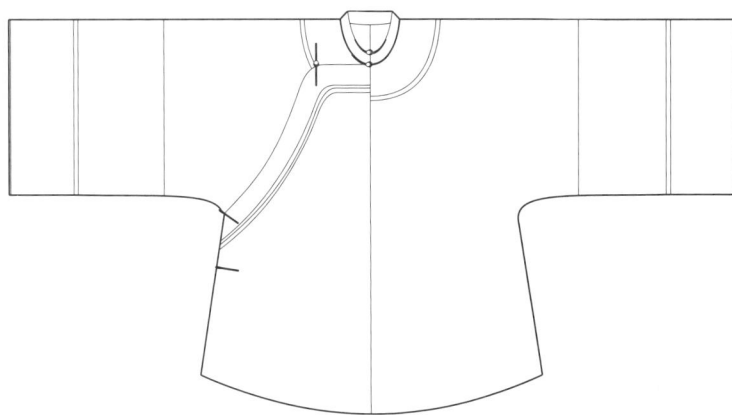

外观图——正面

标本——背面

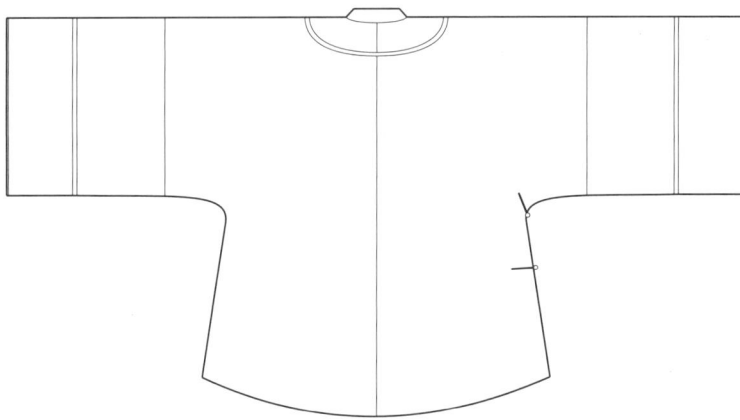

外观图——背面

图 5-3　蓝麻布大褂标本与外观图

资料来源：北京服装学院民族服饰博物馆藏品。

（二）靛蓝土布黑边大褂

　　靛蓝土布黑边大褂，为民间常服，用土布缝制。靛蓝在民间非常普遍是因为靛蓝的天然染料容易获取，颜色纯正，色调普遍偏深。此件传世品款式为小立领，右衽大襟，有里襟，宽摆，盘扣6粒，大襟上端的纽扣为花式盘纽，其余为直纽。整体形制宽袍大袖，衣长至膝，两侧有低开衩，袖长较短至手腕并采用接袖结构。靛蓝土布衣身，领及大襟边上附有形式简洁的深蓝色棉布饰边，袖口有织带盘成的如意云头纹样，工艺精细为全手工缝制。实物整体厚拙、圆浑、沉穆，品相保存完好（图5-4）。

标本——正面

标本——背面

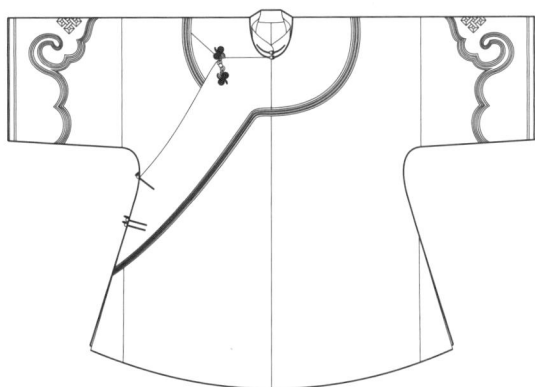

外观图——正面

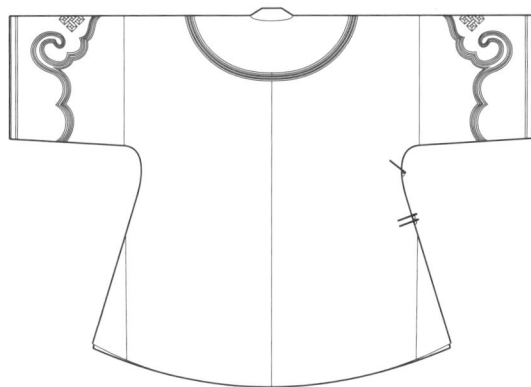

外观图——背面

图 5-4　靛蓝土布黑边大褂标本与外观图

资料来源：北京服装学院民族服饰博物馆藏品。

（三）深蓝土布大褂

　　深蓝土布大褂款式为直立领,右衽大襟,盘扣5粒。结构为肩袖连裁,下摆渐张,袖口渐窄。工艺采用内贴边包覆缝份,外无任何饰边。面料为手织手染。实物整体感沉穆、质朴(图5-5)。

　　蓝麻布大褂、靛蓝土布黑边大褂和深蓝土布大褂这三件样本,年代上第一件在清末民初,后两件在民国初年,但在整体结构(裁剪)上仍保持着古典华服"十字型、整一性、平面化"的形态。面料材质和工艺朴素、清雅、实用,没有过多的装饰,表现出它们中下层社会的身份。正因如此,也最能反映当时主流社会服饰的真实面貌,对它们的结构作深入、细致的科学研究和理论分析,相信会有新的发现。

标本——正面

标本——背面

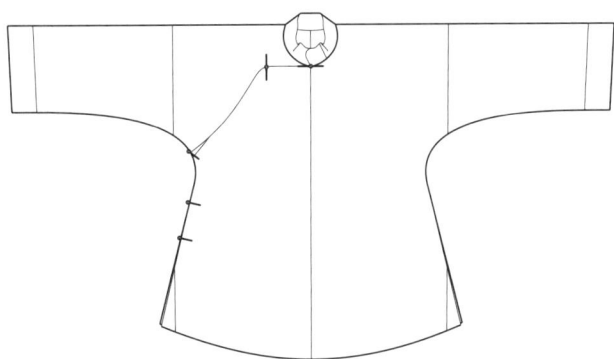

外观图——正面

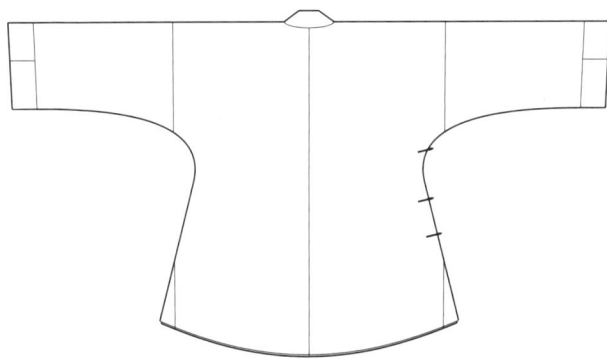

外观图——背面

图 5-5　深蓝土布大褂标本与外观图

资料来源：北京服装学院民族服饰博物馆藏品。

二、麻、棉质典型常服大褂结构图研究

从结构角度分别对蓝麻布大褂、靛蓝土布黑边大褂和深蓝土布大褂三件样本两种材质进行考据研究。依照由外至内、从主到次的原则对主结构、里襟、贴边、饰边和毛样分片进行全方位的数据测量、采集、绘制和考据分析，力求获得清末民初麻、棉典型常服大褂详细可靠的结构信息。这样与清末民初丝绸服饰结构的相关信息形成相对完整的清末民初汉族服饰结构图谱和数据文献。

（一）蓝麻布大褂结构图复原

对蓝麻布大褂标本（参见图5-3）进行全息数据采集和客观复原是获取可靠结论的基础，测量方法和手段力求专业和准确。总体上分为面料裁片（主结构）、贴边裁片、饰边裁片的测量与绘制，并还原它们的毛样裁片（图5-6）。

通过结构图还原发现此件实物工艺似乎远不如蓝提花绸挽袖袍服（参见图4-2）那么讲究，从这一点上可看出服饰的贵贱之分。从该样本的细节考案也能证明这一点：清代贵族女子服饰的袖边装饰分布情况是后袖大于前袖，这与中国传统贵族女子讲究礼教有关，常态下双手在前交叉合十（特别是有外族人在场时），也就是不论袍服还是大褂，当双手交叉合十后袖边饰暴露的要大于前袖，这在第四章中有例证并进行了详细分析（参见图4-9、图4-10）。此件标本的袖边装饰却与主流相反，满布在前袖上，仅向后袖延伸了一小部分，这是否与中下阶层不严格尊崇礼教、双手不需要更多地交叉合十的社交规范姿势有关值得研究（图5-7）。这是一个下层贫民对贵族服饰形制的误解，还是这个社会阶层固有的惯例尚需更多的证据证明。这样推断还有一个事实就是标本前襟领口处的饰边对位不齐，领部处于视觉的中心，其饰边工艺出现错位（图5-8）。所以，我们有足够的理由认为这远不是失误可以解释的，而是民间强调实用远远大于礼教的实例。

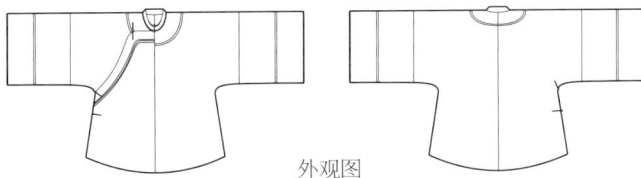

外观图

0.6 2.3

0.3（缝份宽）

开衩   开衩

37

3.2

领面

后右   后左

166.5

47.5

76.5

35.8

13.5

1.3

10.4

12.5

布边

40.4

0.4

67   0.3

12.5   开衩

前右   前左   开衩

90.9

46.2

25.1   26.8

78.2

9

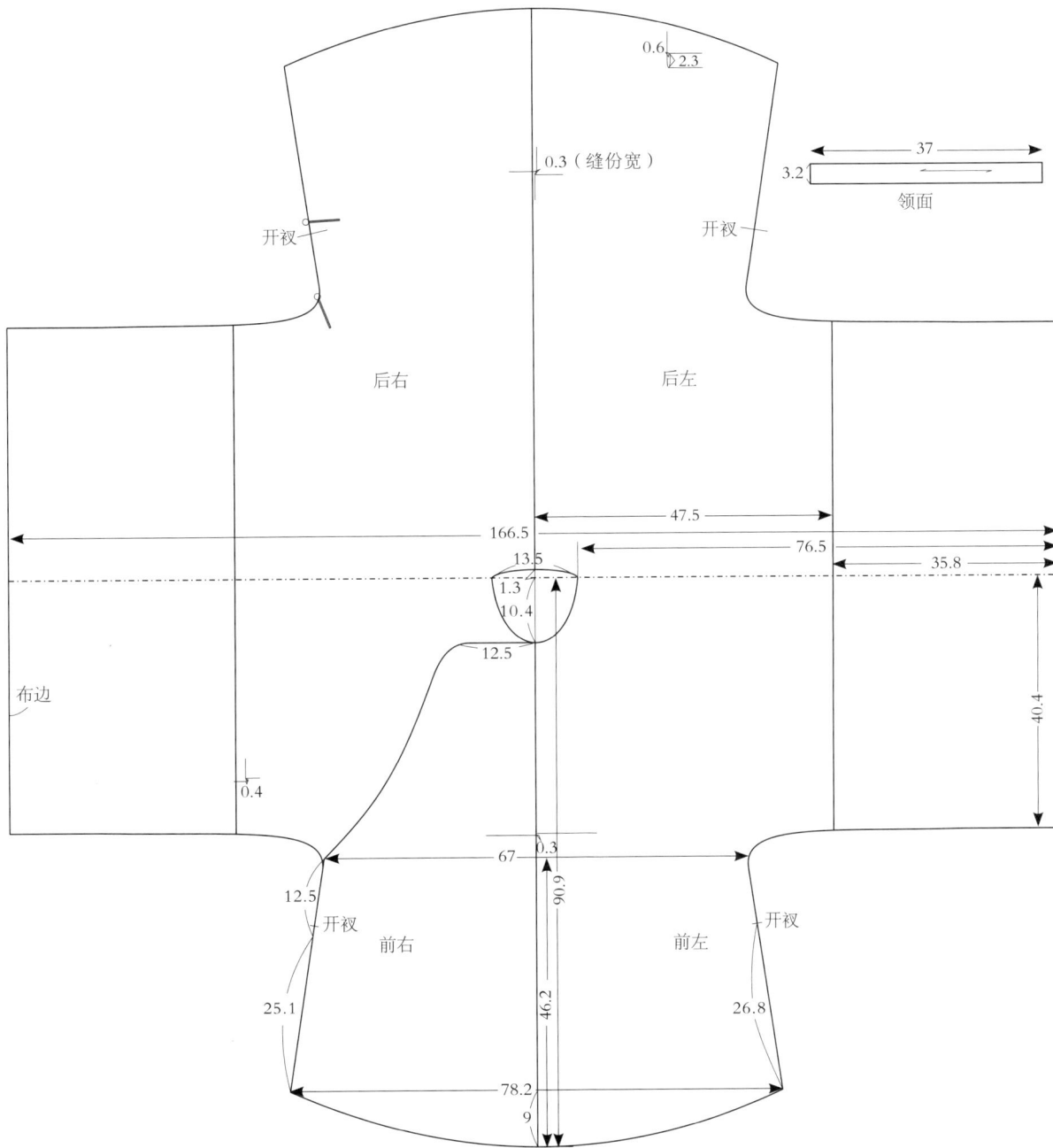

（a）主结构测绘与复原

图 5-6

开衩

后右

接袖

袖

0.4（缝份宽）

开衩

里襟

70.7

27.3

1 ↕0.5

39

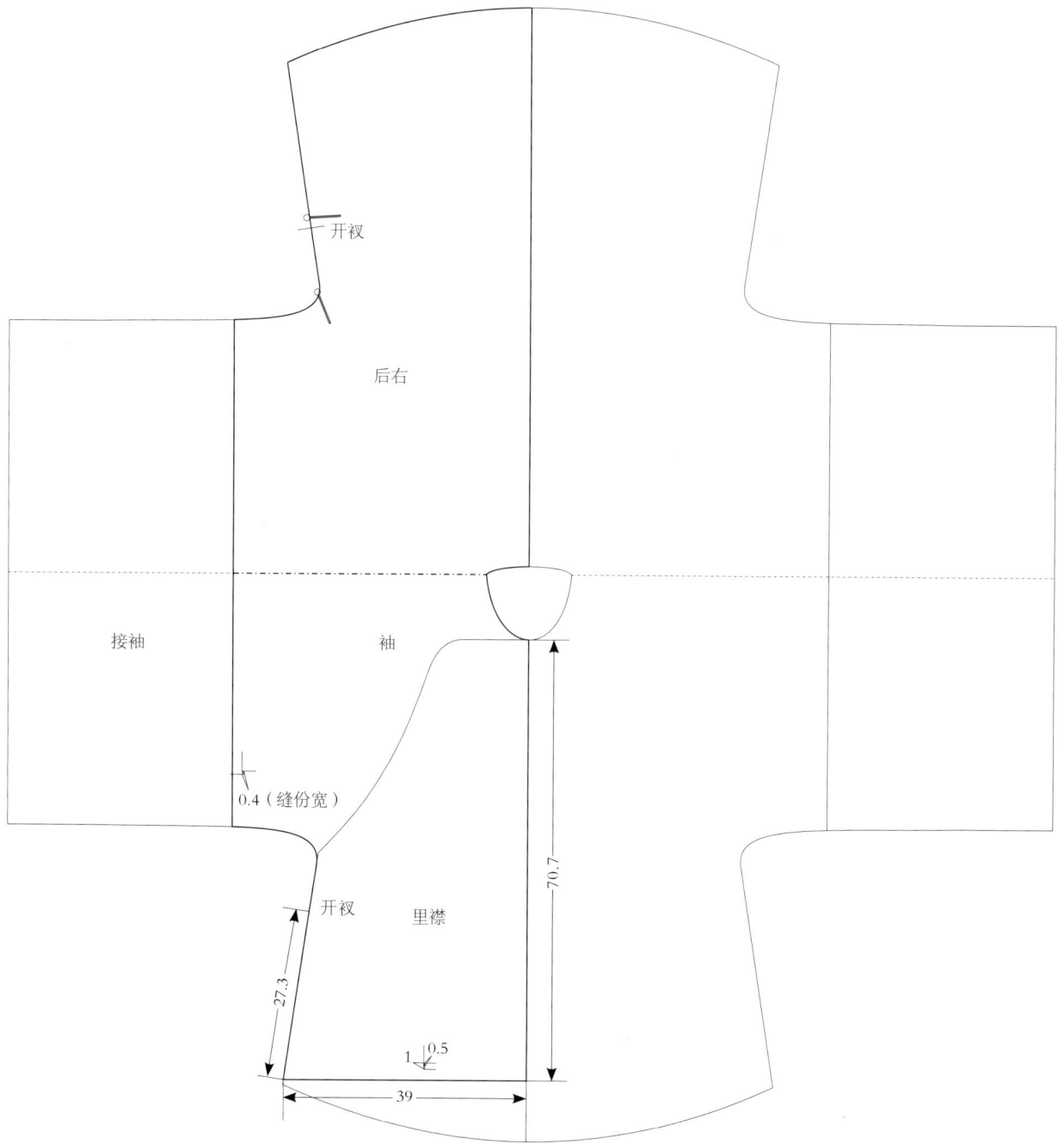

（b）里襟与右片连裁测绘与复原

领里

3.1　　　14

37

后7.5

右　　　8.5　　左

领内贴边　7.6

4.1

7.3　　里襟

32

4.8

4.8　　　　　　　　4.8

36　　　　　　　31.8

3.2　　　　　　　3.5

12.5　　8　　　11.6　　　4.7

4.1　　　　　　　　3

14.1

后右　　　　　后左

1.5

1　1.4　　　　　4.5

5.7

前右　　　前左

29.9　　34.8　　29.7　　29.9

4.7　　　　　　　　4.8

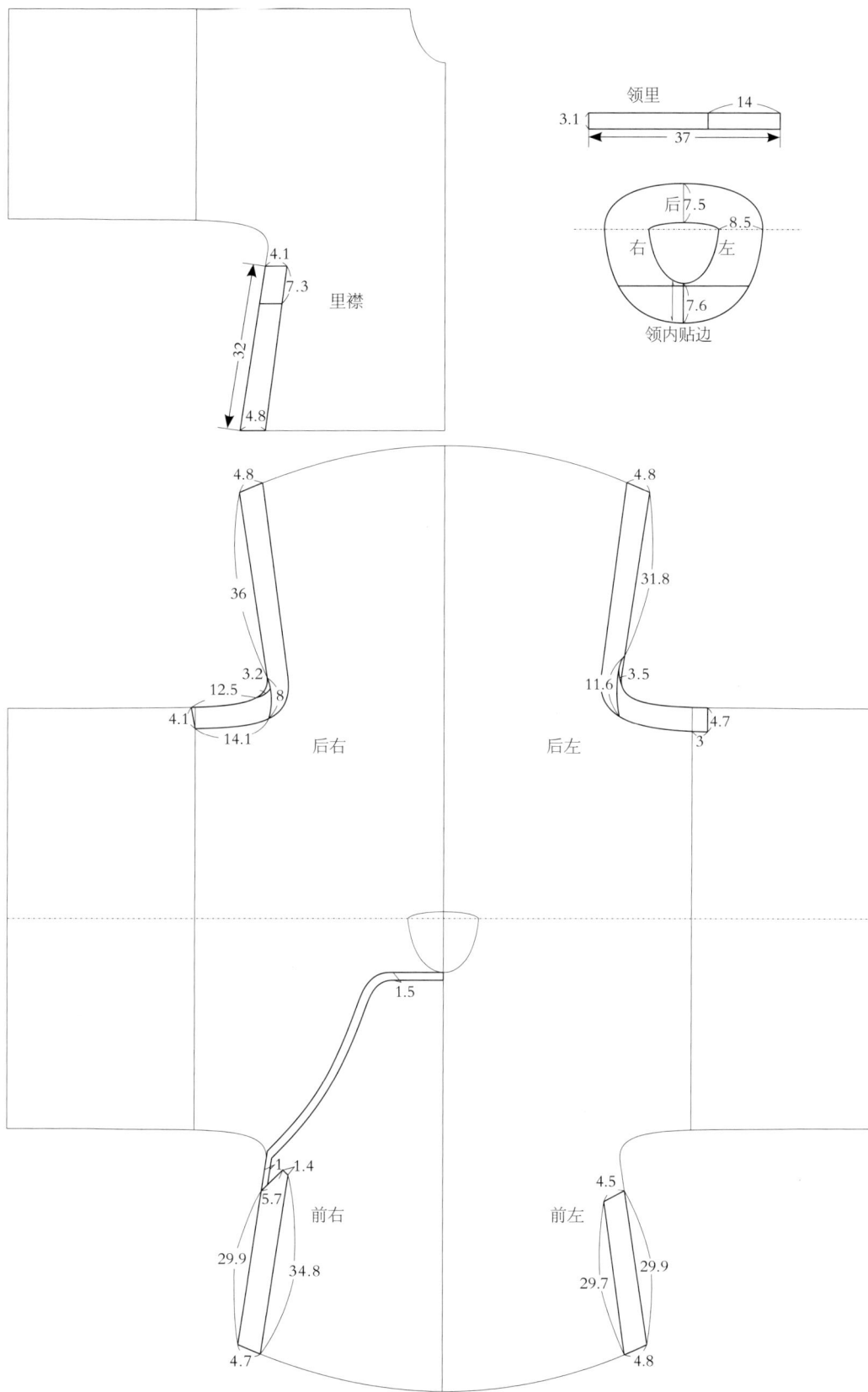

（c）贴边测绘与复原

图 5-6

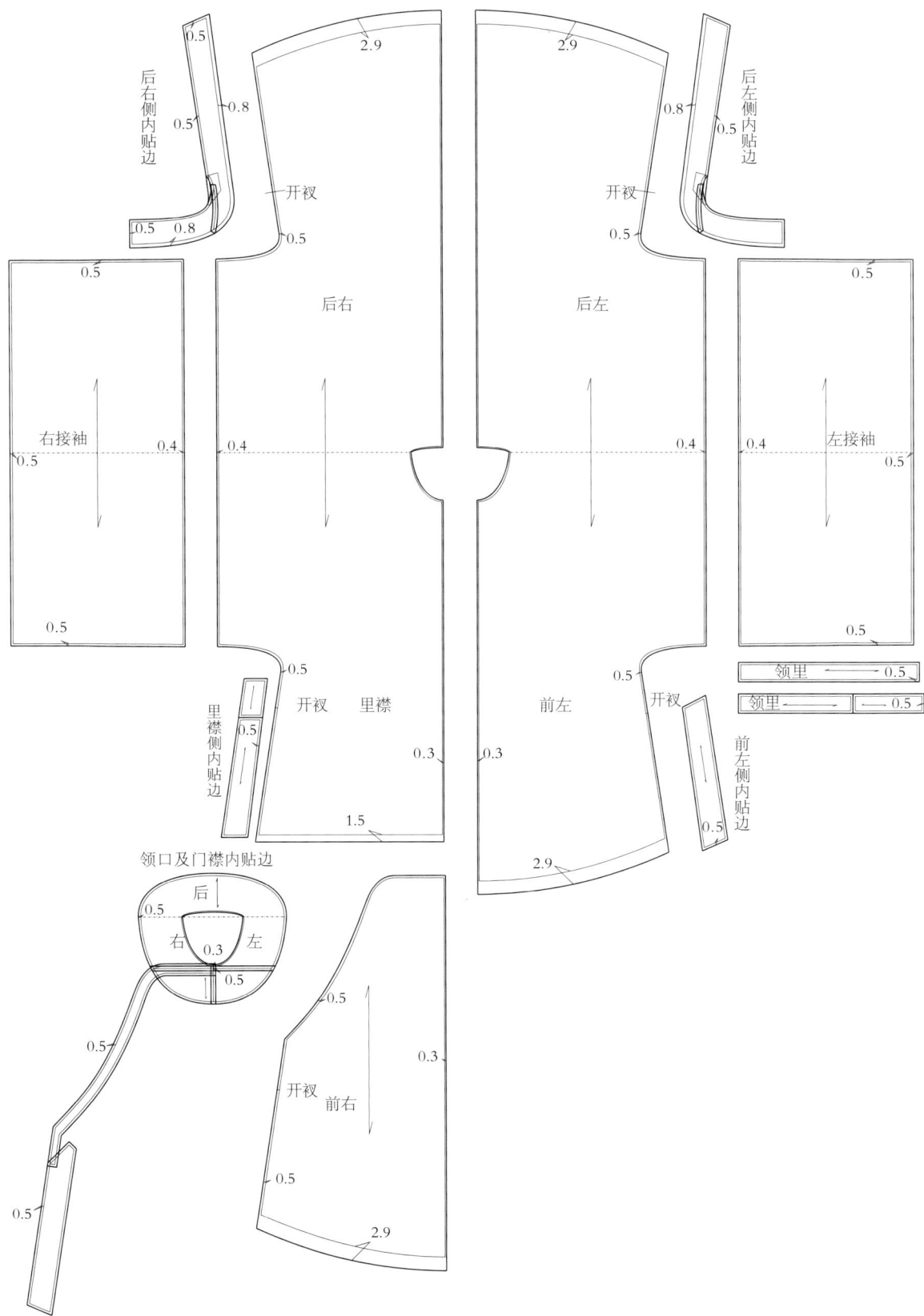

后右侧内贴边

0.5

0.8

0.5

2.9

2.9

0.8

0.5

后左侧内贴边

开衩

0.5

开衩

0.5

0.5

0.5

后右

后左

右接袖

0.4

0.4

0.4

0.4

左接袖

0.5

0.5

0.5

0.5

0.5

0.5

0.5

0.5

领里

0.5

里襟侧内贴边

0.5

0.5

0.5

里襟

开衩

前左

开衩

0.5

领里

0.5

前左侧内贴边

0.3

0.3

0.5

1.5

0.3

0.5

2.9

领口及门襟内贴边

后

0.5

右 0.3 左

0.5

0.5

0.5

0.3

开衩 前右

0.5

0.5

2.9

（d）主结构及贴边毛样测绘与复原

里襟

后右　　后左

前右　　前左

8.3

7.3

8.3 1

12.5 7.3

1 14.5 0.4

40.4

6.4

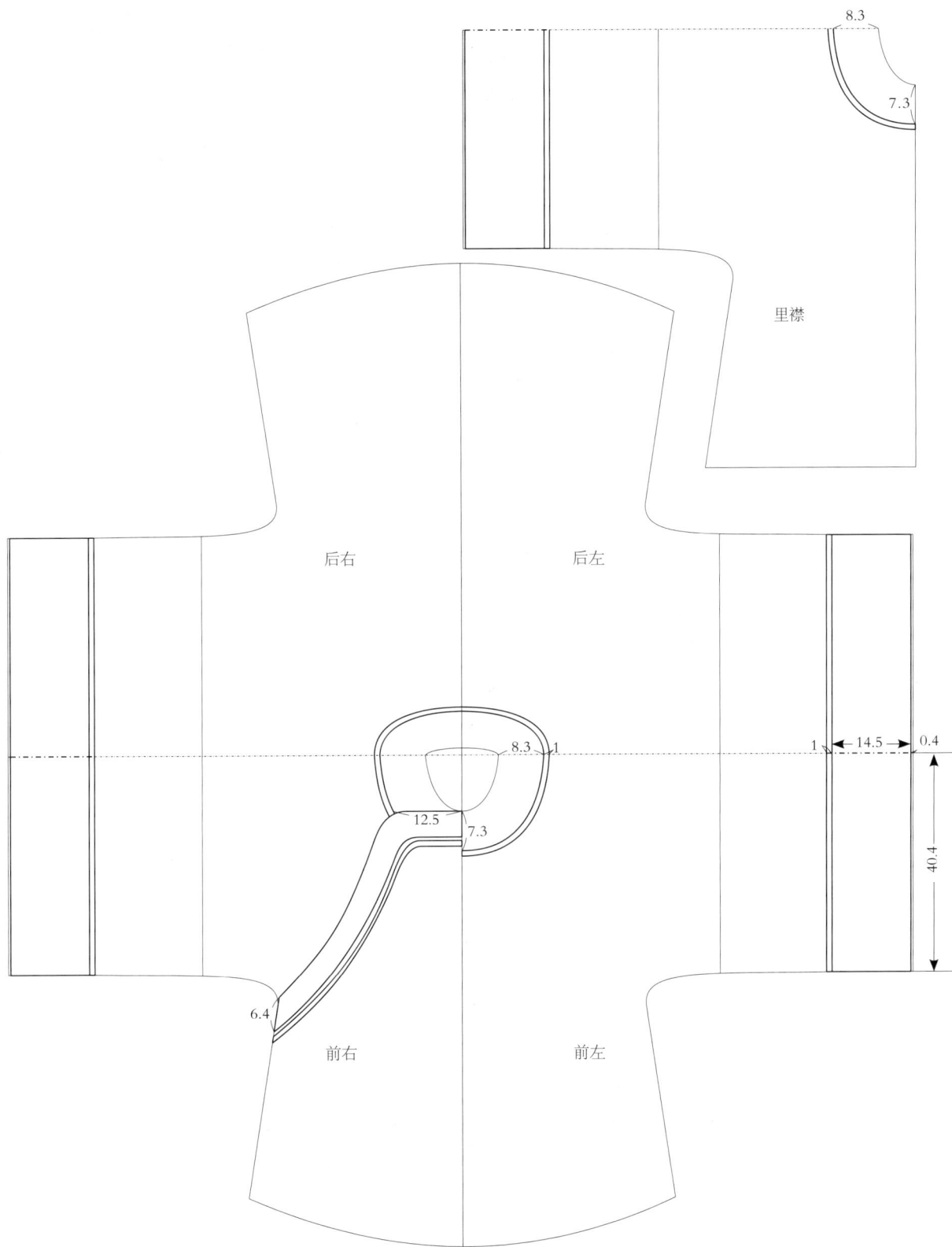

（e）饰边结构测绘与复原

图 5-6　蓝麻布大褂全息数据信息采集和结构复原

标本——正面

标本——背面

图 5-7　蓝麻布大褂前后袖边装饰分布图

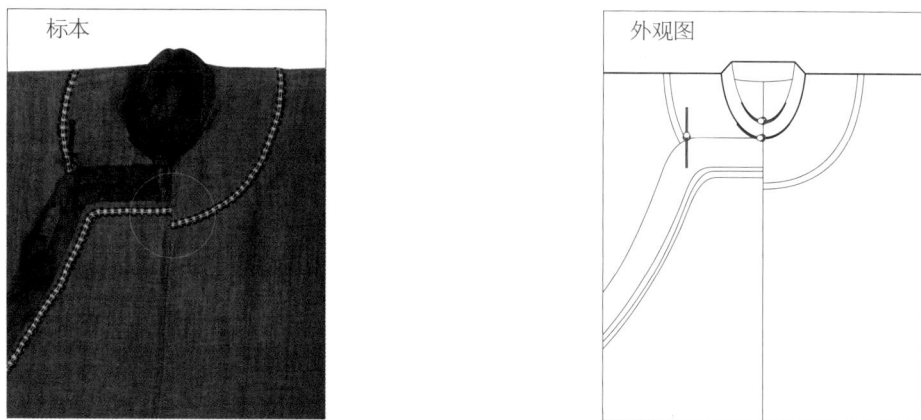

图 5-8　蓝麻布大褂前襟饰边对位不齐

（二）靛蓝土布黑边大褂结构图复原

土布是清末民初民间由手工织造且主要在平民百姓中流行的纺织品，在农村往往是自给自足。因此，土布在百姓中是必需品也是奢侈品。土布的织造方式决定了其粗犷、厚实和朴素的特点。土布具有较高的硬挺度和厚度，因而形成含蓄、质朴、拙雅的风格。靛蓝土布黑边大褂和深蓝土布大褂就是这个时期典型的服饰标本，它有着浓郁的乡土气息，为民间妇女常服，然而它们的裁剪和工艺仍十分讲究且充满智慧。

靛蓝土布黑边大褂，从外观上看，整体比例、下摆的翘度以及大襟的黑边贴饰、袖口的云纹贴饰都做得非常精美到位（参见图 5-4）。我们对其主结构、贴边、饰边结构进行全方位的数据采集和绘制（图 5-9）。从中可看到其主结构（裁片）不管是前、后还是内、外都采用了补角摆的结构，表明在民间利用布幅宽度裁剪是最高的设计准则，这其中也包括宁可牺牲"美观"。因此，"节俭"在民间是硬道理［图 5-9（a）］。即使在很有限的贴边处理上也是多用拼接［图 5-9（b）］。缝份设计少得可怜，按今天的标准让人匪夷所思：底边连裁贴边加上缝份为 2.5厘米，布边处的缝份仅为 0.2 厘米，最大的也不超过 0.8 厘米［图 5-9（c）］，可见先民强烈的节俭意识成就了即便是村妇、城市的富家小姐也具有的高超技艺。

袖缘上贴饰用 0.3~0.5 厘米宽的织带盘成的云头纹样，形态饱满生动。针黹细密，针迹 0.1 厘米，针距 0.3 厘米［图 5-9（d）］，几乎无法识别针脚，这种手工技艺的精湛和耐性在民间妇女中世代传承着，因为它是中国传统姑娘出嫁前必备的资本和美德。

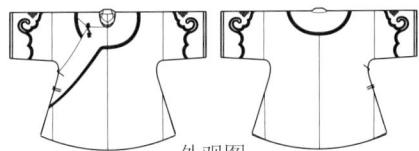

外观图

领里
3.3　　　1.4
4　12.2
1/2 领下口弧长 16.3
领里

11.4

4.2
9

94.3

30　33
33.5

开衩

后右　　　后左

开衩

1.5

布边

97.5

12.4

0.2~0.3

0.2~0.3（缝份宽）

137.2

77.6　　38.8

64.6

29.8

11

10.5

32.3

34.1

13.4

68.6

87

97.5

38.8

前右　　　前左

开衩

11.5

1.4

47

开衩

布边

89

33

94

10.2

底边卷边

78.5

35.8

8.5

10.2

开衩

里襟

3.3

40

29.3

7.4

0.9

47.1

0.6　0.2

非布边　　布边

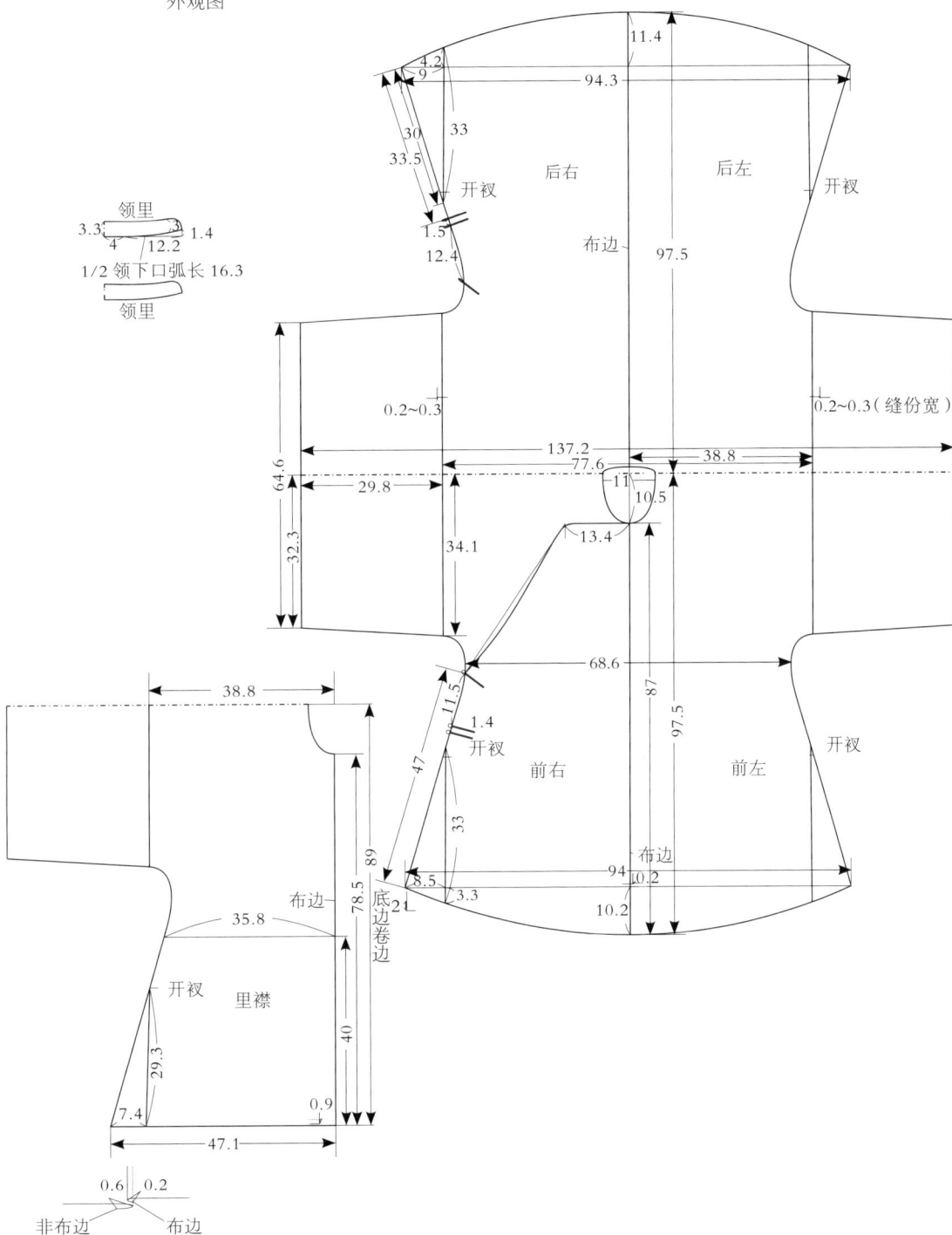

（a）主结构测绘与复原

图 5-9

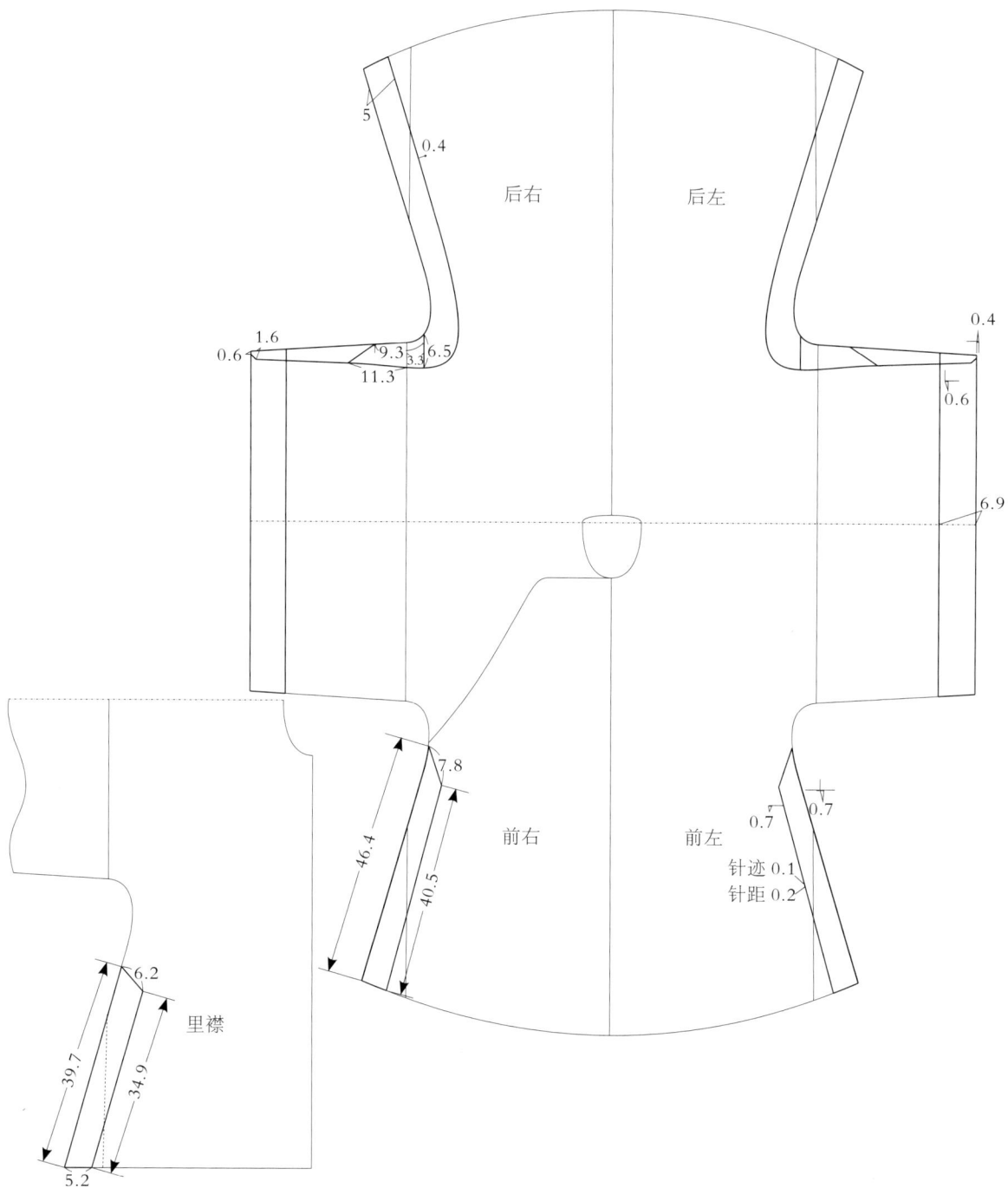

后右

后左

里襟

前右

前左

针迹 0.1
针距 0.2

（b）贴边结构测绘与复原

接后右

2.5　　　　2.5

接后左

2.5　　　0.7　　0.2　　　　　　　　　0.2　　0.7　　0.8

0.8　　0.2　　　　后右　　　后左　　　　0.2　　0.7

后侧内贴边×2

0.2　　0.2

0.7　　　　　　　　0.7

0.7　　　　　　　　　　　　　　　0.7　0.7　0.7　0.7

0.7　　　　　　　　　　　　　　　　　　　0.6

后右接袖　　　　　　　　　　　　后左接袖

前右接袖　　　　　　　　　　　　前左接袖

0.2　0.2　　　　　　　　　0.7　0.7　　　　　　0.2　0.2　　0.6　0.8

袖内贴边×2

0.7　　　　　　　　　　　　　　　　　　0.7　　0.7

里襟内侧贴边　0.7　　　　　　　　0.7

0.7　0.7　0.8　0.2　　里襟　　　前左　　　　0.7　　0.7

0.2　　　　　　　　　　0.2　　　　　　　　0.2　　0.7

1.4　　　　　　　　　　　　　　　　　　　　0.8

接里襟　0.7　　　1.4　　　　　　　　　　　2.5

2.5　　　接前左

前侧内贴边×2

第
五
章

清
末
民
初
麻
、
棉
质
常
服
大
褂
结
构
图
考

0.7

0.7

0.2

前右

0.7　0.2

0.8　0.6　0.2

非布边　布边

接前右

2.5

底边卷边21

2.5

领×2　　0.7

（c）主结构及贴边毛样测绘与复原

图 5-9

165

后右　后左

23.9
0.5　1.6

←13.4→
13.3

距边 0.2
针迹 0.1
针距 0.3

先劈缝，缝份 0.7
使外大于里 0.1
再缉明线

24.3

前右　前左

41

13.7
后
1.4

0.3
0.4
0.5　15
10.5
前
领外贴边
13.8
6.8
13.3
14.5
0.6

38.9

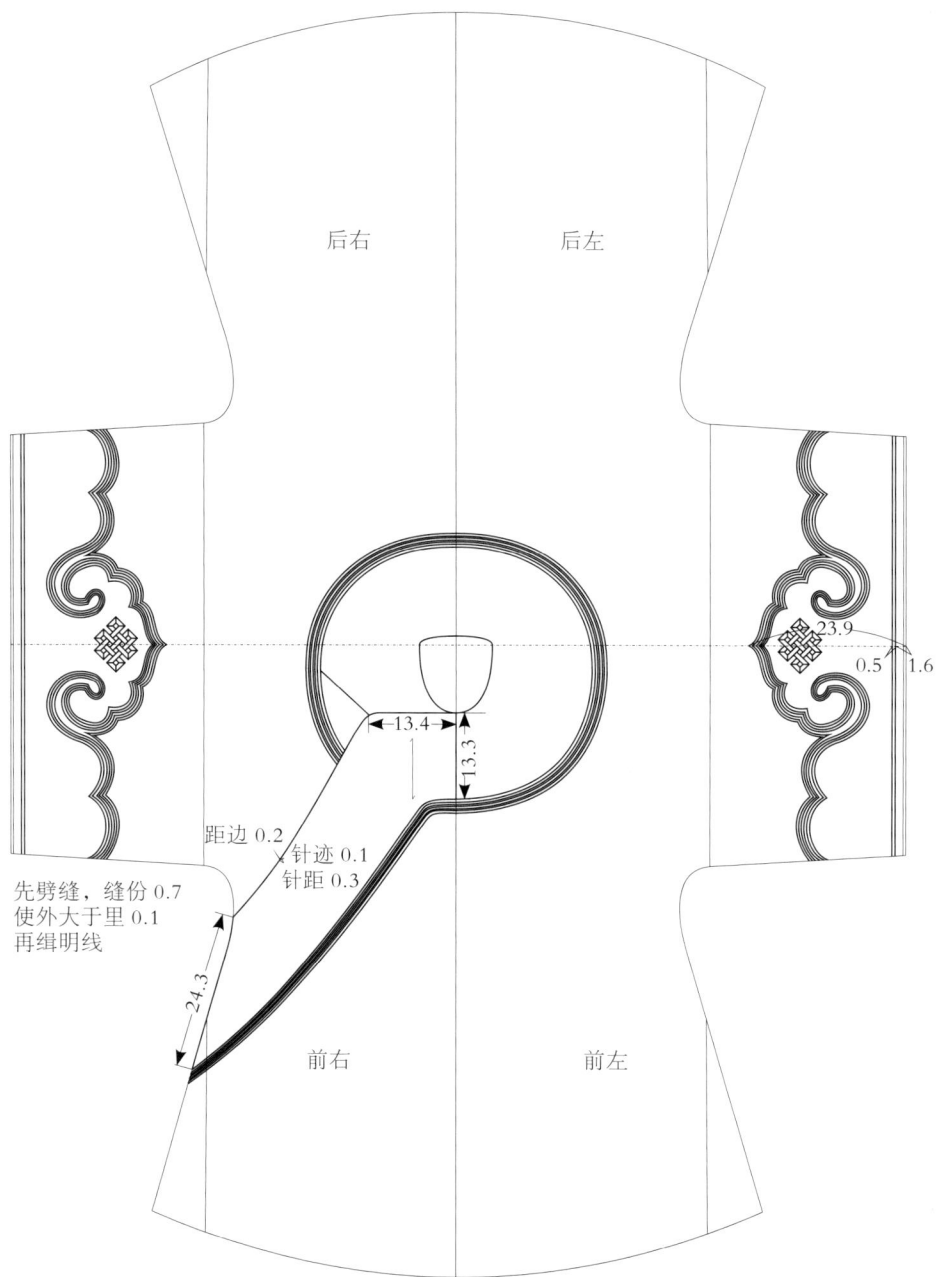

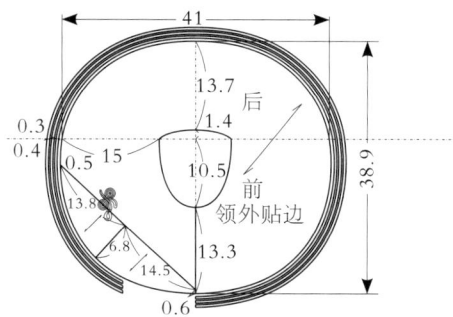

（d）饰边结构测绘与复原

图 5-9　靛蓝土布黑边大褂标本全息数据信息采集和结构复原

（三）深蓝土布大褂结构图复原

深蓝土布大褂与靛蓝土布黑边大褂相比，整体上更加紧凑，窄袖和无任何贴饰的工艺，这些特征与同时代的男子长袍很接近（详见第九章内容），这是民国初年华服典型的时代特征。然而，在细节处理上女服仍表现出巧妙和灵动只是更加隐秘。

起初博物馆方面将该件馆藏品命名为男服。之所以认为它是男服，是基于它的外观朴素，无任何装饰。但是，通过对结构进行深入研究后发现，大襟、领缘、袖缘处都有曾经缝制饰边后留下的针迹（图5-10），并且从下摆的四个补角摆的形制上看［图5-11（a）］完全是女性服饰的特征（男袍服裁剪不采用补角摆），只是相对靛蓝土布黑边大褂略显窄小。

对其主结构、贴边结构和其复原毛样进行了全息的数据信息采集和绘制（图5-11）。从其结果可知它与前述麻质大褂和棉质大褂一样，前后中破缝均为布边，肩袖处与接袖线亦是布边。该标本前后中到肩袖线的距离约为34.3厘米，接袖宽度约为34.6厘米，它们都控制在一个布幅宽内，相比较蓝麻布大褂和靛蓝土布黑边大褂的布幅较窄，这可能取决于织布人双臂展开的宽度，如北方的布幅普遍宽于南方，因为北方妇女的臂展宽。另外面料的质地和织法的紧密程度也有关系，这就是麻布比棉布宽的原因，由此也就多少改变了结构线的分布和每种服装尺寸的微妙变化，这些都是很重要的信息(见"清末土布和麻质大褂实物数据一览表")。

大襟

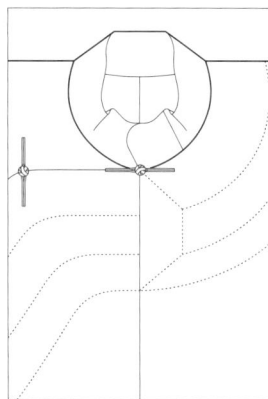

前领缘大襟
饰边痕迹

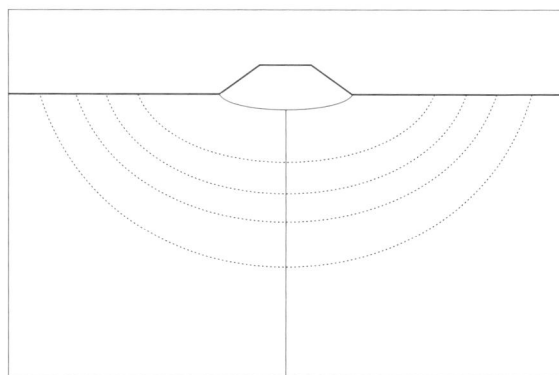

后领缘饰边痕迹

后领

后右袖标本饰边痕迹

右袖缘后侧饰边痕迹

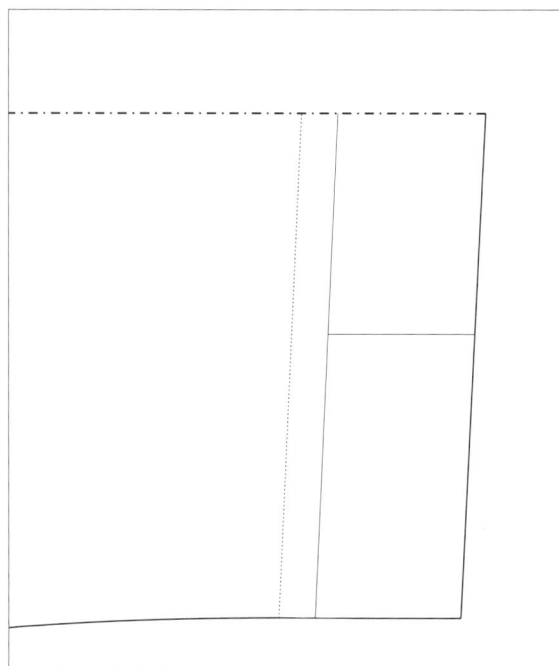

图 5-10　深蓝土布大褂标本残留的装饰针迹

外观图

后右　后左

4.2　8.5　75.1　4.1
16.7　16.6
22.1
9.1
12.3

33.8
6.3
150.3　9.5
34.6　12.5　34.3　34.6
1.5
10.4
11.4
17.2
33.8
68.1
59.8

前右　0.6　前左

9.1
51.8　73.3　83.7
22.6
16　15.8
3.8　74.4　8.4　3.8
底边卷边 1.2

83.2

75.2
6.3　0.5
21.7
27.6
6.2
34
布边
里襟
59.2　69.6
11.3
2.4　36.1

4.5　4.3　领面
34.6

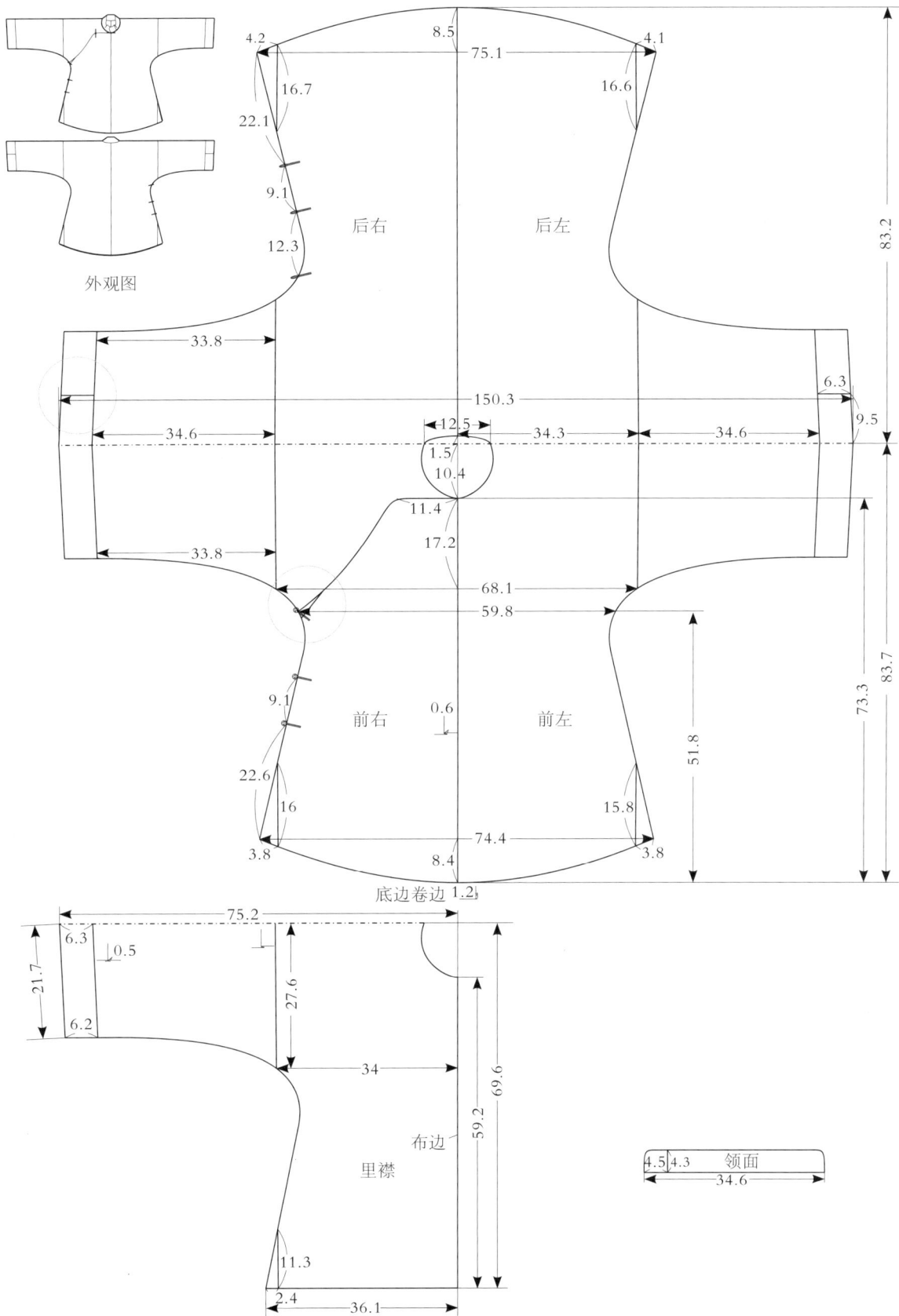

（a）主结构测绘与复原

图 5-11

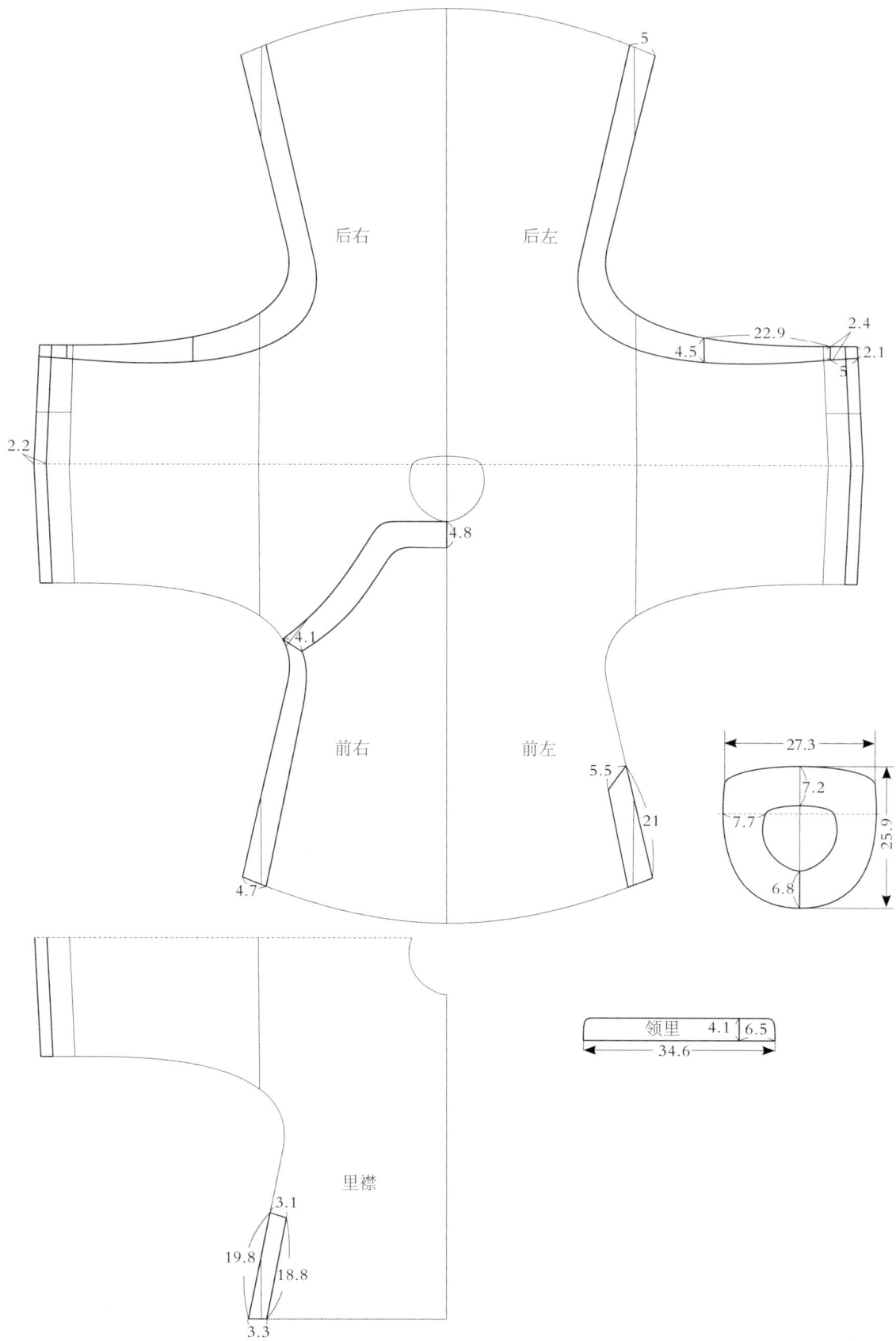

后右

后左

5

22.9

2.4

4.5

2.1

5

2.2

4.8

4.1

前右

前左

27.3

7.2

7.7

25.9

5.5

21

6.8

4.7

领里 4.1 6.5

34.6

里襟

3.1

19.8

18.8

3.3

（b）贴边结构测绘与复原

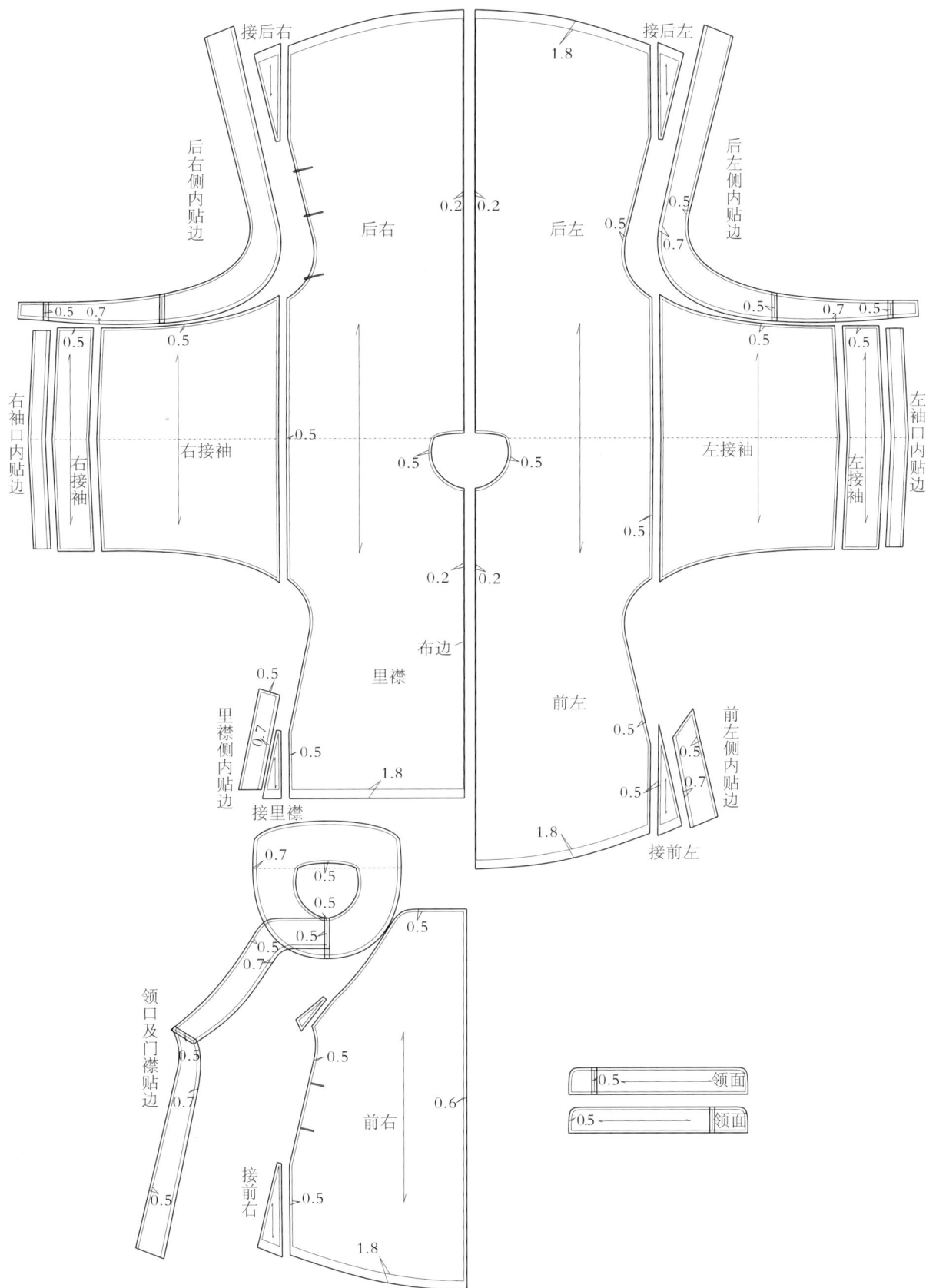

接后右　　　　　　　　　　　　　1.8　　　　　　　接后左

后右侧内贴边　　　　　后右　0.2　0.2　后左　　后左侧内贴边

0.5　　0.5　0.7

0.5　0.7　　　　　　　　　　　　　　0.5　　0.7　0.5

右袖口内贴边　0.5　　右接袖　0.5　　左接袖　　左接袖　左袖口内贴边

右接袖　　　　　　　　　　　　　　0.5

0.5　　0.5

0.2　0.2

布边

里襟

0.5　　　　　　　　　　　　前左

里襟侧内贴边　0.7　0.5　　　　　　　0.5　　前左侧内贴边

1.8　　　　　　　　0.5　0.7

接里襟　　　　　　　　　　　0.5　　接前左

1.8

0.7

0.5

0.5　　　　　　　　　　0.5

0.5　0.5

0.5　0.7

领口及门襟贴边　　　0.5

0.7　　　　0.5

前右　　0.6

接前右　0.5

0.5　　　　0.5　　　　　　　0.5　　　　　领面

1.8　　　　　　　　　　　　　0.5　　　　　领面

（c）主结构及贴边毛样测绘与复原

图 5-11　深蓝土布大褂标本全息数据信息采集和结构复原

清末土布和麻质大褂实物数据一览表

单位：厘米

标本		靛蓝土布黑边大褂（HAN 617）	深蓝土布大褂（HAN 322）	蓝麻布大褂（HAN 913）
外观图				
款式特征	领	立领右衽，后领下凹	立领右衽，后领下凹	立领右衽，后领下凹
	袖	两袖平直，袖长至手腕，宽袖口	两袖平直，袖长至手腕，窄袖口	两袖平直，袖长掩手，宽袖口
	衣身	收腰宽摆，有补角摆	收腰宽摆，有补角摆	收腰窄摆，无补角摆
布幅幅宽		38.8	34.3	47.5
衣长		97.5	83.7	90.9
立领高		3.3	4.3	3.2
袖展		137.2	150.3	166.5
袖宽		34.1	27.6	40.4
袖口宽		32.3	21.7	40.4
袖缘宽		23.9	0	15.5
腰宽		68.6	59.8	67
下摆宽		94	74.4	78.2
摆缘宽		0	0	0
保存情况		保存完好	基本完好	保存完好

深蓝土布大褂虽然来自民间，至少不是显贵富家女子的服饰，但这并不意味着因为节俭就可以泯灭"美"，可以说这是"喜儿红头绳——放之四海的普世美学"。就该标本而言，裁剪思想是节俭让位于外观，即一般是在较隐蔽处才使用拼接，前片则保持规整以示尊贵，而实物的下摆四角都有补角摆［图5-11（a）］，这是什么原因？近距离观察发现，补角摆上都有曾经缝制饰边后留下的针迹，说明此处原是附有贴饰掩盖。因而此处的拼接会由饰边掩盖起来不会外露，也证明了为什么清末女袍服（大褂）下摆普遍采用拼角结构而男袍服不用，因为男服不可能在此进行装饰，也恰好体现出古人在裁剪中如何平衡设计心思和节俭意识关

系的大智慧。或许可以认为民间百姓服饰宁可牺牲"美观"也要恪守节俭这种道德至上的处事原则。还有一个证据对这个推断以有力的支持，靛蓝土布黑边大褂，为了最大限度地节省和利用布幅宽度，宁可在下摆四处做补角摆处理，且摆缘没有任何贴饰掩盖［参见图5-9（a）］，这些暴露无遗的拼接线无论如何也不能与美观挂上钩，但她们仍义无反顾。这使我们顿悟美的真谛，这种普世的人间"真美"境界，往往被贵族、宫廷"伪美"的皮壳（古董表面厚实的包浆）所掩饰。这是我们研究古代民间服饰的意外收获。

第六章

清末民初丝质常服大褂与短袄

结构图考

　　丝绸的发现与利用是中华民族对人类的重大贡献，也是将其用于服饰上，人类进入高度文明的重要标志，也是中华民族为人类创造的，与"羊毛文明"比肩的"丝绸文明"。丝质材料外观富有光泽，手感光滑细腻，有高贵富丽之感。上层社会普遍以丝绸为服装原料，民间更是视若珍物，当然古人也会在裁剪和工艺上用足心思。事实上，丝绸到了清末民初，在服饰上的运用已经走向了末路，它的最辉煌时期是汉、唐、宋、明。在形制上，袍、褂、袄的单一性也抑制了丝绸唯美的表现力，人口的增长和生产力的相对滞后，无论是上层还是下层社会，审美标准都进入了一种愚懦的审美取向（图6-1）。然而，它唯一对"十字型、整一性、平面化"结构的坚守还能体悟到华夷的气象。后文论述的一件丝质大褂和两件短袄就是这个时期的代表。

图6-1　清末贵族服饰无论是老妇人还是女童丝绸用料阔绰华丽，但掩盖不了愚懦的审美取向

资料来源：《晚清碎影：约翰·汤姆逊眼中的中国》，约翰·汤姆逊摄。

一、藕荷暗花缎镶绦子边大褂结构图研究

　　藕荷暗花缎镶绦子边大褂，款式为小立领，右衽大襟，盘扣6粒，腋下收身，至下摆渐张，衣长至股中部，袖长至手腕。藕荷色衣身上满布寿字暗底纹样，领缘和衣裾（大襟）及下摆镶绲繁复贴饰，左右开裾，裾头沿边镶绲有如意云头纹样，精致而妍秀，全手工缝制（图6-2）。衣身前后中破缝，从前后中线、通肩袖折线到袖缘贴饰残线处可看出寿字纹样对花十分严整（图6-3）。从工艺的讲究程度可以推测，此件传世品为旧时官僚贵族女子常服大褂。此件实物有破损，领部的饰边有破蚀现象，袖缘面料的颜色明显比衣身面料颜色鲜艳有光泽，可以判断此处曾经覆有贴饰，只是在岁月的淘洗中被遗失，或许旧贴饰破损被拆掉，还没来得及缀新就落入尘封。所以被贴饰覆盖的袖缘颜色才是此件传世藏品的真实色调。值得注意的是，在清末女服大褂这个类型中，麻、棉和丝不同质地仍会影响形制和裁剪设计。

标本——正面

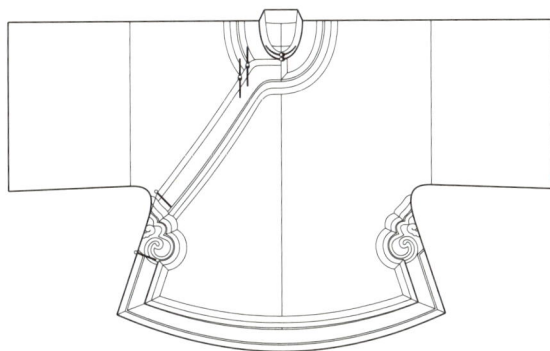

外观图——正面

图 6-2

标本——背面

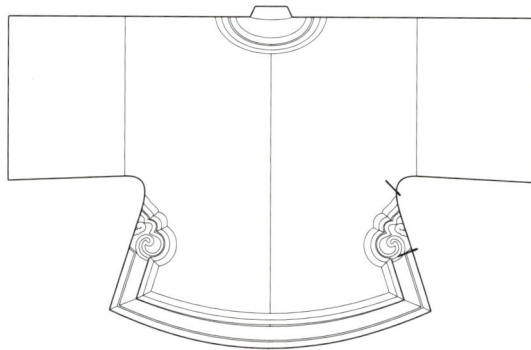

外观图——背面

图 6-2　藕荷暗花缎镶绦子边大褂标本与外观图

资料来源：北京服装学院民族服饰博物馆藏品。

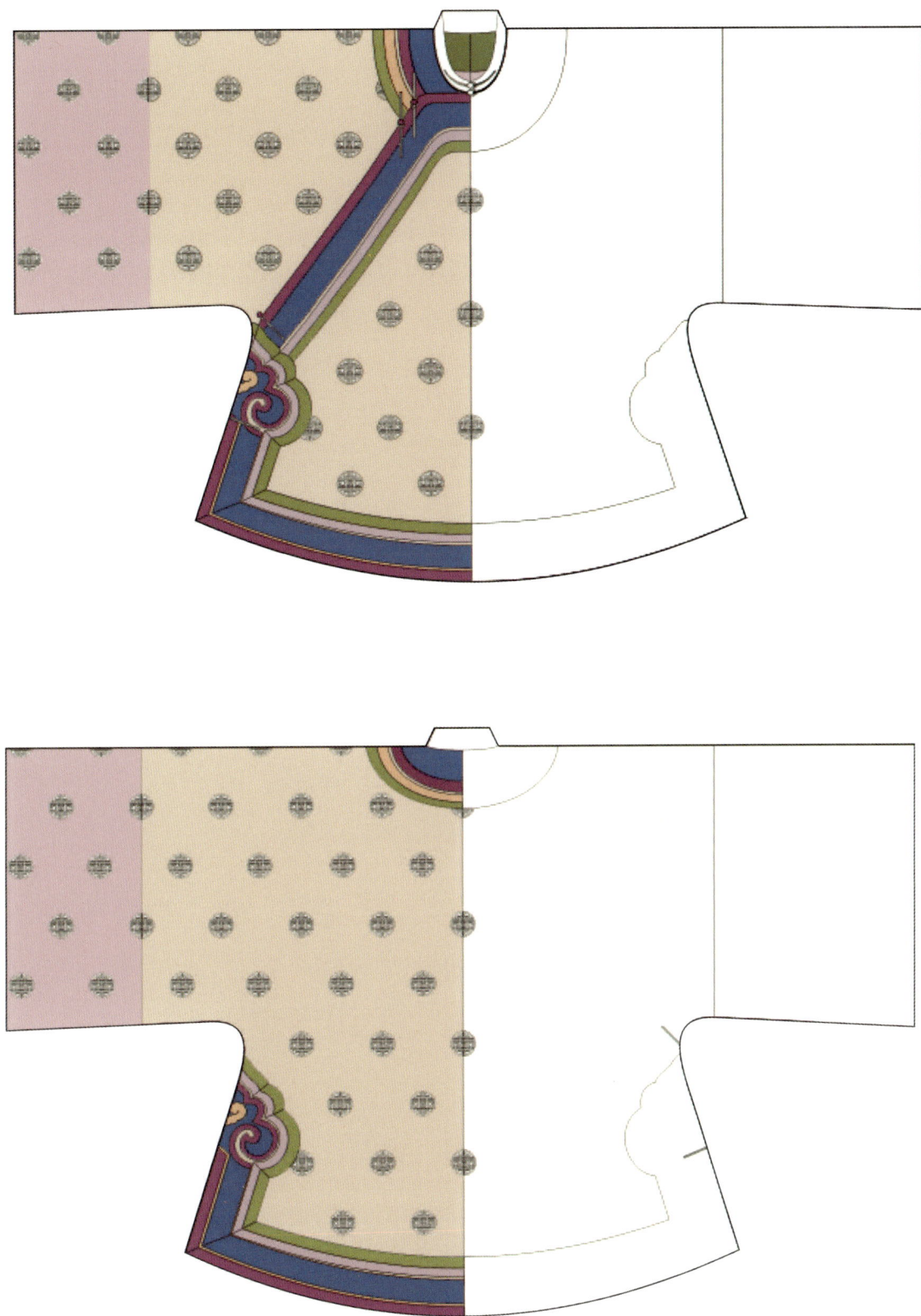

图 6-3　藕荷暗花缎镶绦子边大褂寿字纹样对缝分布规整

（一）丝和麻、棉织物总会有相对应的服装形制的启示

丝的质地轻盈、飘逸、光爽华丽，有悬垂感；麻、棉织物的特性与此相反，有较高的厚度和硬挺度，这对大褂的造型和结构是否有影响？在考据中我们发现，蓝麻布大褂和靛蓝土布黑边大褂都不如藕荷暗花缎镶绦子边大褂的袖口宽大，这些天然纤维的悬垂性由高到低的顺序是丝、麻、土布，相应地，这些材质所对应的服饰袖口宽依次是42.2厘米、40.4厘米和32.3厘米。这是偶然还是必然，还是时代的特征，在第四章"清末蓝提花绸挽袖袍服结构图考"中也得到验证。客观上，丝绸的悬垂性好，相应的袖口加宽，宽袍阔袖更利于表现丝绸的飘逸、婀娜之美确是真实的。

看来，袖口尺寸的宽窄设定是有讲究而绝非偶然。款式设计是为了恰如其分地表现出面料的特性，当袖口变窄时，它采用了多层结构（参见图6-10中绿提花绸三层袖短袄标本）。说明古人有足够的耐心和智慧深刻认识面料的物理属性并合理利用，这种体现出古人敬物的设计思想，今天看来对于"面料的特性决定服装造型特征"设计准则的把握上，我们自愧不如。古人的设计理念已经修炼到自觉地反映物质本性的技术与意志，而少有出现像今天天马行空想当然的作品大行其道的情况。因而科学、理性、执著地面对甚至是很小的一件事物，古人的这种对物质本性的认识、敬畏和驾驭能力值得今天的我们沉潜下来反思！

（二）藕荷暗花缎镶绦子边大褂结构图复原

对藕荷暗花缎镶绦子边大褂主结构、贴边结构、主结构及贴边毛样进行了全方位的数据采集、绘制和复原工作，以获取它的结构考据研究的第一手材料（图6-4）。

从主结构采集信息中我们可以看到，前后中、里襟前中和袖口均为布边，前后中到接袖线的距离为37.3厘米，前下摆直线宽度为81.3厘米［图6-4（a）］，1/2下摆宽度约为40.7厘米，前后下摆均无补角摆（拼角），所以可以断定连裁肩袖的接袖线不是布边，而前后中到接袖线的距离为37.3厘米，说明小于一个

布幅宽度，然而为何此处出现断缝？此标本面料的幅宽到底是多少？需要如此裁剪的考虑是什么原因？现存同一时期标本中这种反常规的裁剪和结构样式是罕见的，这也从一个侧面反映了它的身世不凡。

试对其主结构毛样进行排料实验，将主结构毛样分片（包括衣片、里襟、大襟和左、右接袖共五部分）放入一个未知长宽的矩形面料中，满足前后中为布边的标本客观要求，以最大限度地节省面料为原则进行试排，产生方案 1 和方案 2 两种排料方式（图 6-5）。从对面料用量的计算（长 × 宽）来看，在不需要补角摆的前提下，方案 1 的用量大于方案 2 的用量，说明方案 2 的排料方式更合理，此时面料的幅宽为 76.1 厘米（表 6-1）。这个结果与蓝提花绸挽袖袍服标本面料幅宽为 76.7 厘米（在第四章中已分析和确定）几乎相同，可以推测或许清末丝质面料的幅宽为 76 厘米左右，两者采用的同一种幅宽，同样有较好的面料利用率，是否说明布幅宽度决定着裁剪结构的设计，当然这还需要更进一步的考证。

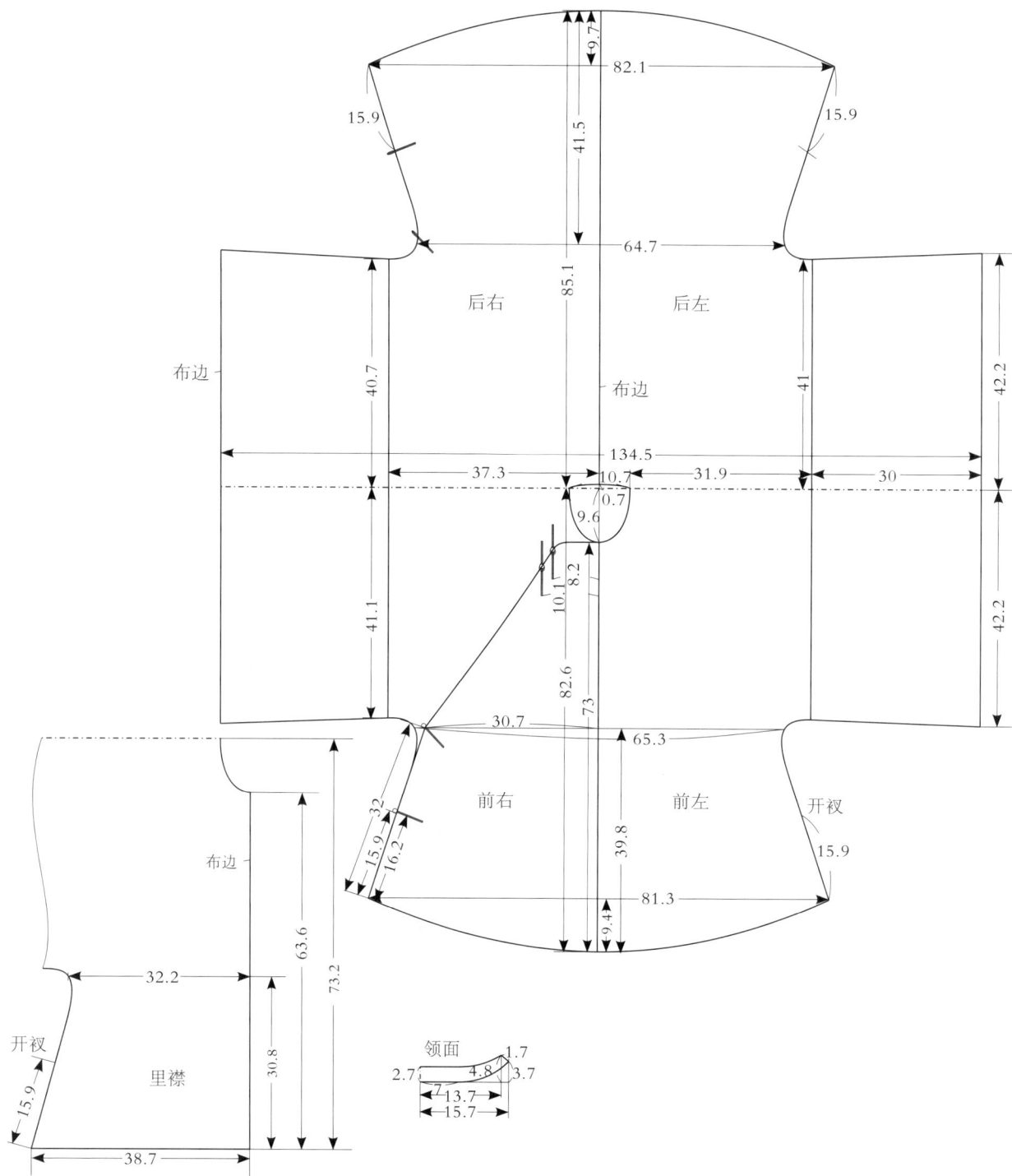

後右　後左

布边　布边

前右　前左

里襟

开衩

开衩

开衩

领面

82.1

9.7

15.9　15.9

41.5

64.7

85.1

40.7　41

42.2

134.5

37.3　10.7　31.9　30

0.7

9.6

8.2

10.1

82.6

73

42.2

41.1

30.7　65.3

15.9　32

16.2

39.8

81.3

9.4

15.9

15.9

32.2

63.6

73.2

30.8

38.7

1.7

2.7　4.8　3.7

7

13.7

15.7

（a）主结构测绘与复原

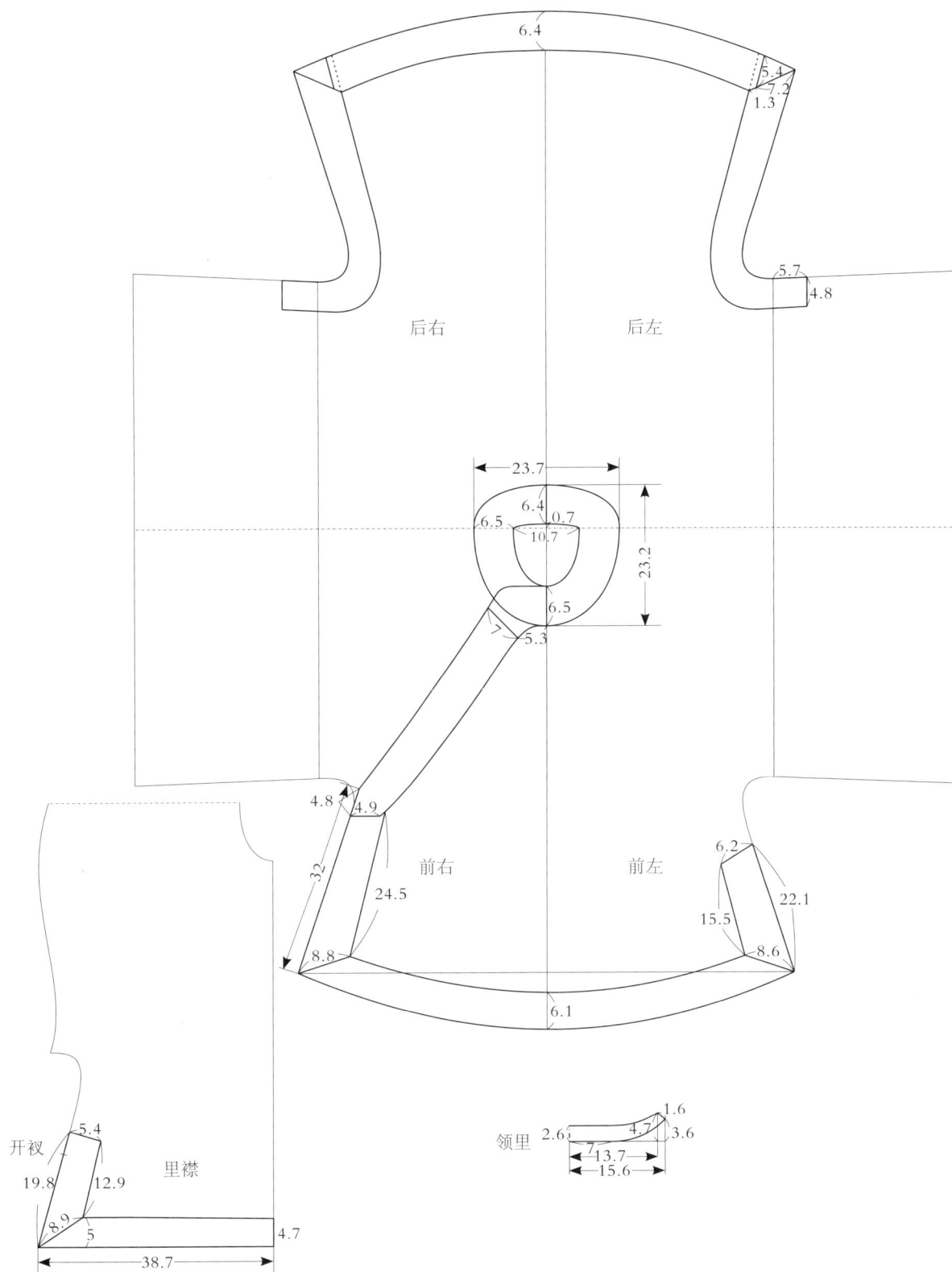

后右　后左

6.4

5.4
7.2
1.3

5.7
4.8

23.7

6.4　0.7
6.5
10.7

23.2

6.5
7　5.3

4.8　4.9

32

前右　前左

24.5

6.2

15.5　22.1

8.8　8.6

6.1

开衩　5.4

里襟

领里　2.6　4.7　1.6　3.6
7　13.7
15.6

19.8　12.9

8.9　5　4.7

38.7

（b）贴边结构测绘与复原

图 6-4

后底边内贴边

0.5
0.8

0.5

0.5

后右侧内贴边

0.5

0.5
0.8

后左侧内贴边

0.5

0.5
0.8

后右

后左

右接袖

0.7

0.5

0.5

0.3

0.5

左接袖

0.7

0.3 0.3

0.5

0.3

0.8

大襟内贴边

0.8

0.3

0.8

开衩

里襟

前左

开衩

0.8

前左侧内贴边

0.5

0.5

0.5

里襟侧内贴边

0.8

0.5

0.8

0.3

0.5

前右侧内贴边

0.5
0.8
0.5

前右

里襟底边内贴边

0.5

领面

0.3

领里

右 左

0.3

0.8

0.5

前底边内贴边

0.8

领内贴边

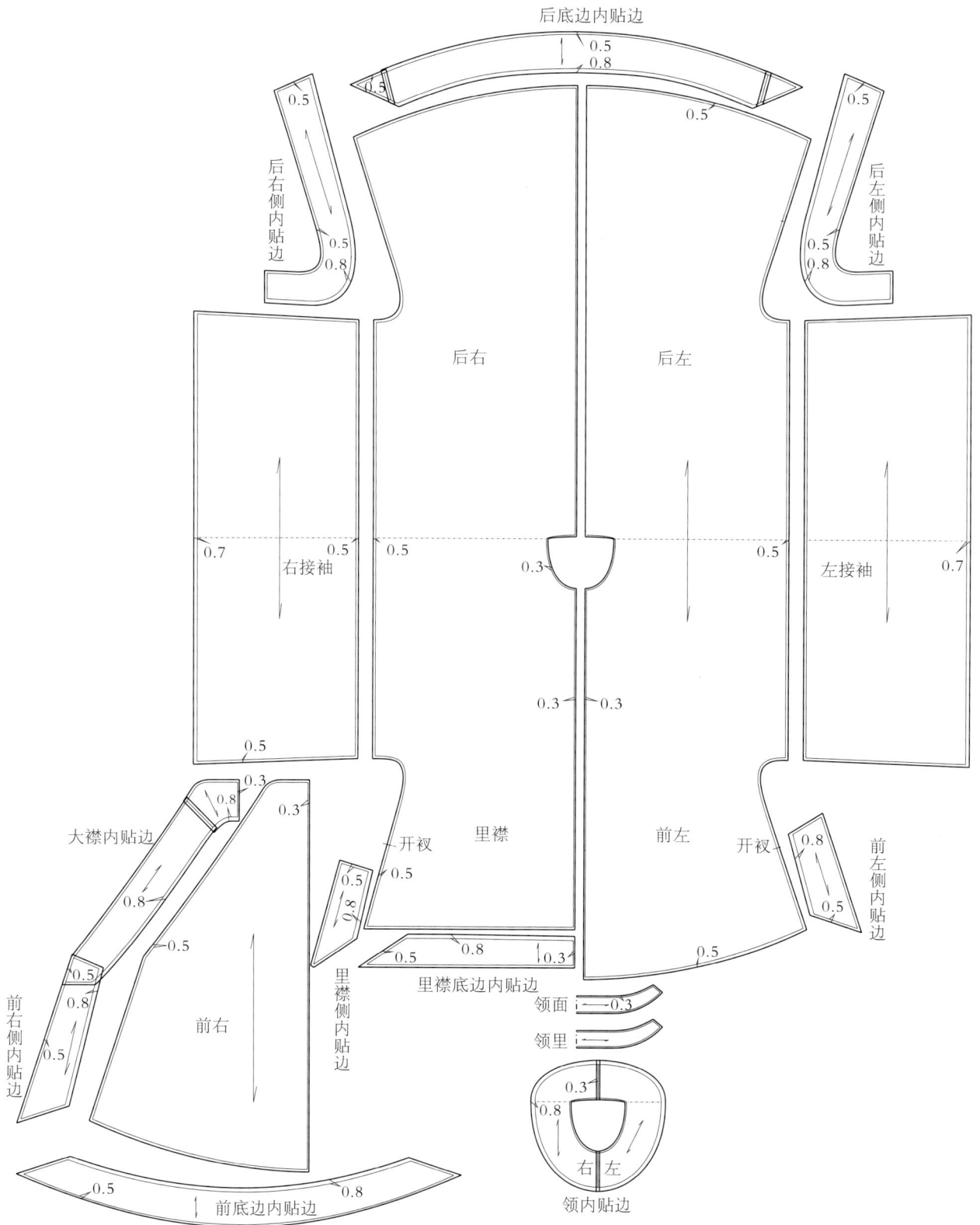

（c）主结构及贴边毛样测绘与复原

中华民族服饰结构图考　汉族编

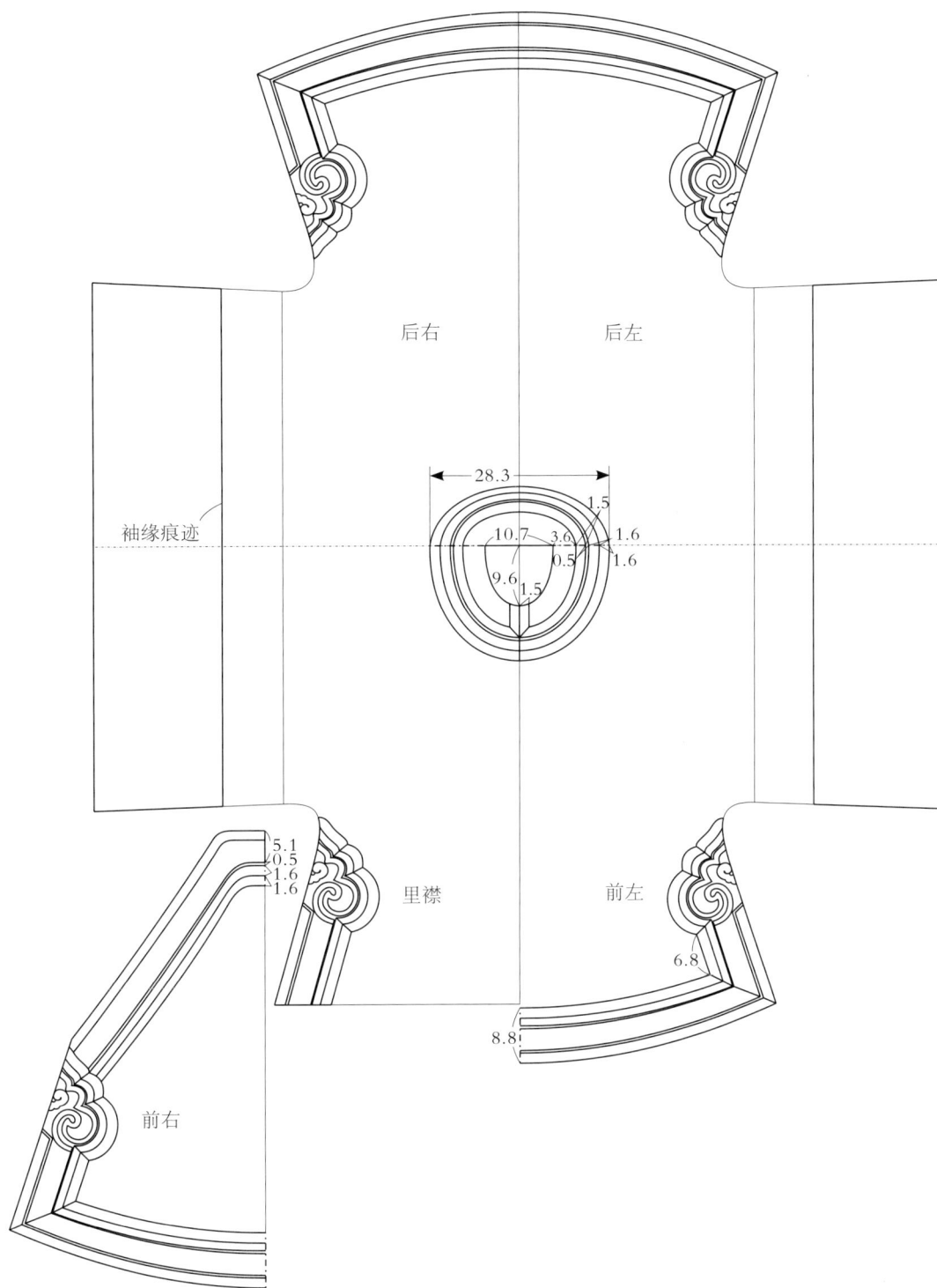

（d）饰边结构测绘与复原

图6-4　藕荷暗花缎镶绦子边大褂标本全息数据信息采集和结构复原

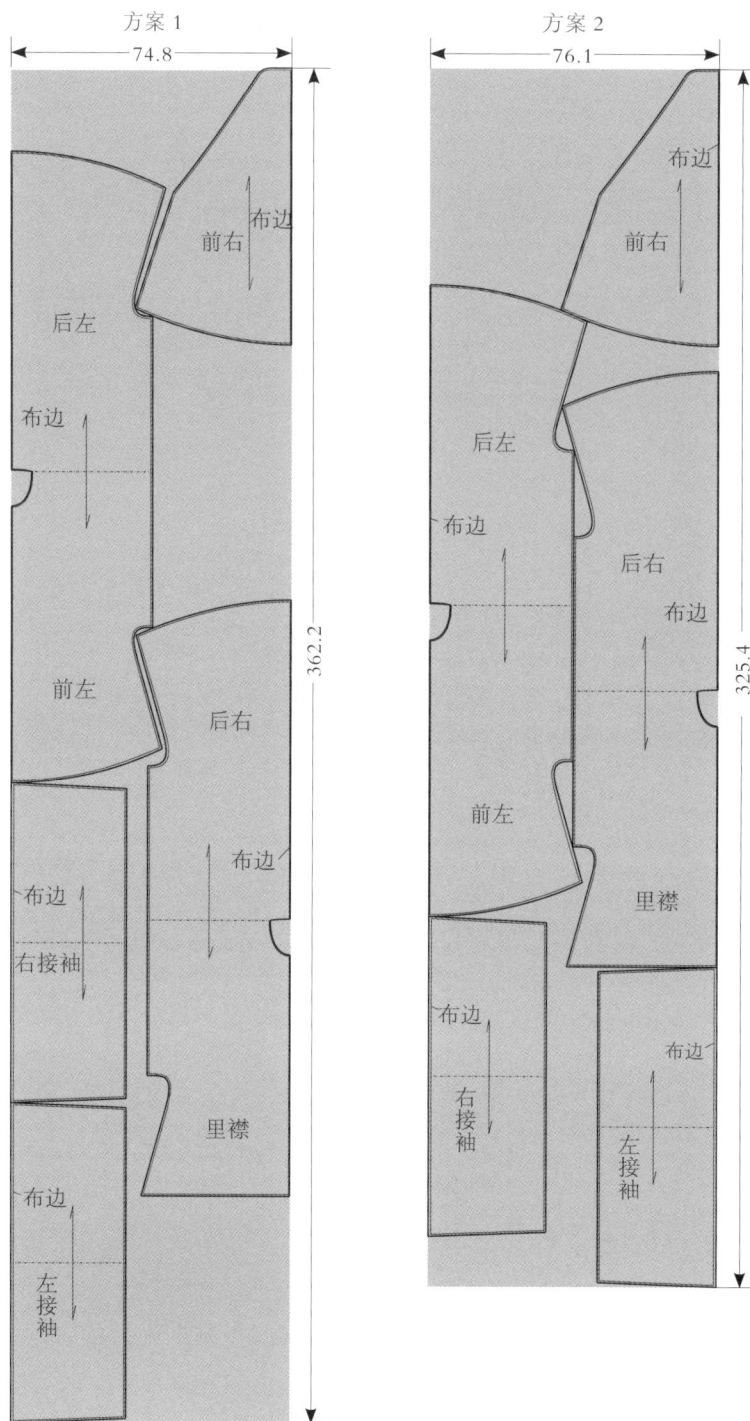

注 方案 2 更符合布幅要求，既省料又无须补角摆的模拟排料。

图 6-5 藕荷暗花缎镶绦子边大褂主结构毛样模拟排料图的用料分析

表 6-1　藕荷暗花缎镶绦子边大褂结构图不同排料方式产生的相关数据

排料方式	面料宽（厘米）	面料长（厘米）	长 × 宽（平方厘米）
方案 1	74.8	362.2	27093
方案 2	76.1	325.4	24763

二、橄榄绿提花绸敞袖短袄结构图研究

图 6-6　20 世纪初中华新女性的

　　　　经典——敞袖短袄

资料来源：《老照片·服饰时尚》。

清末民初民间的服装形制大体分为单、夹两种，通常情况下大褂都是以单层形式表现，但也有例外，如男装的马褂就是双层（夹），故称夹袄，客观上马褂就是夹袄的特殊表现形式。袍和袄多以双层表现，故也称夹袍、夹袄，但也有特例，如为了保护棉袍、棉袄而在它们的外边加一层外罩，虽然可以组合也可以单穿，但它仍然归在夹服类。短袄则是清末民初知识女性所特有的。

敞袖短袄是 20 世纪初期城镇知识女性中的流行款式，由留洋女学生和中国本土的教会学校女学生率先穿着，开放性是它的特点，使城市女性视为时髦而纷纷效仿。形制多为腰身窄小的大襟袄衫，衣长不过臀，下摆多为圆弧形，腰臀呈曲线，袖口呈喇叭形。张爱玲在散文《更衣记》中对这种文明新装有这样的描述："时装上也显出空前的天真，轻快，愉悦。'喇叭管袖子'飘飘欲仙，露出一大截玉腕，短袄腰部极为紧小"（图 6-6）。看得出它有西风东渐的痕迹，但它的结构仍未脱离中国固有的传统——十字型平面结构。

图6-7所示的标本是由兰花纹样的橄榄绿提花绸作为本料,与粉色棉衬里夹上填充棉集合而成的夹袄。整个裁片是由主结构、里襟、衬里、贴边等组成,并进行了全面的数据采集、绘制和复原。虽然此标本整体小巧,但里襟和贴边都有拼接现象,一方面说明节俭意识的牢不可破,另一方面说明标本的出身并不显贵(图6-8)。

主结构下摆外展不明显,可由一个布幅容纳,故后片完整,仅前中破缝以弥补大襟缝份的不足。这种由布幅决定设计的另一种结构样式,又一次证明了古典华服十字型平面结构理性精神的实践意识。两接袖线之间的距离为75.7厘米[图6-8(a)],我们无法从面料的外观上判断接袖线是否为布边,但依据之前普遍得到证实的样本案例,接袖线之间的距离75.7厘米恰好是这个时期常用的布幅宽度,这与蓝提花绸挽袖大褂、藕荷暗花缎镶绦子边大褂实物标本面料的幅宽(约76厘米)极为相近。

衬里材质为棉,作为常服棉衬里的使用除了可降低成本,而且有着更好的保暖性,也是民国初年服饰的社会风尚从繁饰逐渐过渡到朴素实用的例证。

民初以前的晚清服饰在领边、领口、袖口、大襟、开衩、底摆边等处均采用大量的缘饰工艺,晚清后由绲边工艺取代了繁复的缘饰工艺,这在结构设计和技艺上更需要巧思。这个标本几乎难以察觉的绲边结构,全手工缝制,极其严整,毫无偏差,正代表了这个时期的特点,也同样表现出这个时期缝纫技艺的规范与纯熟令人叹为观止(图6-9)。

标本——正面

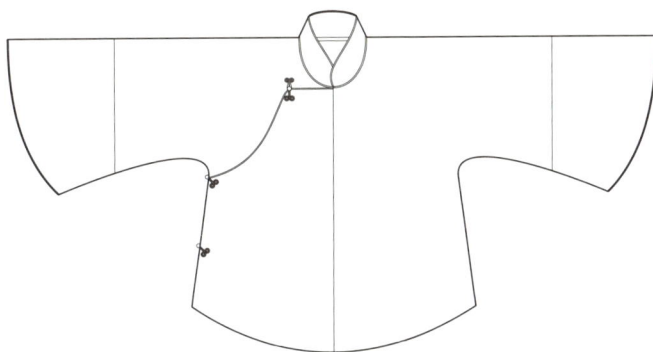

外观图——正面

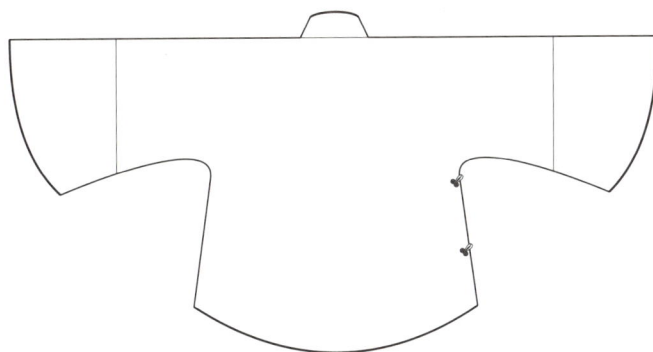

外观图——背面

图 6-7

标本——里襟

标本——棉里

图 6-7　橄榄绿提花绸敞袖短袄标本与外观图

资料来源：北京服装学院民族服饰博物馆藏品。

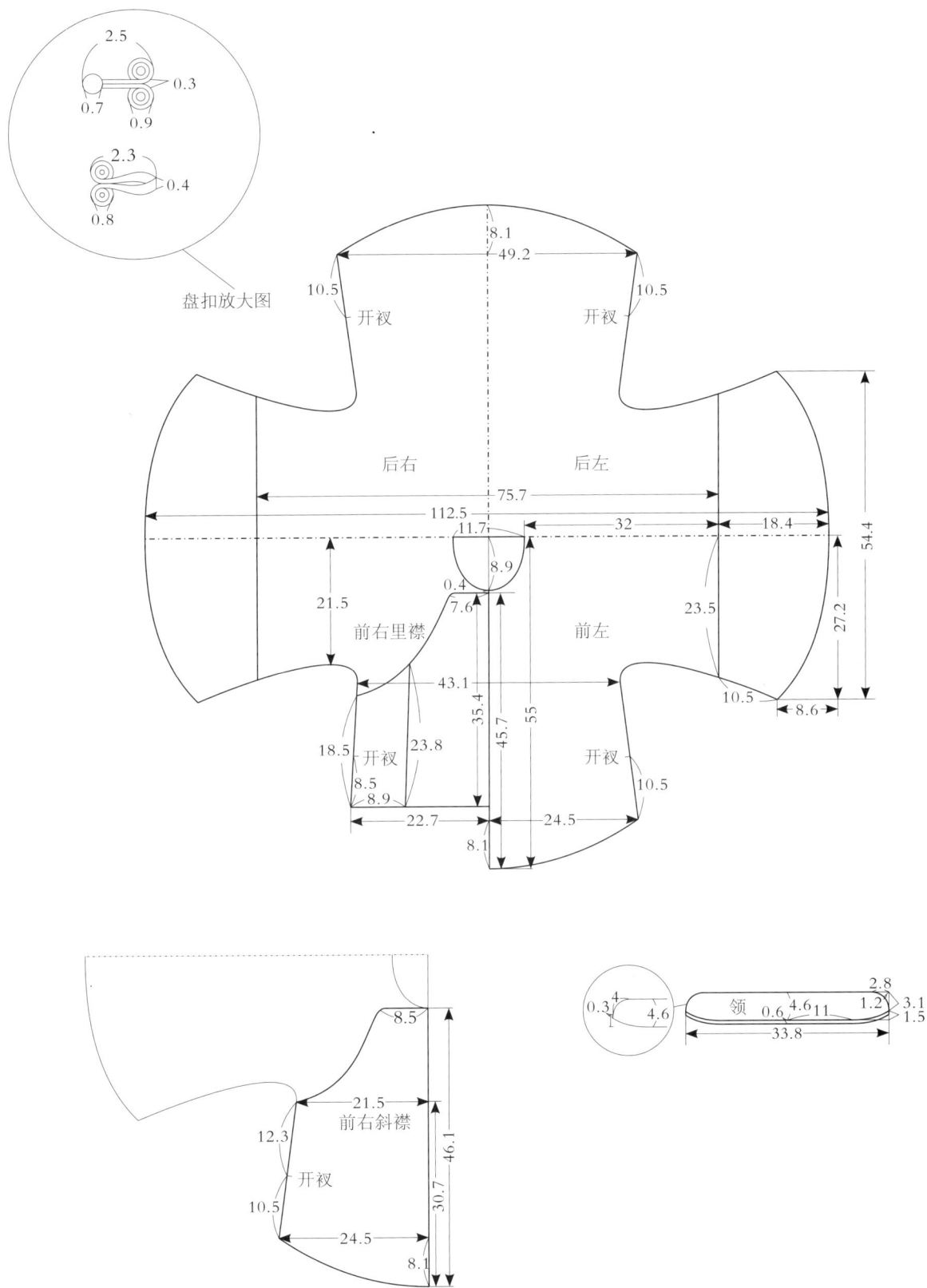

盘扣放大图

开衩　开衩

后右　后左

前右里襟　前左

开衩　开衩

前右斜襟

开衩

领

（a）主结构测绘与复原

图6-8

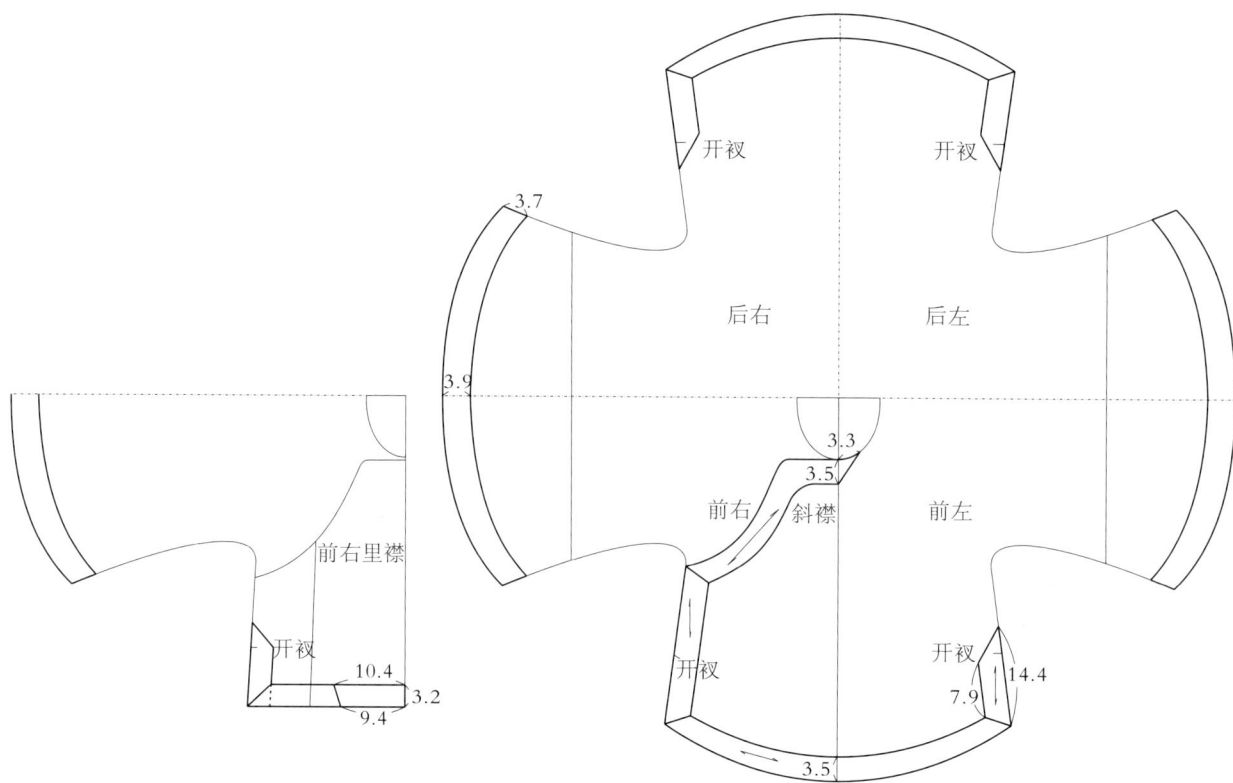

（b）贴边结构测绘与复原

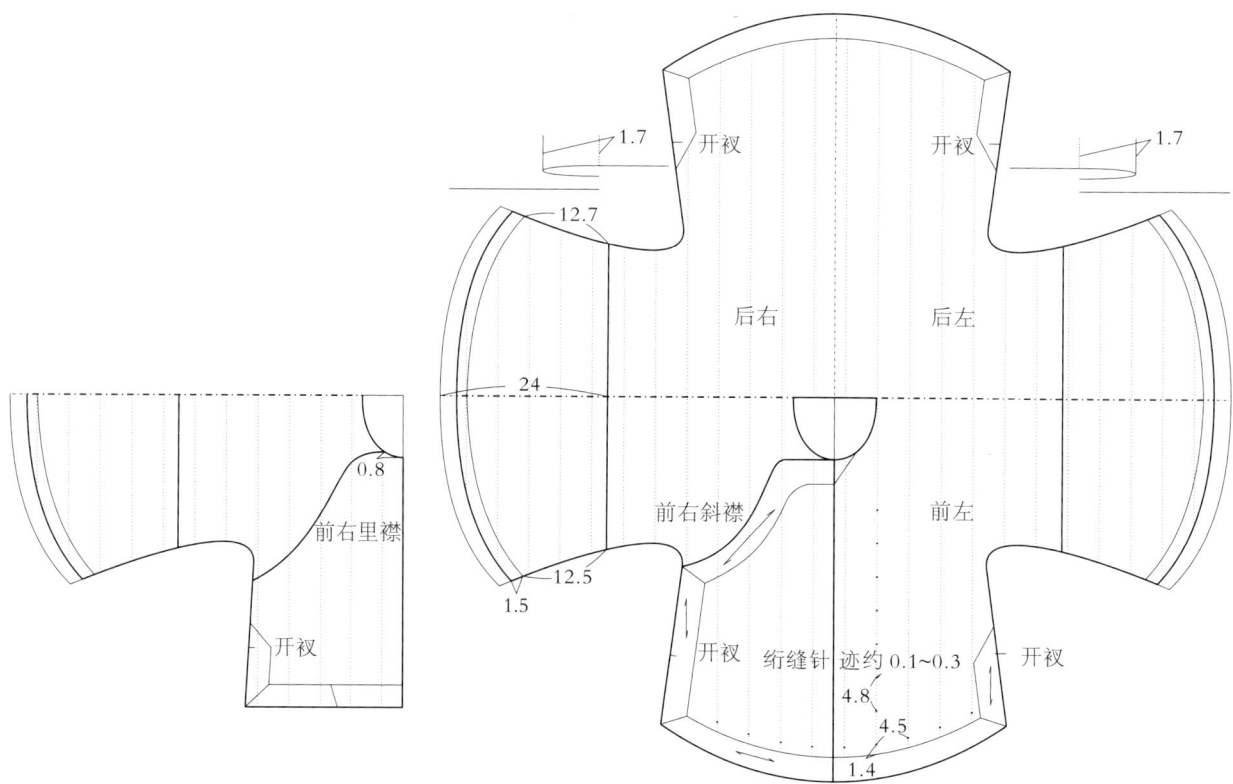

（c）棉衬里（反面）结构测绘与复原

中华民族服饰结构图考　汉族编

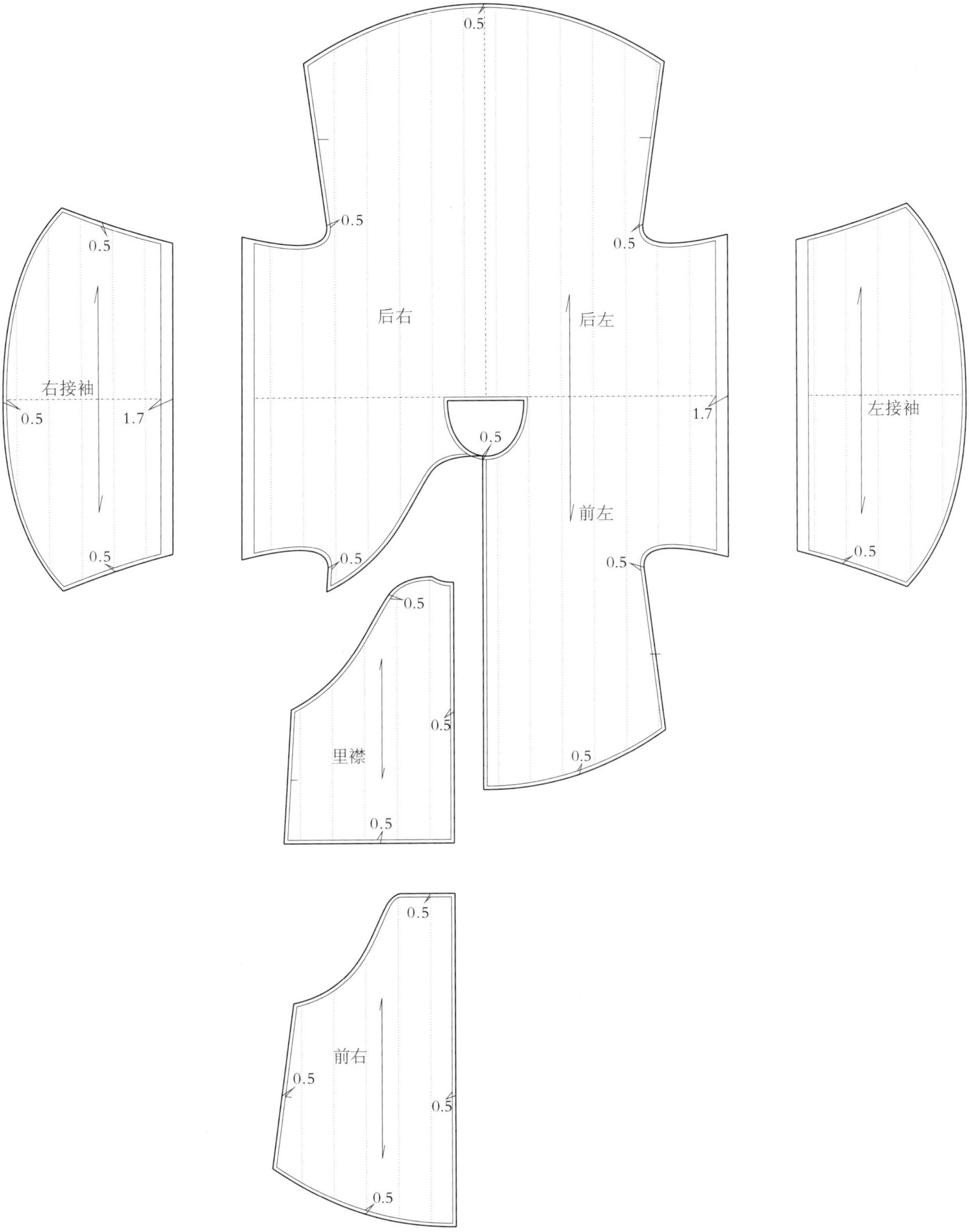

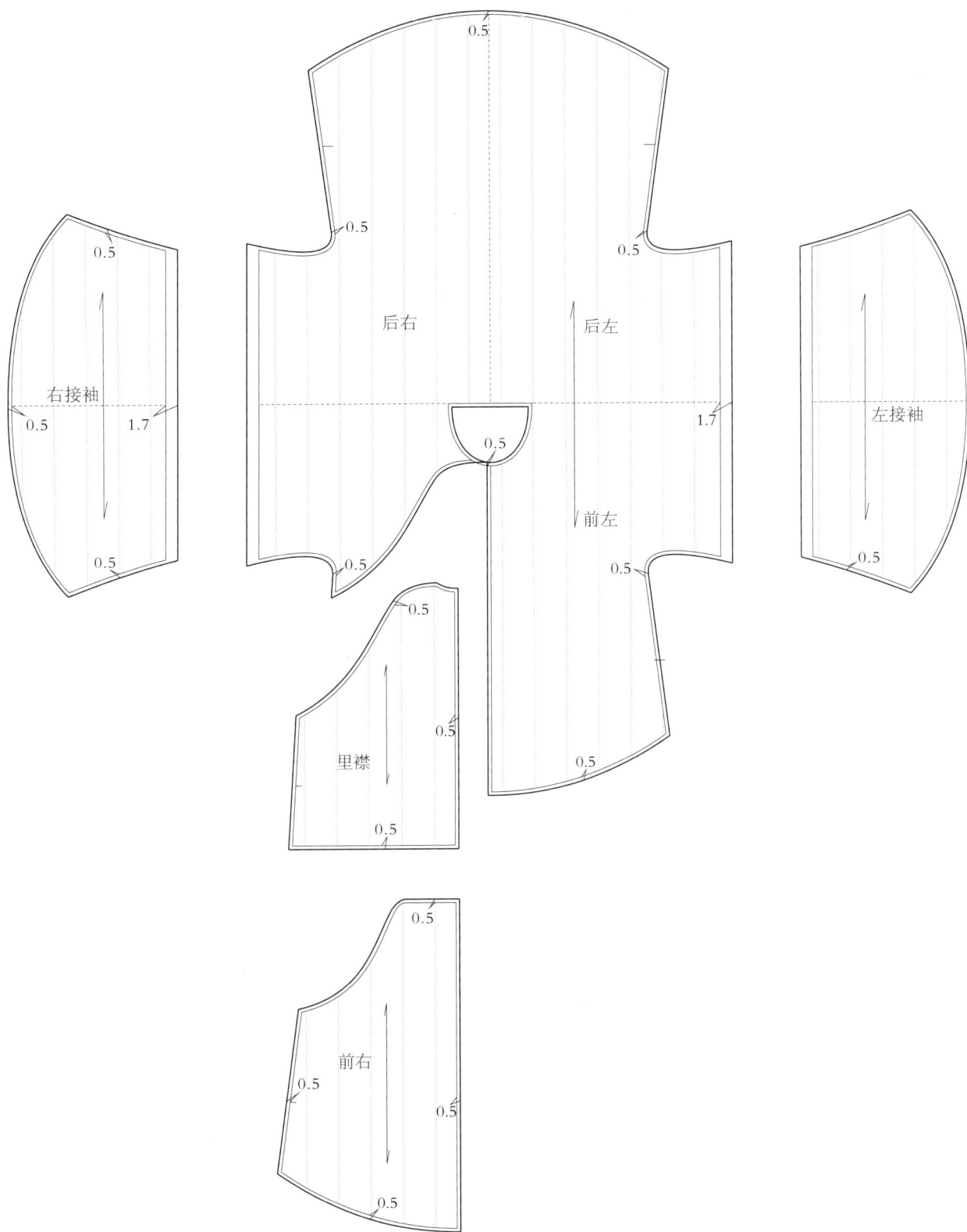

（d）棉衬里（反面）毛样分片测绘与复原

图 6-8　橄榄绿提花绸敞袖短袄标本全息数据信息采集和结构复原

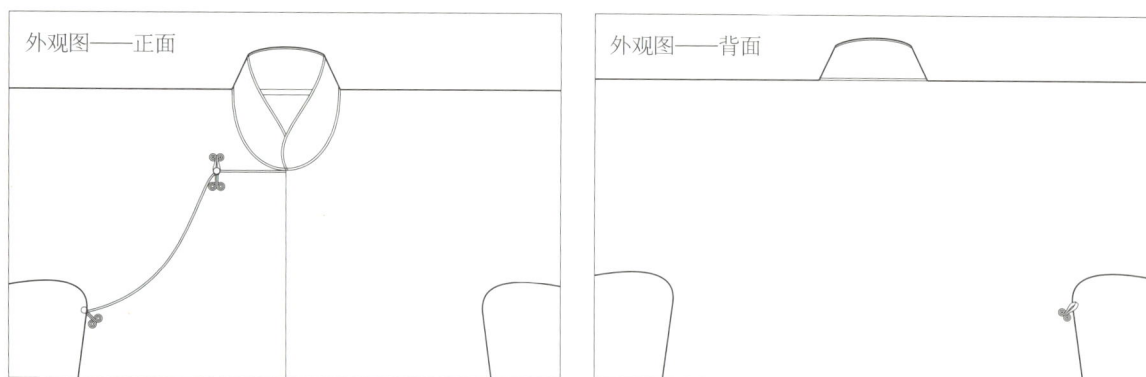

外观图——正面　　　　　　　　　　　　　　外观图——背面

标本——正面

标本——背面

图 6-9　橄榄绿提花绸敞袖短袄局部绲边工艺

三、绿提花绸三层袖短袄结构图研究

　　绿提花绸三层袖短袄，对这种特别的三层袖形制，有一种观点认为是受西南少数民族服饰千层衣的影响。然而通过对这件标本结构的深入研究发现，基本可以认定是为充分利用材料，用于夹袄袖口的多层设计既可保暖又便于更换内层磨损的面料，因此也就说明它不是当时贵族妇女的服饰，由于丝绸面料的昂贵，在至少中产以下的家族中，最需要对它精雕细琢和充分利用，这件藏品是很具代表性的。它的造型基本元素也具有时代的典型性：右衽大襟，直立领，盘扣4粒，两袖平直，至袖口渐窄，腋下至下摆渐张，手工艺仍然精致考究（图6-10）。结构上前后中破缝，有里襟，连裁肩袖，仅接袖部分为三层，采用全里，在袖端和大襟上镶嵌有各色饰边。内层接袖亦镶嵌有绦子边，内层袖比外层袖依次长出1厘米左右。对其主结构、饰边、衬里结构进行详细的数据采集和绘制，以获取特殊标本更翔实的信息（图6-11）。

　　衬里同主结构形制相似为连裁肩袖，包括接袖衬里、里襟衬里等。直立领内侧有拼接，大襟衬里有一小补角摆（图6-12）。

标本——正面

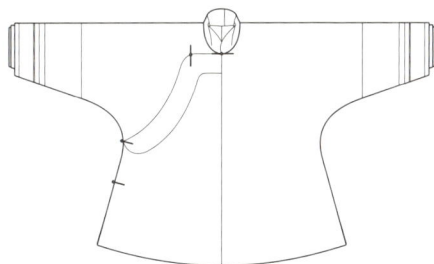

外观图——正面

图6-10

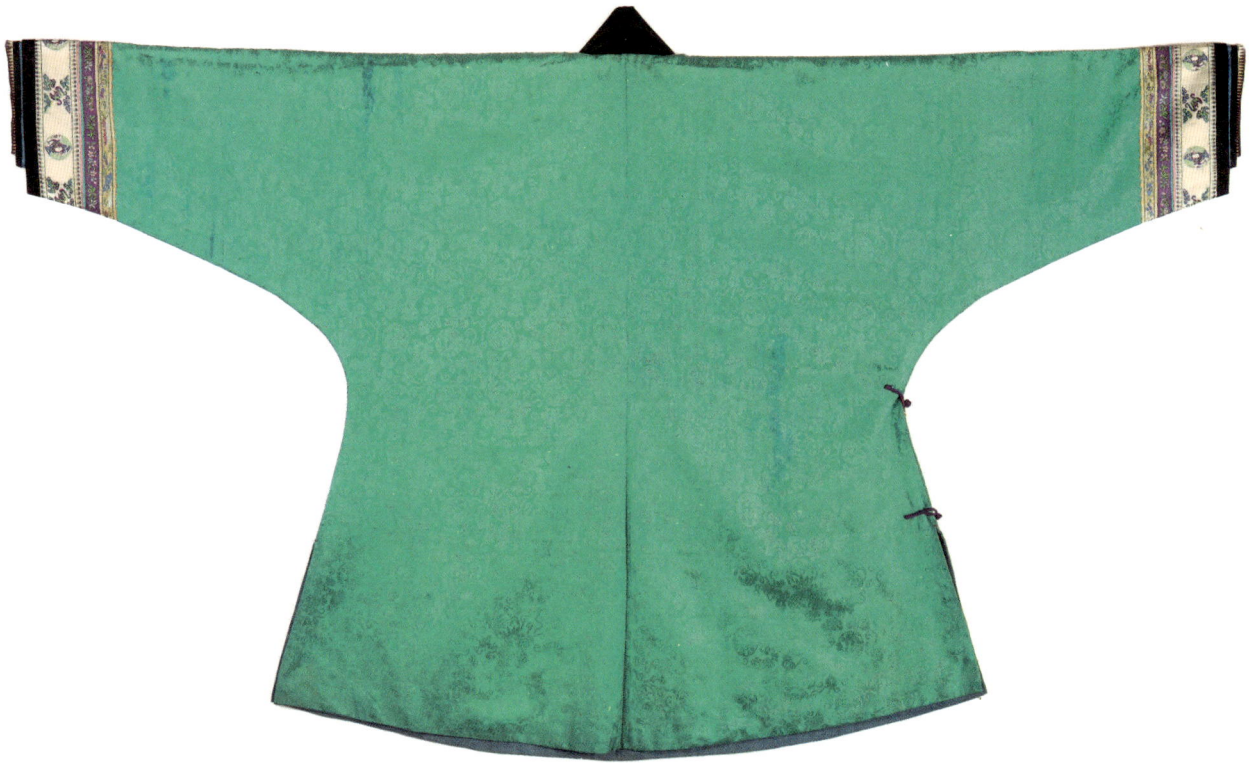

标本——背面

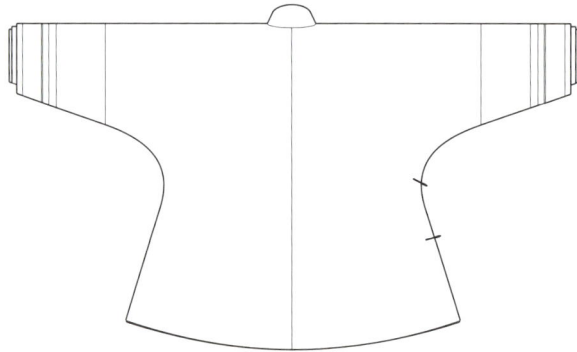

外观图——背面

图 6-10　绿提花绸三层袖短袄标本与外观图

资料来源：北京服装学院民族服饰博物馆藏品。

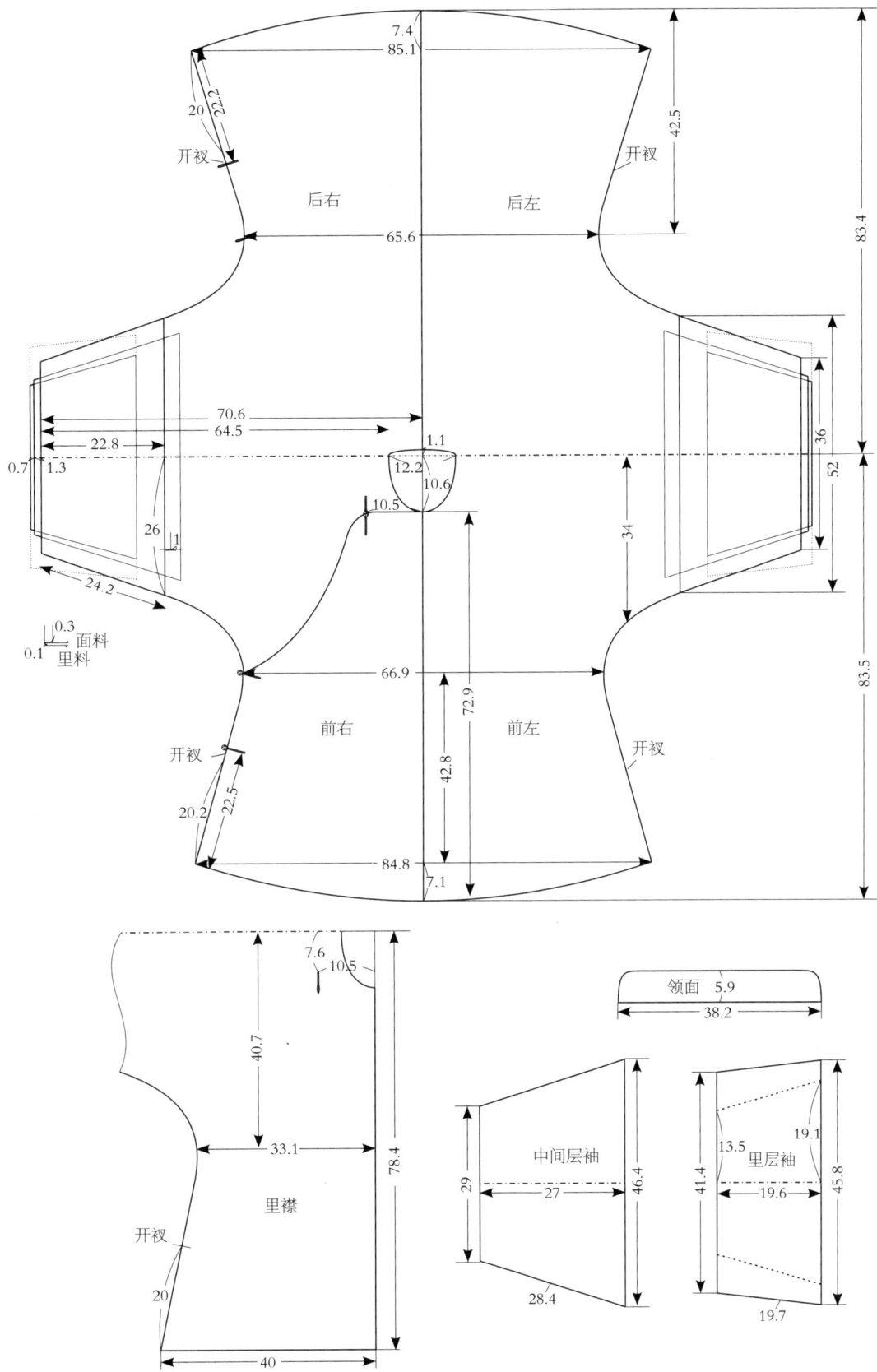

7.4
85.1

20　22.2

开衩　　　开衩

后右　　后左

42.5

65.6

83.4

70.6
64.5

22.8

36

0.7　1.3

1.1
12.2
10.6

52

26　1

10.5

24.2

34

0.3　面料
0.1　里料

66.9

72.9

前右　　前左

开衩　　　开衩

42.8

20.2　22.5

83.5

84.8
7.1

7.6
10.5

领面　5.9
38.2

40.7

33.1

78.4

里襟

中间层袖

里层袖

29

27

46.4

19.1

41.4　13.5

19.6

45.8

开衩

20

40

28.4

19.7

（a）主结构测绘与复原

图 6-11

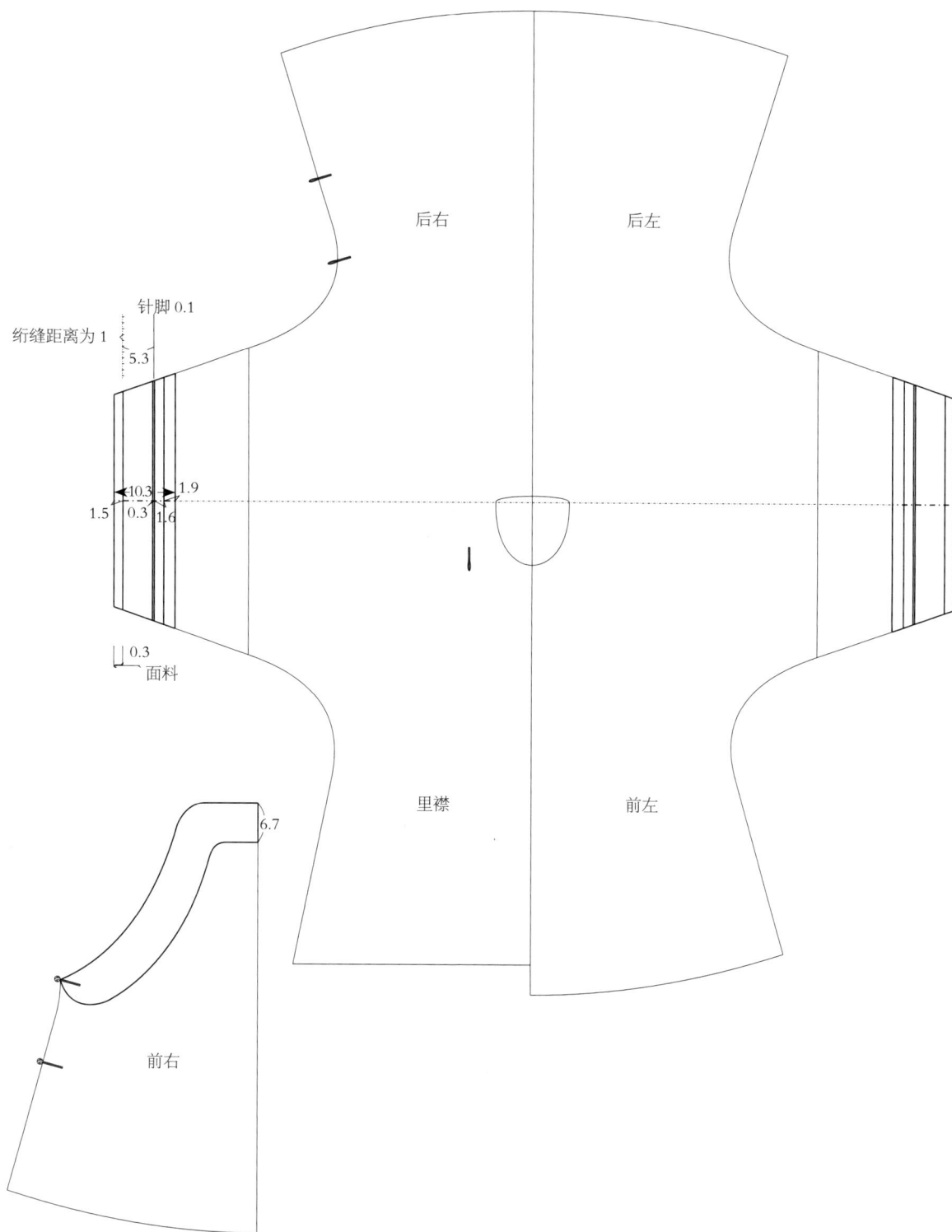

后右　　　　后左

针脚 0.1

绗缝距离为 1

5.3

10.3　1.9

1.5　0.3　1.6

0.3

面料

里襟　　　前左

6.7

前右

开衩

后右　后左

├─── 42.3 ───┤

11.1
针脚 0.1　　绗缝距离为 3.5～4

└┐1

└┐面料
0.1 └┘里料

前右　前左

开衩

4 ┐4.2
1.1

里襟

开衩

领里　6.2
├── 20.5 ──┤├── 18.6 ──┤

中间层袖　里层袖

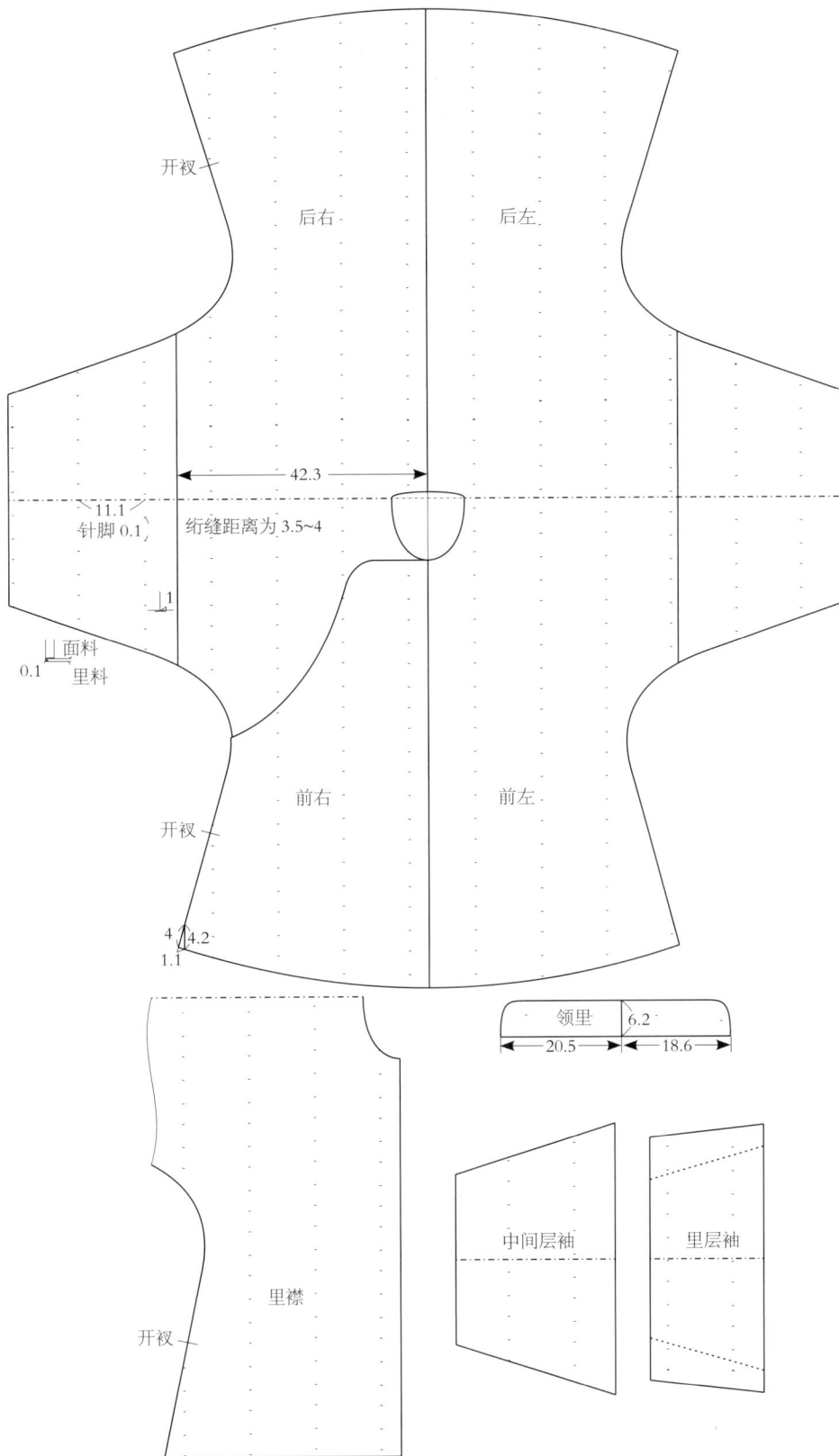

（c）衬里（反面）结构测绘与复原

图 6-11　绿提花绸三层袖短袄标本全息数据信息采集和结构复原

标本——衬里

衬里补角摆局部

图 6-12 绿提花绸三层袖短袄标本衬里下摆处出现补角摆

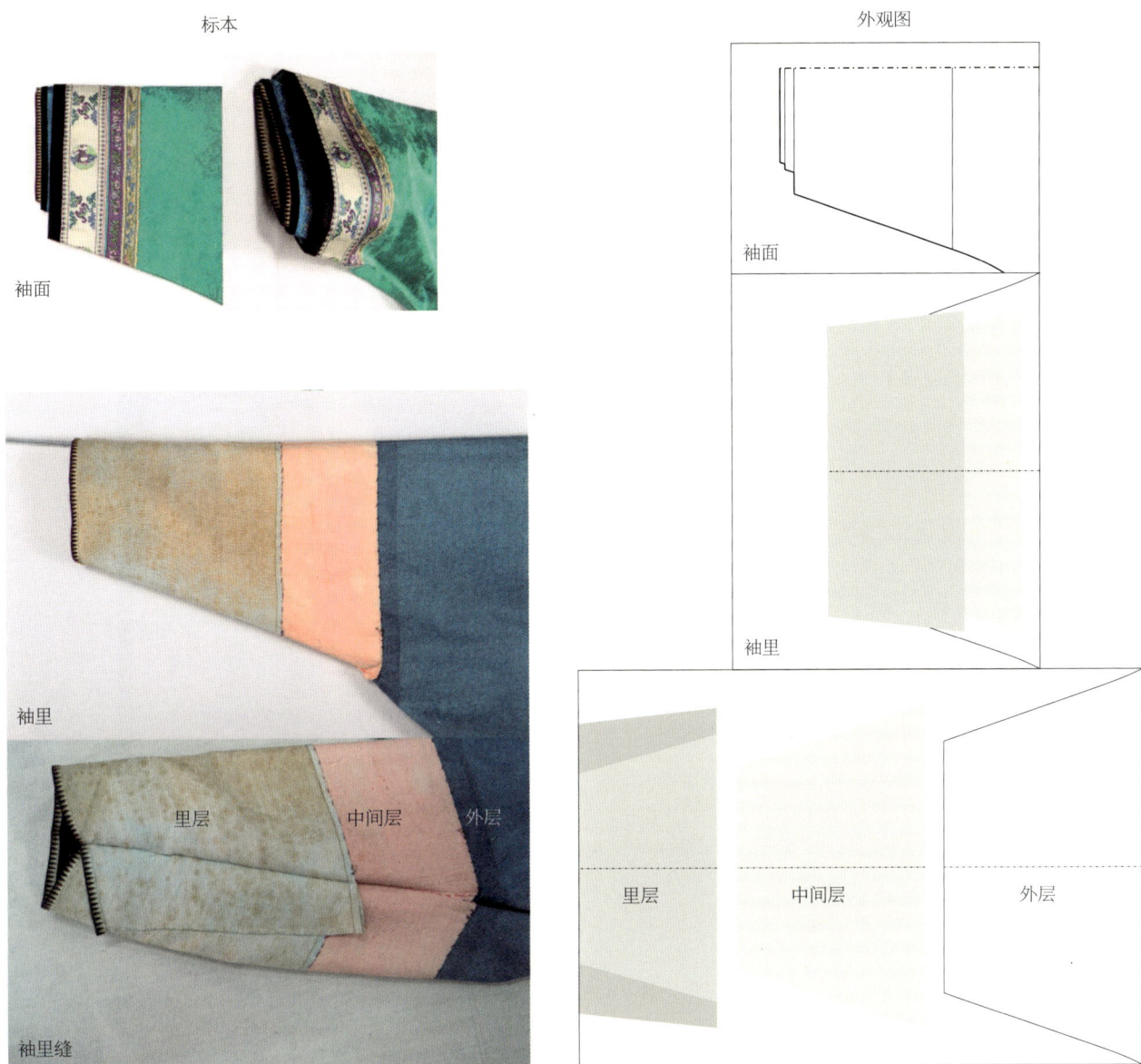

图 6-13　绿提花绸三层袖短袄三层接袖结构与外观图

　　三层袖分布在接袖部分，最外层用蓝色衬里，中间层用粉色衬里，长度与表层接袖相等。里层用白色衬里，长度约在中间层的 2/3 处，里层袖口的实际尺寸为 27 厘米，但实际裁剪的时候达到 41.4 厘米，比主袖和中间层袖的袖口要宽，多余的部分折起来固定（图 6-13）。可以推测这是一块下脚料，用在内袖时有富余，但不剪掉它，以保持织物的完整性，尽量不破坏其原物面貌以备更换下来他用，这种敬物与节俭意识可见一斑。

通过这件特殊标本结构的综合分析可以认为，多层袖用于夹袄和窄袖上与增加保暖性有关，真正的动机却是充分利用边角余料，这种由节俭意识所积淀的敬畏自然、崇尚自然的贫民美学比不计工本的宫廷美学更值得重视。它看上去像穿了好几件讲究的衣服（每层都使用贴饰处理），若磨损了可以更换，既实用又美观。这种多层样式在中华服饰的历史中总是暗示着富贵，早在汉代贵族的深衣中就普遍存在，汉代深衣衣领通常用交领，外层领口很低，露出内衣，领口重叠最多达三层以上，越靠近内侧交领收得越紧而形成三重衣（图6-14）。有关服装史料是根据出土的陶俑和文献来推测服装的形制，没有实物标本的情况下并不清楚内部结构如何，现在看来命名三重衣就未必准确。如果它的形制如同三层袖的话，也可能是交领的层叠，而非穿着三件交领高低不同的衣服。那么，除汉代深衣三重衣以外，是否还存在着三层领的深衣？绿提花绸三层袖短袄的结构研究为我们提供了这种可能性，何况作为远古服饰活化石的中华原住民少数民族服饰中也有这种遗存。可见实物标本考据的重要。

从清末民初丝质大褂短袄三件实物标本结构数据和特征的综合分析看，丝质比麻、棉质地的服饰整体上要考究得多，在结构上严整内敛，如下摆保持完整结构，很少使用"补角摆"，若使用多隐藏在内部结构中。这种因材施制是偶然，还是精心营造，实物标本可以零距离从结构考案中得到更多更有价值的信息，且真实可靠（表6-2）。

图6-14　楚墓陶俑右衽交领三重衣

资料来源：美国波士顿美术馆藏品。

表 6-2　清末民初丝质常服大褂、短袄的数据和特征　　　　　　　　　　　　　　　　　　　　单位：厘米

标本		藕荷暗花缎镶绦子边大褂 （HAN 1459）	橄榄绿提花绸敞袖短袄 （HAN 634）	绿提花绸三层袖短袄 （HAN 1188）
外观图				
款式特征	领	立领右衽，后领下凹	立领右衽，后领下凹	立领右衽，后领下凹
	袖	两袖平直，袖长至手腕，宽袖	两袖平直，袖长过肘，宽袖口	两袖平直，袖长至手腕，三层窄袖口
	衣身	收腰宽摆、左右开衩，衩头沿边有如意云头纹样	收腰，下摆微张	收腰宽摆
衣长		82.6	55	83.5
立领高		2.7	4.6	5.9
袖展		134.5	112.5	141.2
袖宽		41	21.5	34
袖口宽		42.2	27.2	18
袖缘宽		20.8	0	10.3
腰宽		65.3	43.1	66.9
下摆宽		81.3	49.2	85.1
摆缘宽		8.8	0	0
保存情况		基本完好	保存完好	保存完好

第七章

复制与继承

　　在对清末民初汉族古典华服进行了深入细致的结构研究之后，又选取黑色团花织锦缎马褂、蓝提花绸挽袖袍服和靛蓝土布黑边大褂三件实物标本进行了复制工作。选取这三件标本是因为它们作为时代特征，无论是工艺手法、装饰风格还是结构形态都具有代表性和典型性。特别考虑结构与面料关系的如何处理，包含男装和女装，棉质和丝绸，在保持古典华服"十字型、整一性、平面化"结构基础上通过系统和细致的复制工作，为深入研究、认识和体验清末民初汉族古典华服结构所透露的相关信息提供了实验过程和真实的摹本（图7-1）。

标本

复制品

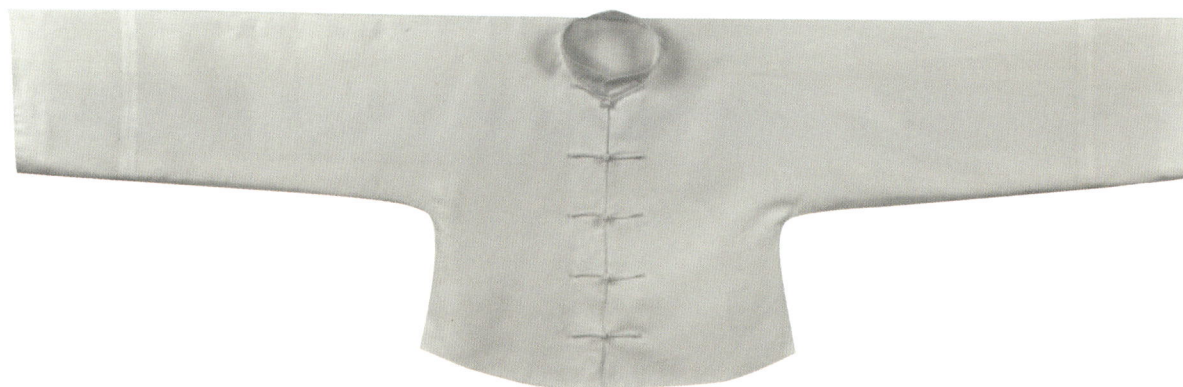

（a）黑色团花织锦缎马褂

标本

复制品

（b）蓝提花绸挽袖袍服

图 7-1

标本

复制品

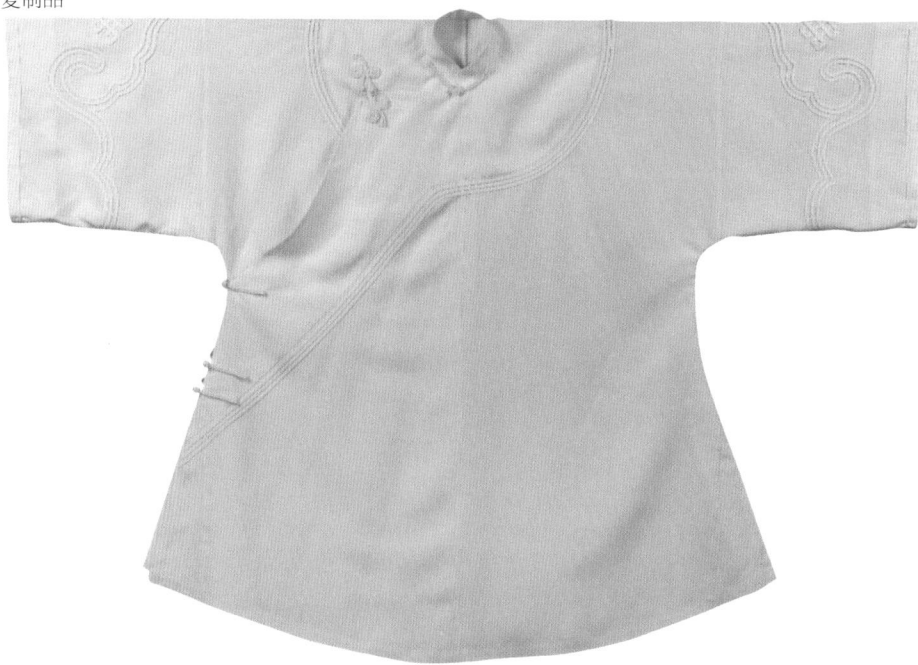

（c）靛蓝土布黑边大褂

图 7-1　标本及复制品

一、复制的取舍

复制几乎不可能依照实物进行原原本本的复原，因为现实的条件和心态是不能复原的，因此复制的取舍不可避免。

清末民初至今相隔有一个多世纪，在这一百多年中，社会生活的各个方面都发生了天翻地覆的变化，我们已找不到和从前那个时代一模一样的面料和辅料。无论是面辅料的材质、颜色、图案，还是服装制造信息等，现代与当时相比有了很大的进步，而一部分工艺的失传也使得某些手工艺无法复制。我们研究的主体是清末民初汉族古典服饰结构，复原的重点也就落在了古典华服的结构上。因此，在面料的选取上选择了单一白色麻料，主要基于表现质感的原始性。选择单一的白色是因为白色利于弱化外观，突出研究主体，使结构的内在性尽可能地得到表现。

贴饰和衬里的辅料选择同衣身一样的白色系是因为图案装饰不是表现的重点，弱化外观处理是为了避免色彩醒目而喧宾夺主，使之融合在结构中。因此，这种复制更强调在服装结构上去体验古人的造物意匠。

在对古典服饰进行结构数据的采集与考证过程中，由于与实物接触的时间有限，也由于文物的珍贵和古时丝、棉、麻织物的易腐蚀性，为了最大限度地保护藏品不受损伤，对于接缝处折向里面的缝份大小、针距、针迹的细节情况不可能做破坏性调查，还有很多工艺上的针法等也无法及时记录下来。而中国古典服饰恰恰是轻裁剪重工艺的传统，所以对工艺上的调查心有余而力不足，好在它们对结构的研究影响不大。

由于时代变化、技术发展，原来全手工缝制的工艺在复制中几乎都改用机缝，工艺上的针法、缝法也无法复原，这种无奈的违时而动，使我们更深刻地认识到文物不能复制的道理。由此可见，无论是客观因素还是主观因素都无法复制祖先的遗物，即使是距离我们最近的清末。所以，复制的真正意义是体验而不是继承。

二、黑色团花织锦缎马褂标本的复制

　　黑色团花织锦缎马褂在复制中的面料与里料都采用麻料，只是质感略有不同，故将表面有肌理感的麻料作为里料。依照实物贴边与面料为相同材质，在复制中也采用相同的麻料（图7-2）。

　　实物前襟内贴边有拼接，复制时做化零为整处理。这样做是将今天与古人所处年代对物质态度的比较：古人是在物质相对匮乏的年代充分利用织物的边角余料，所以在视线以外的贴边结构上普遍出现了拼接现象，物尽其用的做法体现出古人的节约意识。现代技术发展、物质资源的丰富，面料幅宽上都比从前有了大幅提高，节约意识也越来越淡，值得思考的是这件作为当时贵族的服装从各种迹象看是不惜工本的，而唯有在面料节俭上坚守着，或许我们还无法理解没有贫富之分的这个普世的传统美德（图7-3）。

标本

复制品

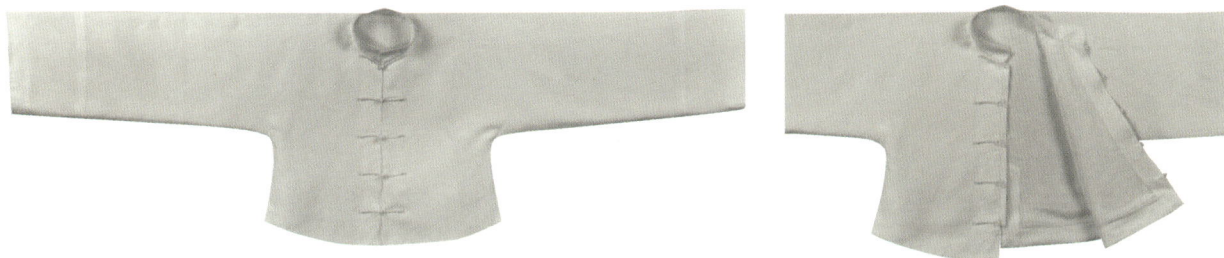

服装部位	特征描述
造型特点	直领对襟
衣长	至胯部
大襟	对襟
领	立领
肩部	无肩缝
袖	通肩袖，接袖口
袖长	长过手腕
腰身	直腰身
盘扣总数	5 个
下摆形状	弧形下摆
下摆开衩	后中及左右侧各一个
贴边位置	领、袖、前门襟、底边、衩
缝制方式	以机缝为主

外观图

图 7-2 黑色团花织锦缎马褂标本与复制品信息

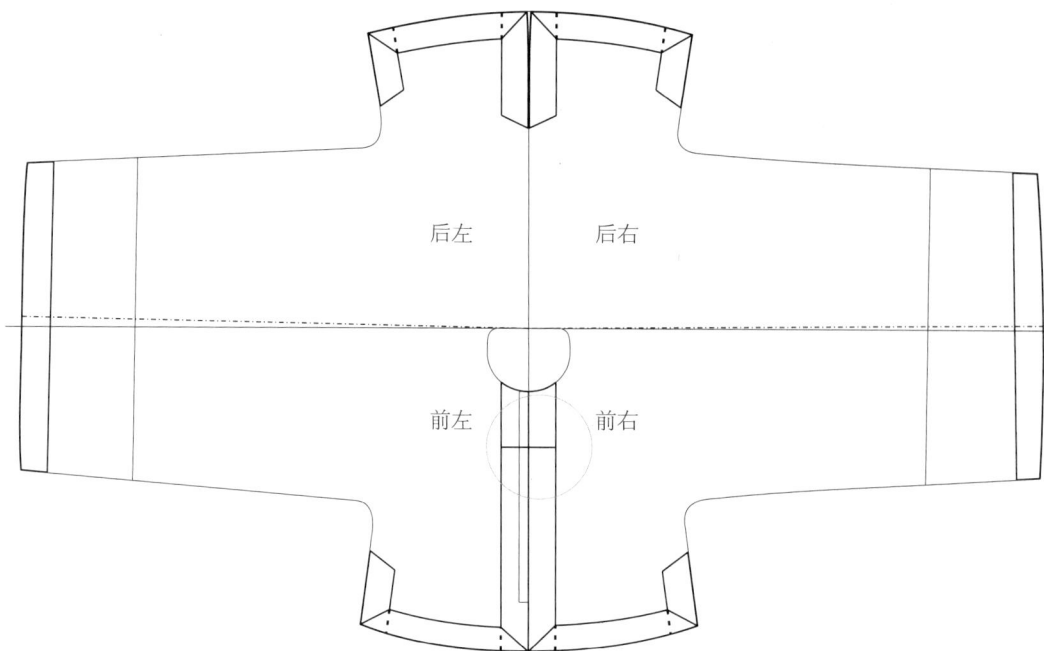

后左　　后右

前左　　前右

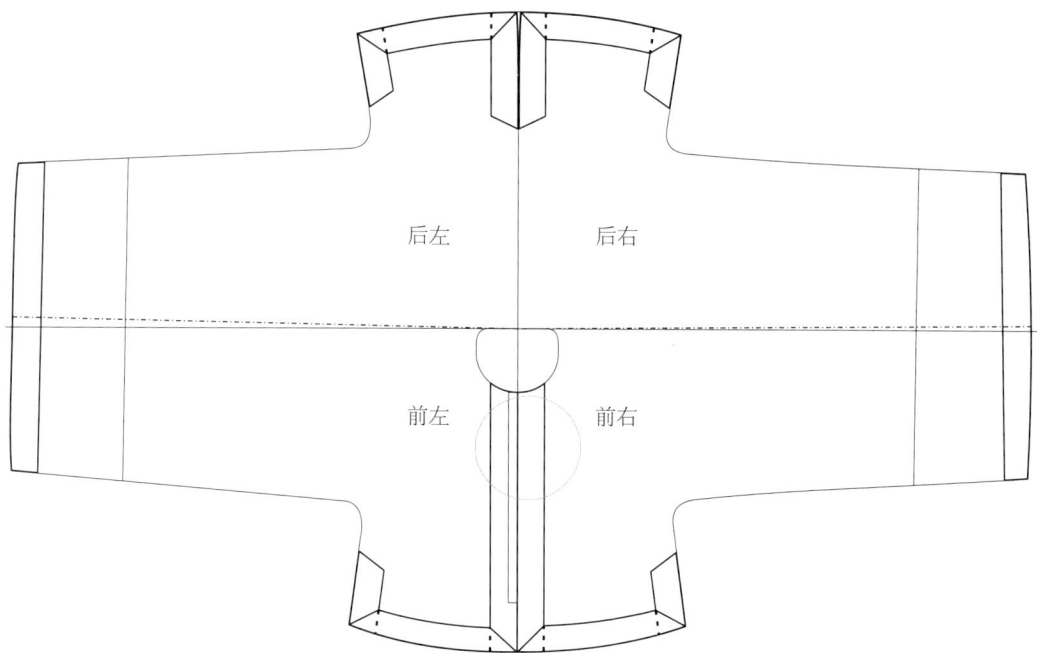

复制品——内贴边

图 7-3　黑色团花织锦缎马褂标本与复制品内贴边结构对比

实物盘扣纽头直径为 0.8 厘米，纽襻宽为 0.3 厘米，整体非常小巧，制作精致。复制品纽头直径为 1 厘米，纽襻宽为 0.5 厘米，整体尺寸粗大，现代的手工艺已经达不到古人的技艺和心境（图 7-4）。

黑色团花织锦缎马褂实物为全手工缝制，缝份很小，普遍采用 0.5 厘米的缝份，最大的缝份也只有 0.8 厘米。复制品采用机缝，为了防止布边脱散，缝份加大，最大的后中缝份达到 1.5 厘米。

黑色团花织锦缎马褂实物有面料、衬里，还有贴边。从复制品的后中开衩边缘处（箭头位置）可见到面料、衬里和贴边三层（图 7-5），实物的开衩边缘处只能见到面料与贴边两层。从复制品的结果可以看出现代的工艺师傅是将面料与衬里合好后，再将内贴边作为装饰物附加在衬里上。显然，现代的工艺师傅不解其意，实物贴边的作用是包覆毛边和起加固作用，古人巧妙地处理好了面料、衬里、内贴边的关系。而复制品缝份处变厚，并且内贴边没有起到包覆缝份的作用，只起到了装饰作用，这在古人看来是不会出现的，因为装饰不会放在衣服内部，同时它不符合传统的尊卑观。

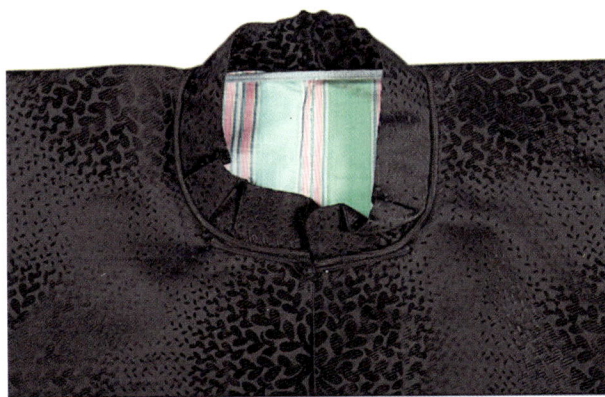

标本

复制品

图 7-4　黑色团花织锦缎马褂标本与复制品盘扣对比

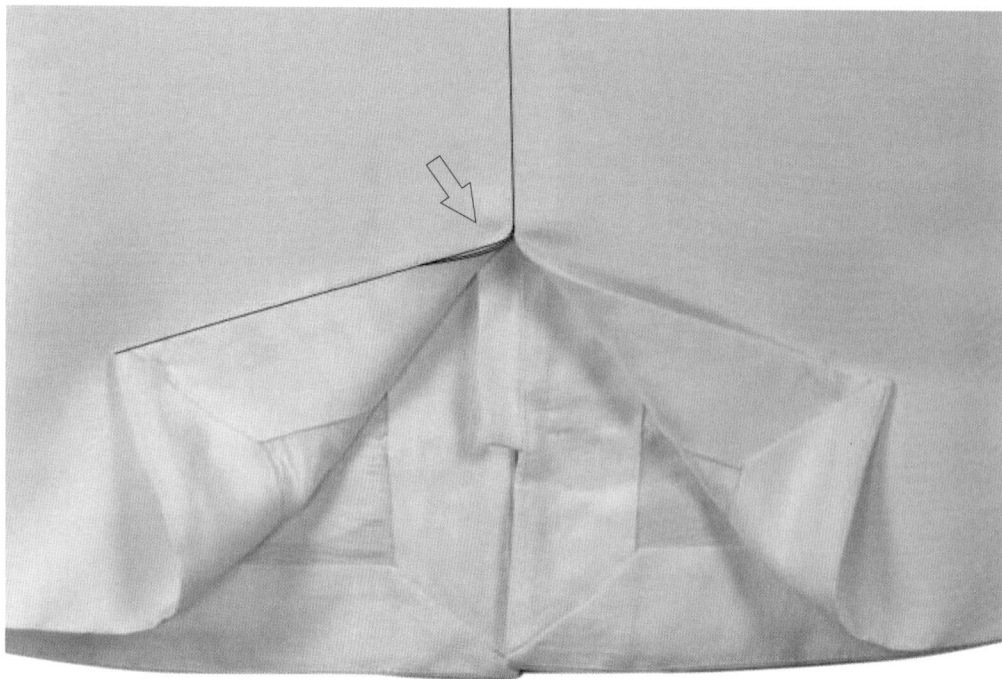

图 7-5 黑色团花织锦缎马褂复制品后中开衩处理形式大于内容

三、蓝提花绸挽袖袍服标本的复制

蓝提花绸挽袖袍服标本的主面料及领口、大襟、下摆边和开衩处的黑色绲边在复制中采用白色麻料代替，处理方法采用麻料不同肌理及层次的微小差别来区分主面料与绲边。复制中主观上减小主面料与绲边的对比，为的是弱化外观突出结构。实物袖口、领口、大襟、下摆边和开衩处的装饰花边在复制中采用有暗花图案的白色丝绸代替，丝绸比麻的光泽度高，符合饰边的装饰功能，当然这不是原物的初衷亦出于无奈（图 7-6）。

在对蓝提花绸挽袖袍服标本的复原中，贴边结构大大简化，复制品贴边通过加大缝份量，用里外缝工艺包覆毛边。虽说这样做使得复制品外观洁净，并且里外缝用机缝处理缝制效率更高，但今人没有办法真正体会到分裁贴边可以有效地使用边角余料、增强内侧耐磨性和对技艺的精致表达（图 7-7）。

标本　　　　　　　　　　　　　　　　　　复制品

服装部位	特征描述
造型特点	右衽大襟
衣长	至足踝
大襟	右衽大襟
领	立领
肩部	无肩缝
袖	通肩袖
袖长	至手腕
腰身	收腰宽摆
盘扣总数	5个
下摆形状	弧形下摆
下摆开衩	左右各一个
绲边位置	领、前襟、底边、衩口
缝制方式	以机缝为主

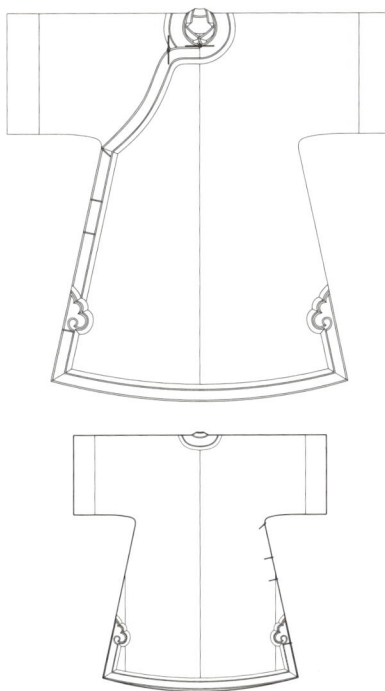

外观图

图7-6　蓝提花绸挽袖袍服标本与复制品信息

（a）标本

后右　　后左

前右　　前左

（b）复制品

后右　　后左

前右　　前左

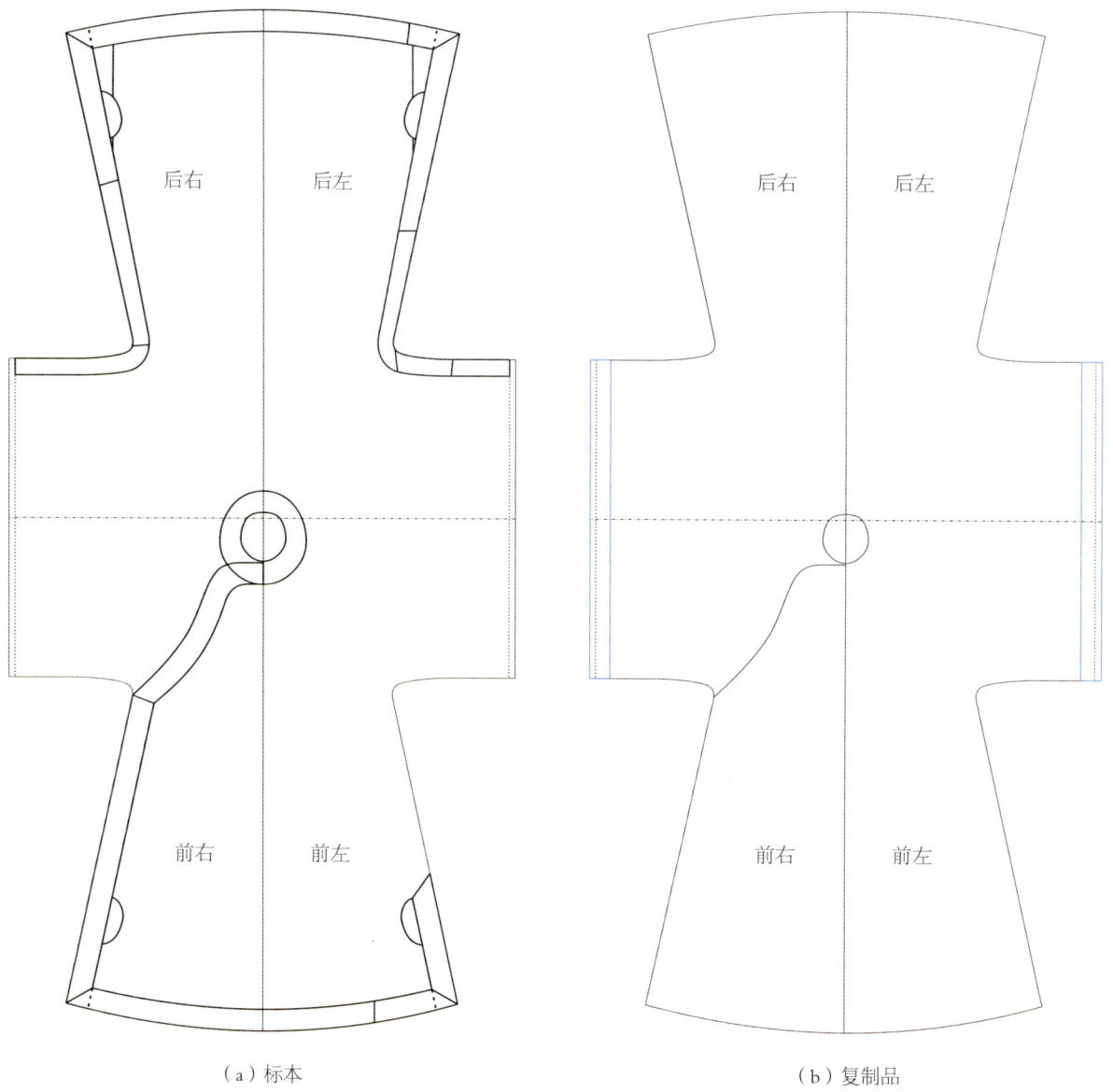

图 7-7　蓝提花绸挽袖袍服标本与复制品内贴边结构的对比

实物的立领饰边做工精致、追求层次感，领口边缘处镶有装饰边，再在其上做绲边。复制品的立领领口仅将实物立领上的花边在复制中用装饰边代替，领口边缘没有做绲边，其结果使领口显得单薄，缺乏层次感与完整性，装饰边显得孤立而突兀。这可能是先人充分利用边角余料耗时、耗工用于堆砌饰边的美学实践而不为今天的我们所理解（图7-8）。

实物领口的绲边为单层双面绲，绲边宽度与折入宽度不等，使得绲边缝份与里侧缝份错开，同样也使得立领与里侧缝份错开［图7-9（a）］，减少了领口处的厚度，使外观平服。复制品中领口的处理方式是绲边宽度与折入宽度相同，绲边缝份、里侧缝份和立领重合在一起［图7-9（b）］，无疑复制品的领口比实物要臃肿，但工艺并没有简化。从绲边宽度与折入宽度不等的细微处理可以看出，古人就是面对边角余料用心的缜密和忍耐，也激发了技艺上的想象力和创造力。

标本　　　　　　　　　　　　　复制品

图7-8　蓝提花绸挽袖袍服标本与复制品领口饰边结构工艺对比

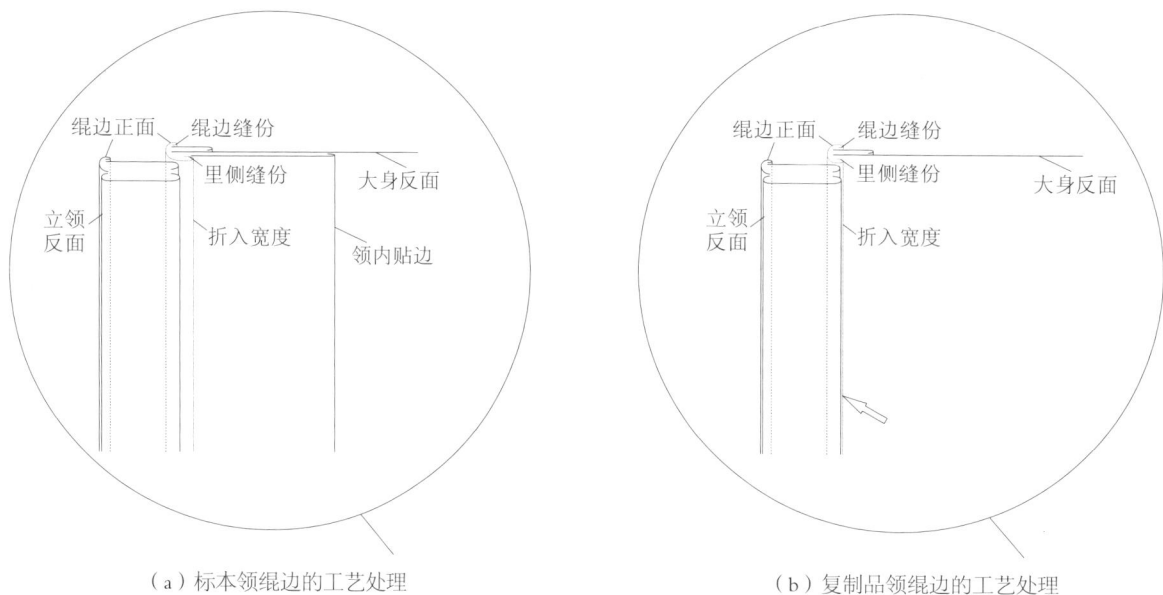

（a）标本领绲边的工艺处理　　　　　　　　（b）复制品领绲边的工艺处理

图 7-9　蓝提花绸挽袖袍服标本与复制品领口绲边工艺对比

　　实物的袖缘上附有花卉图案的装饰边是覆在袖上的，这是基于耐穿性和装饰性结构的普遍做法［图 7-10（a）］，复制品的装饰边是拼接上去的，从而使袖长变长，这是很低级的错误［图 7-10（b）］。古典服饰中的绣品（贴饰）耗时最多，也倾注了制作者的美好憧憬与愿望，在服饰中绣品成了精美、对美好生活憧憬的载体，从而也决定了在工艺上有独特和精湛的处理方法。贴饰一般都是覆在衣身的关键部位，常常会在衣身磨损的部位加贴饰，当贴饰破损严重时，便将贴饰拆下缀上新的贴饰，先人的惜物如金可见一斑，绣品的价值高，覆缀的方法可以反复使用，服装使用的时间也更长。所以，古法不会直接将绣品与衣身拼接，因为这样就会丧失它再利用的功能。我们经常会发现标本中有拆下绣品的情况也就不奇怪了。

　　实物的前片完整，里襟和后片上都有补角摆，在第四章中分析了里襟和后片存在补角摆的原因，是为了套裁，最大限度地节省面料；前片保持完整是因为节俭总是受以美观为前提的表尊里卑思想的支配。复制品中前右大襟是完整的，前左片出现了补角摆，而且补角摆绝非因为布幅宽度的限制所为（今天的宽布幅无须考虑补角摆问题），基本上是今天的工艺师傅不解其意的复制（图 7-11）。从理论上看，有关古典华服补角摆结构文献的缺失和标本有关补角摆结构研究成果的著录情况严重不足。

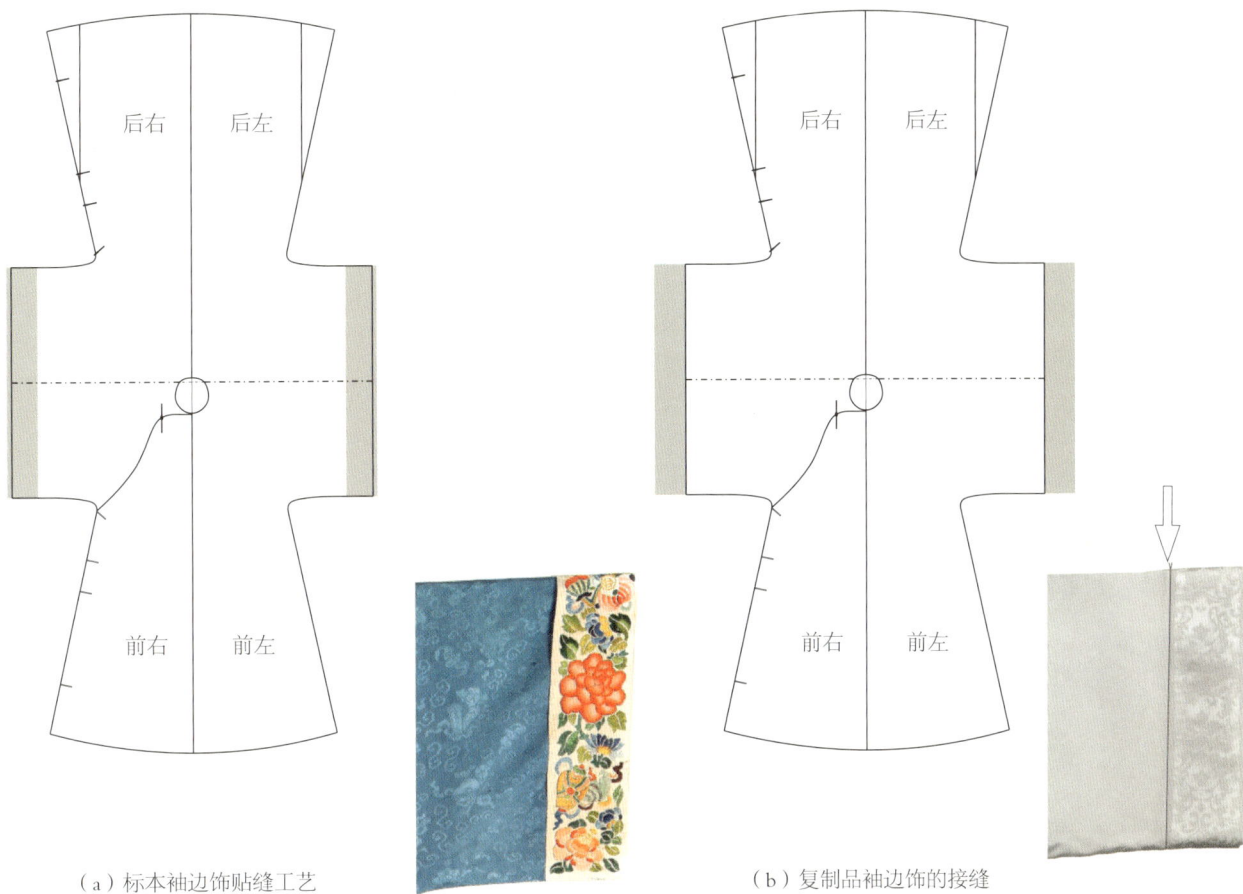

（a）标本袖边饰贴缝工艺　　　　　　　　　（b）复制品袖边饰的接缝

图 7-10　蓝提花绸挽袖袍服标本与复制品袖边饰工艺处理的对比

标本　　　　　　　　　　　　　　复制品

图 7-11　蓝提花绸挽袖袍服标本与复制品前片补角摆结构对比

四、靛蓝土布黑边大襟标本的复制

靛蓝土布黑边大襟复制品的主结构、饰边及贴边均选用同一种麻料（图7-12）。

由于里襟的领口外侧被大襟遮盖，相对隐蔽，实物在此部位的装饰边采用了拼接结构［图7-13（a）］，而复制品则进行化零为整的处理［图7-13（b）］。这样复制不知道在"完美"和"继承"之间的天平会倒向哪一方确实考验今人的智慧，往往在判断上我们一错再错！

实物中分裁而拼接的贴边起到包覆毛边、耐磨的作用和不浪费边角余料［图7-14（a）］，复制品中采用现在的工艺方法，仅在开衩处用贴边，将实物后侧贴边上的拼接结构进行化零为整和简化的处理。今天看来赢得时间比享受工艺之美更实惠［图7-14（b）］。

标本   复制品

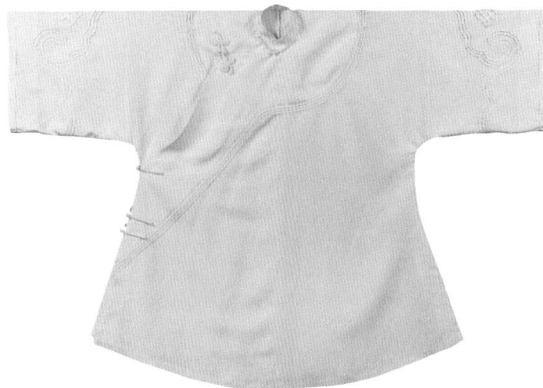

服装部位	特征描述
造型特点	右衽大襟
衣长	约至膝盖
大襟	右衽大襟
领	立领
肩部	无肩缝
袖	通肩袖，接袖口
袖长	至手腕
腰身	收腰宽摆
盘扣总数	6个
下摆形状	弧形下摆
下摆开衩	左右各一个
饰边位置	领口外缘、袖、前襟
缝制方式	以机缝为主

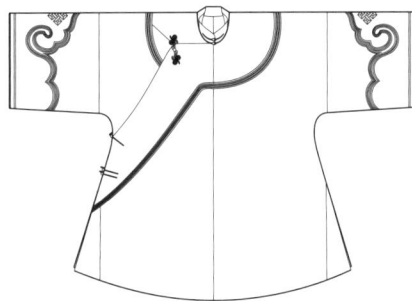

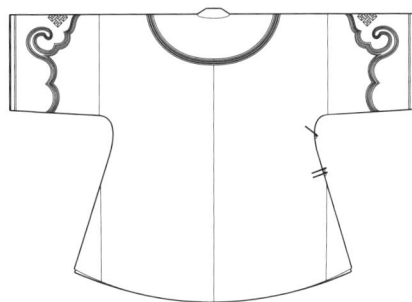

外观图

图7-12　靛蓝土布黑边大褂标本与复制品信息

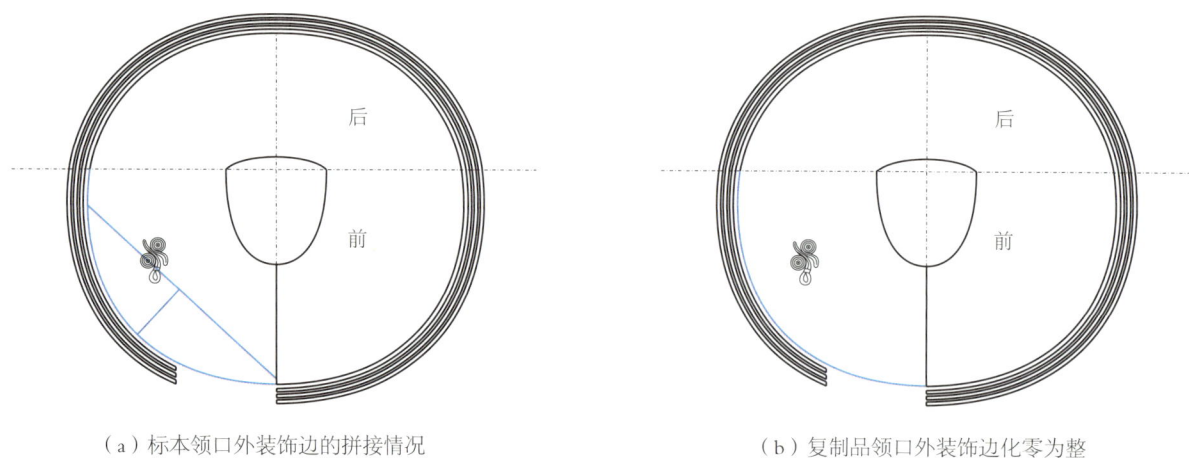

（a）标本领口外装饰边的拼接情况　　　　　　（b）复制品领口外装饰边化零为整

图 7-13　靛蓝土布黑边大褂标本与复制品领口外饰边结构的对比

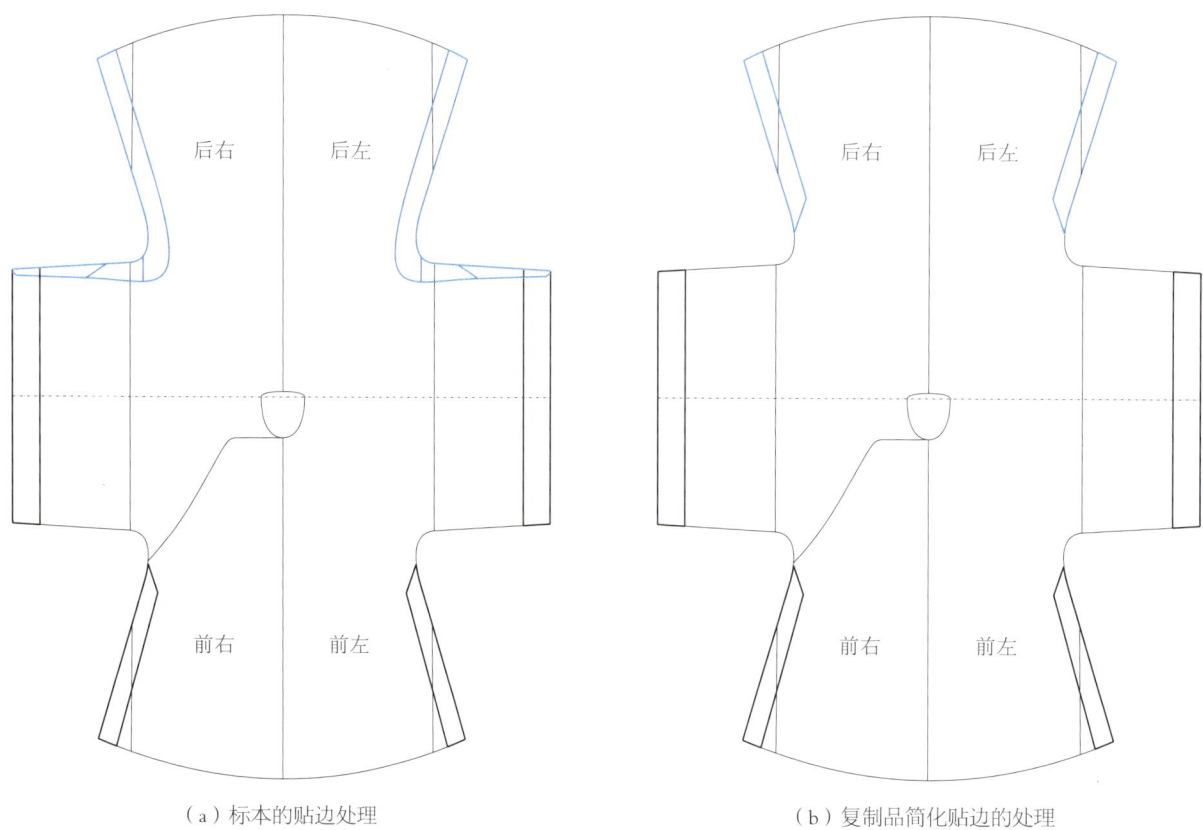

（a）标本的贴边处理　　　　　　　　　　（b）复制品简化贴边的处理

图 7-14　靛蓝土布黑边大褂标本与复制品后侧贴边结构的对比

实物的盘扣纽襻长为 4.5 厘米，宽为 0.3 厘米，纽头直径为 1 厘米；复制品的盘扣纽襻长为 7 厘米，宽为 0.5 厘米，纽头直径为 1.2 厘米。实物的立领上装钉有两个盘扣，复制品由于盘扣尺寸变大，复制的立领上只能钉一粒盘扣，这种古人和今人对技艺的态度就一目了然了（图 7-15）。

实物的里襟前中线是布边，现在布幅变宽只得裁剪成毛边，因而为了包覆毛边，里襟中线只得采用贴边处理。可见，先进的科技却成为体验古老文化的障碍，看来对传统文化的保护比复制更重要。这个问题还表现在复制品侧缝贴边和底边的工艺处理上。

实物侧缝贴边在底边处没有放缝量，底边采用连裁贴边，工艺顺序是先合好侧缝贴边，后折缝底边覆盖住侧缝贴边的下端。复制品中是将侧缝贴边的底边处放出毛样，工艺顺序与实物相反，先折缝底边，再缝合侧缝贴边，我们从侧缝贴边与底边的工艺处理中可以清楚地看到复原中由于侧缝贴边缝份使得贴边底边处变厚而外观不平服（图 7-16）。这种对比，是否证明对材料的精打细算成就了这种精湛工艺的诞生，反过来也塑造了这种“敬物”精神的传统，值得思考的是这种传统甚至比时尚更充满着智慧，可我们的视线过多地盯在历史的表象上而忽视了这种表象的背后。

标本　　　　　　　　　　　　　　　　复制品

图 7-15　靛蓝土布黑边大褂标本与复制品盘扣对比

项目	侧缝贴边与底边成品（照片）	侧缝贴边毛样	侧缝贴边与底边的工艺处理（放大图）
标本		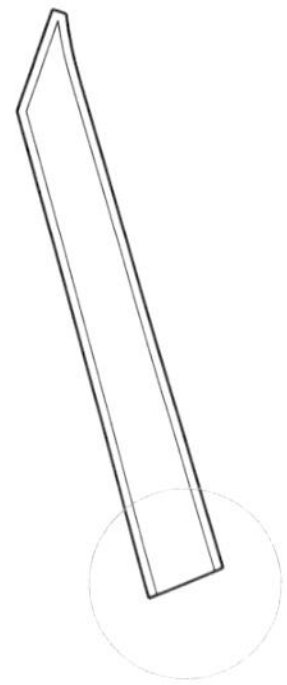	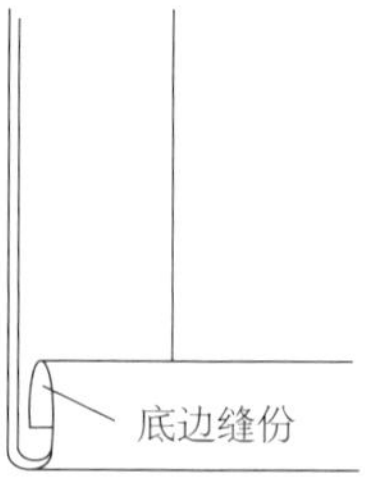 底边缝份
复制品	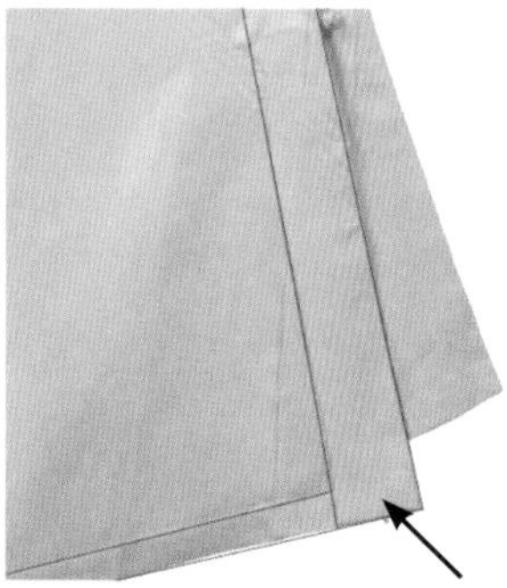	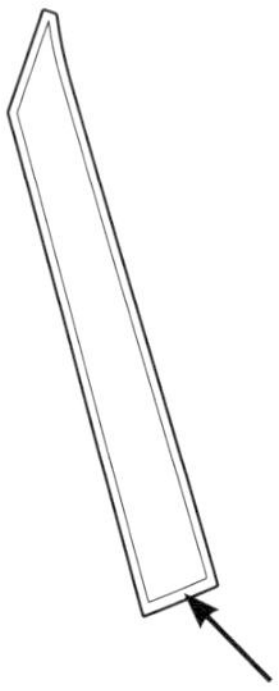	 底边缝份　侧缝贴边缝份

图 7-16　靛蓝土布黑边大褂标本与复制品侧缝底边结构和工艺的对比

五、无法复原的复制

　　通过对清末民初黑色团花织锦缎马褂、蓝提花绸挽袖袍服和靛蓝土布黑边大褂三件实物进行的复制，看似简单的结构与工艺却充满着变化、技艺、智慧与耐心，感受到文物不能复制的意义。

　　留有古人体温的面料早已离我们远去，我们不可能得到它们。现在的机织布细密、柔软、轻盈，有好的质感，而没有了土布的亲和力和人文气息，现代化织机所生产的织物使土布所具有的厚实和浓郁的民风丧失殆尽。旧时的植物染料染成天然的色彩，在今天化学染料成为主流的纺织业中变得弥足珍贵。在自给自足的年代，人们对于物质的使用谨小慎微，而现在因为物质的极大丰富，技术的进步，布幅是以前的几倍宽，我们可以忠实于当时的结构形制，但要违背古人的"节俭"

动机进行"破坏性"处置，这是无奈的悖论。所以有时候在结构上有了些许改动、取舍，不是违背，倒是从今天的现实情况出发习其精神，若真就一针一线地模仿，那应该是依葫芦画瓢，描其表象而不识真果。可见，对古物的复制体验大于记录，也揭示出对传统文化"保护是硬道理"的真正价值，今天用在仿古的一切行为，不仅浪费了大量纳税人的钱财及人力、物力，更可悲的是它在污染着人们的灵魂。

在复制过程中的取舍使工艺发生了改变。比如因为布幅变宽，裁剪排料时不可能像古人一样前后中、接袖处、里襟前中都用布边。实物布边的缝份可以很小，多的 0.8 厘米少的仅有 0.2 厘米。复制品为非布边又需要机缝，为防止脱散，缝份都加大才能保证基本的牢固。所以，无论是结构还是工艺的种种改变无法复原的复制也是迫不得已。

客观上，面料、结构、工艺都不可能原原本本的复原，现在机械化取代了手工技艺，做得再好也谈不上精湛。每一件古服都是旧时女子饱含全部心血的结晶，不计成本、倾其全部感情的投入。她们挖空心思地去巧裁，精心缝制。她们不是什么专业裁缝，却会在出嫁前足以够得上专业训练和高等学历，将满腔的情感化在了这一针一线里，这足以让我们敬畏，但我们绝不会照此去做。服装机械和数字化的发展反而加速了传统手工技艺的消亡。古人细密的针脚中凝结着他们的愿望和祝福，所以倾其全部的精力去做。展现在我们面前的一定是目之所及皆精品！我们能够如此投入？只能用无限的敬仰和畏惧之心来面对。到清代，服饰工艺达到了顶峰，用"前无古人，后无来者"形容，实不为过。然而，我们可以做的也只能是模仿却无法再现古典华服的生命。

自给自足的条件下，催生了用智慧去设计、裁剪、缝制。商品经济的产物少了这种情意和灵性。问题是在信息时代的今天，我们还需不需要它们。服装是一种语言，能够清晰表达出着装者的生活方式与生活态度。美国学者威尔·杜兰（Will Durant）在其《东方的遗产》中说："中国人对于艺术家、艺匠和工匠是不分的；几乎所有的工业都是制造业，所有的制造业都是手工业；工业就像艺术一样……中国人忽略了像西方人透过大规模的工业，制造方便的东西供应老百姓……中国人就自己做出比任何国家都富有艺术味，种类又繁多的精美的日常生活用品……懂得享受的中国人要求每一件东西都要有美的形式和出众的外表，以及那象征高度文明的纺织品"。一个引领现代文明却只有两百多年历史的美国渴望拥有它，我们拥有五千多年历史的国度却在一步步地放弃它，这种放弃表现在一次次大规模地毁灭和一次次大规模地复制，看来我们缺失的不仅仅是理性的研究，还要学会放弃对古人大规模的复制。

商品经济的产物无法与自然经济产物的品质相比。商品经济时代以物的多样性和数量取胜，精神追求却在下降。衣服使用周期极大缩短，人们不太在乎每一件衣服的精神享受，仅仅只是对资源的消耗。古人的衣文化展现给我们一个精致的生活，一种对物质的尊重、理解和敬畏，以及从古典华服结构所体现出的古人精益求精与执着追求品质的生活态度。在今天浮躁风气日盛中，低碳生活方式的倡导也仅仅是个概念，因为我们并没有弄明白低碳的核心其实就是"节俭"。复制本身就违背了被复制者充满"敬物和节俭"价值取向的初衷。因此对于文化的载体，特别是那些重要的载体保护是最重要的，因为它们身上呈现出的是本色、安静和纯真，而复制品流露出的却是躁动、无奈和功利。

六、从古典华服中继承什么

在清末古典华服结构中大量运用了拼接、补缀的手法，我们把它看成"装饰"是个重大的误读，它揭示了一种朴素而伟大的普世价值。拼，是为了充分利用面料的边角余料；缀，是为了减少对敏感部位的直接磨损，通过缀饰延长整件服饰的使用寿命。"拼缀"是古人的敬物精神和节俭意识在古典华服中的投射。

（一）拼出"惜物如金"

拼接多出现在贴边、里襟等隐蔽处，由于不影响外观，古人便充分利用面料的边角余料，所以贴边对用料色彩的一致性、形制的完整性都不太讲究。以深蓝土布大褂标本内部贴边和结构图观察，可以很清晰地看到大襟与前侧贴边色彩的不一致、尺寸也不规整（图7-17）。在包括麻、棉、丝等不同质料的服饰中这种异色、拼接现象也很普遍，就是领口内贴边的重要部位也不例外（图7-18）。甚至在领口的外部贴饰上也有发现，只是做了巧妙设计，里襟上的装饰边由于可以被大襟遮盖，因而被遮盖的装饰边不仅有拼接而且形态不规整（图7-19）。可见，在民间凡是于隐蔽处尽可能地节省使用面料早已成为习惯，可谓惜物如金，在美学上恪守外尊内卑的价值观，且保有深刻和久远的理性地对待造物的态度。

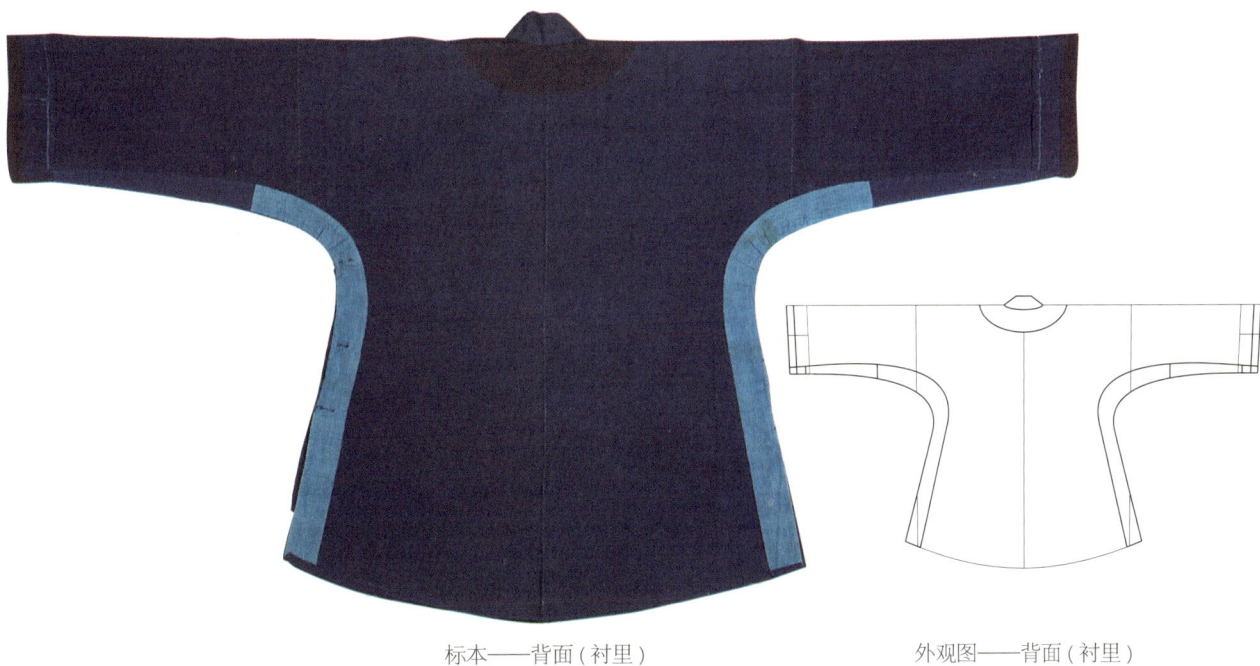

标本——正面（衬里）　　　　　　　　　外观图——正面（衬里）

标本——背面（衬里）　　　　　　　　　外观图——背面（衬里）

图 7-17　深蓝土布大褂内部贴边的拼接结构

（a）蓝麻布大褂 　　　　　　　　　　　　　　（b）藕荷暗花缎镶涤子边大褂

图 7-18　不同质料领内贴边的异色和拼接

标本——里襟 　　　　　　　　　　　　　　　标本——正面

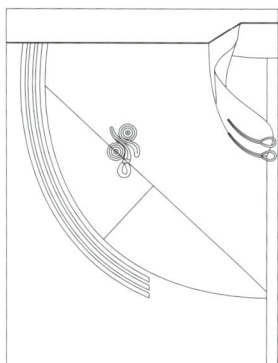 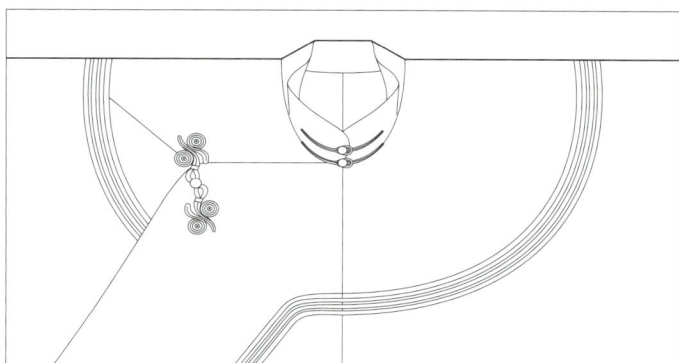

外观图——里襟 　　　　　　　　　　　　　外观图——正面

图 7-19　靛蓝土布黑边大褂领贴饰的拼接

中华民族服饰结构图考　汉族编

先人视"敬物"为自己的生命，在服饰结构上可以利用拼接改善品质，但绝不会因为改善品质而将本来可以完整使用的去"破坏"使用。图7-20所示为实物后侧缝贴边和结构图，可以观察到腋下弧度处若有拼接则平整［图7-20（a）、（b）］，若无拼接，腋下会出现多余的褶皱［图7-20（c）、（d）］。前者可谓一举两得，拼接既满足了节俭意识又造物美观，后者则以牺牲平整保持贴边的完整性，它们都需要更多的耐心和智慧。

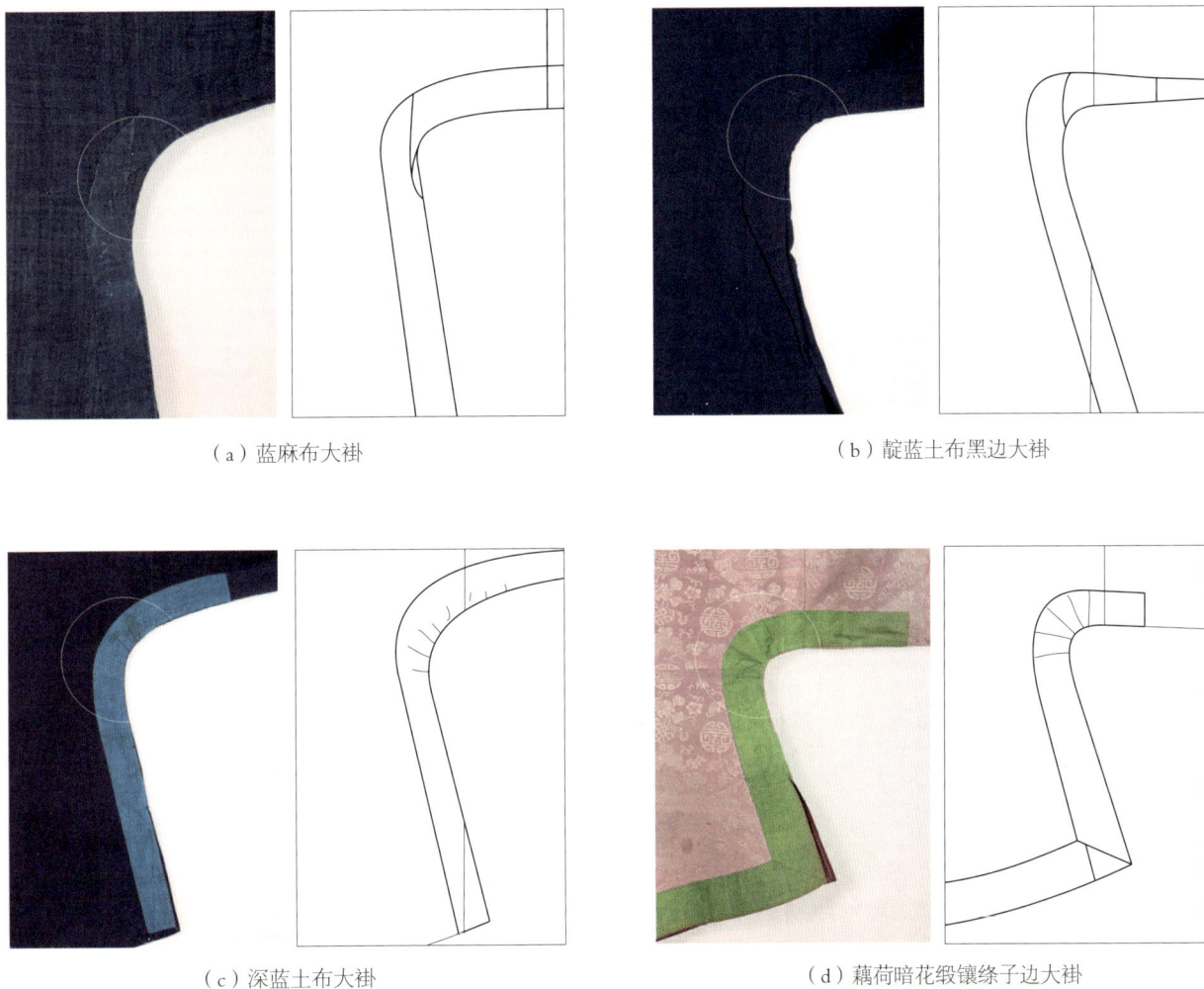

（a）蓝麻布大褂

（b）靛蓝土布黑边大褂

（c）深蓝土布大褂

（d）藕荷暗花缎镶绦子边大褂

图7-20　后侧缝贴边的拼接和完整的处理

（二）缀出"物华自然"

　　清末女子服饰上的装饰都是覆缀在领缘、袖缘、摆缘部位（图7–21），它们的主要目的并非装饰。通过清末典型服饰结构的考据，领缘饰边是为弥补缝份的不足和提高强度减少磨损，甚至这些贴饰可以反复使用；袖缘饰边和摆缘饰边也是为同样的目的，只是结果赋予了装饰性，将装饰当成了动机有偷换概念之嫌，可见清末女服饰边是有实质内容的，装饰只是一种结果而并非动机，且表现出当时的普世价值。

　　古典服饰中绣品、织锦缎是耗时最多，用功最大的地方，它们精美珍贵，一般都是覆缀在衣身上，古人常常将破损无用服装上的绣品、织锦缎拆下再补缀到另一件衣身上破损的位置作为"装饰"，而装饰的部位一定是最需要保护而并非需要装饰的地方。日积月累，这种功用便成为美好愿望，而这种愿望是从敬物到尚物的一种升华，它与官服的补子有着本质的不同。明清官服上用不同的纹饰来区分官职和品级，这些纹饰就是在一块见方的绸料上织绣不同的图案，再缝缀到官服的视觉中心位置，因而补子是可以拆卸的，以备卸官后仍可以使用。民间的贴饰则不同，缀饰使服装敏感部位减少了磨损从而延长了它的使用寿命。古人装饰的境界可谓缀出"物华自然"。

领缘　　　　　　　　　　　　　　　袖缘　　　　　摆缘

图 7–21　古典华服领缘、袖缘、摆缘缀饰的功用性

（三）蔚为大观背后质朴而理性的科学价值

通过对清末民初几种典型华服实物标本结构的考据研究，使我们得出不同于古代服饰研究偏重于形而上的传统结论，至少是一种重要补充。

清末民初服装结构是中华传统服饰的最后守望者，也是集大成者，它们表现出恪守平面结构、节俭意识的基础上平衡体型、保持材料完整性与功能要素相协调的格物致知的理性精神自古有之，只是我们疏于研究和自省。

古人最大限度地保持原材料的完整性，尽量不破坏其原生态面貌，形成"布幅决定结构形态"的特质，这几乎成为清末华服结构设计的定式。可以说十字型整一性平面体的华服结构，体现了古人尊重自然、礼让自然、顺应自然的造物思想，渗透着老庄"人法地，地法天，天法道，道法自然"的古老哲学。这种对物质本性的认识、敬畏和驾驭能力值得今天的我们反思、学习！

节俭表象成为古人敬畏自然的自觉行动。设计动机是节俭，节俭却让位于外观。这其中渗透着儒家美学意志，即在美学上恪守外尊内卑的道德精神。"拼缀"是古人的敬物精神和节俭意识在古典华服中的投射，可谓惜物如金。这种对材料的精打细算同时成就了精湛工艺的诞生，反过来也塑造了这种天人合一的文化传统。

从清末实物标本的结构层面去考案，尽管它们不是宫廷制品，却恰恰表明了一种普世的人文精神，这种衣文化展现给我们一个精致生活，一种对物质本体的尊重、理解和敬畏。古典华服结构体现出古人精益求精及执著地追求品质生活方式的态度并不是不计成本。

古人细密的针脚中凝结着他们的愿望和祝福，服装机械和数字化的迅速发展让我们丧失了判断力而加速了传统手工技艺的消亡，转而用大量的金钱和精力去复制它们。讽刺的是，复制让我们明白了文物不可复制的道理。复制的真正意义是体验而不是继承，我们可以做的只能是模仿却无法再现古典华服的生命。正因如此，我们更加珍惜和敬重这些古典服饰，也深深感受到我们缺失的不仅仅是理性的研究，还要学会对传统的保护。

的确，看似简单的中国传统服装结构背后蕴涵着中国古代人民对自然之物的崇尚以及强烈的节俭意识，凝结着古人的细密心思和智慧。那些古老、质朴、单纯而又充满未知的传统服饰文化，应使我们重新认识、重新审视中华传统服饰蔚为大观背后的质朴且理性的科学价值。

第八章

民初女装袍服结构图考

　　民国初年中国政局动荡不安，西方文明向古老的中国强力渗入，西方服饰也随之涌入。对于男装而言，这个时期以及整个民国阶段是一个西装革履与长袍马褂并行的时代。清末传统的长袍马褂，是这个时期男子最主要、最普通的服装，在结构上，它延续了中国传统服装十字型平面结构的稳定性。

　　与传统男装延续的稳定性相比，此时的女装发展多变而迅速。袍服和上袄下裙是这个时期女子着装的主流，但五四运动新思潮的涌动快速淘汰了清末遗留在女子服装上的繁复装饰，同时色彩变得淡雅，面料也用得朴素了。在愈演愈烈的西方文明冲击之下，女子的着装意识逐渐开放，在服装结构上出现了传统平面直线结构向西方三维立体曲线结构转变的萌芽。本章选取的两件女装袍服实物正是这一时期结构从平面向立体转型的典型标本，对其结构的深入研究，将是我们对古典华服最后一个时期结构形态的深刻认识和继承提供的可靠的实物证据。

一、长袖缠枝花纹提花丝绸袍服结构图研究

　　民国时期的旗袍成为世界华人妇女的国服（亦称改良旗袍，刚好是颠覆经典的标志），与其说它是被清宫推崇的服装经典，不如说它是在民国初期由于吸收了西方服装的立体结构所呈现的人性之美在中华大地上喷薄欲出的一道曙光（图8-1）。然而，在古典旗袍和改良旗袍之间还有个过渡期的造型，在旗袍的历史上，它是个关键点，在时间点上就是民国初年。因此，为了获得可靠而真实的民初典型袍服结构的考据，首先，选择了非宫廷的民间实物标本，这在技术上更可行，在通用性研究上更真实，意义更大；其次，社会阶层以京津地区中产阶级妇女袍服为主，在地域和人群上更具典型性；再次，尽可能全面、准确地采集实物样本数据，并真实地复原它们的结构和技术状态。这对我们从结构和技术上了解、认识这一时期古典华服的风貌与特征至关重要。

（一）长袖缠枝花纹提花丝绸袍服的形制特征

　　20世纪初中国虽然进入了民国时代，但主流民众服装的整体面貌仍保持着前朝的形制。其中，最重要的标志是还延续着中国几千年固有的十字型整一性平面体的传统结构。

　　长袖缠枝花纹提花丝绸袍服是一件典型中产阶层妇女传世的私人藏品。根据它的外观特征和相关信息，命名为20世纪初女子长袖缠枝花纹提花丝绸袍服。此服为当时京津一带都市中产阶层妇女比较流行的常服，但西方服饰的潮流已无可阻挡（图8-1）。

　　样本为拥有者本人为珍藏那段美好记忆和姑娘时的手艺而珍藏。这样的标本能够深入地研究，是我们对古典华服可考的信息极其珍贵的部分。实物款式为小立领，右衽大襟，侧收腰直摆，衣长过膝，膝下两侧低开衩，袖长至手腕并采用接袖结构。面料为粉色缠枝花纹提花丝绸，全手工缝制，并出自拥有者（也是收藏者）本人之手。它的最大特点也是与前朝最大不同的地方，明显地出现了收身窄摆的趋势，但仍然保持着十字型平面结构，这就是所谓的古典旗袍和改良旗袍的过渡特征（图8-2、图8-3）。

中华民族服饰结构图考 汉族编

图 8-1　民初收身窄摆的袍服成为古典旗袍和改良旗袍承前启后的作品

资料来源：私人收藏，中间女子的袍服为其本人缝制，图 8-2 和图 8-9 中的标本亦出自她之手。

标本——局部

标本——正面

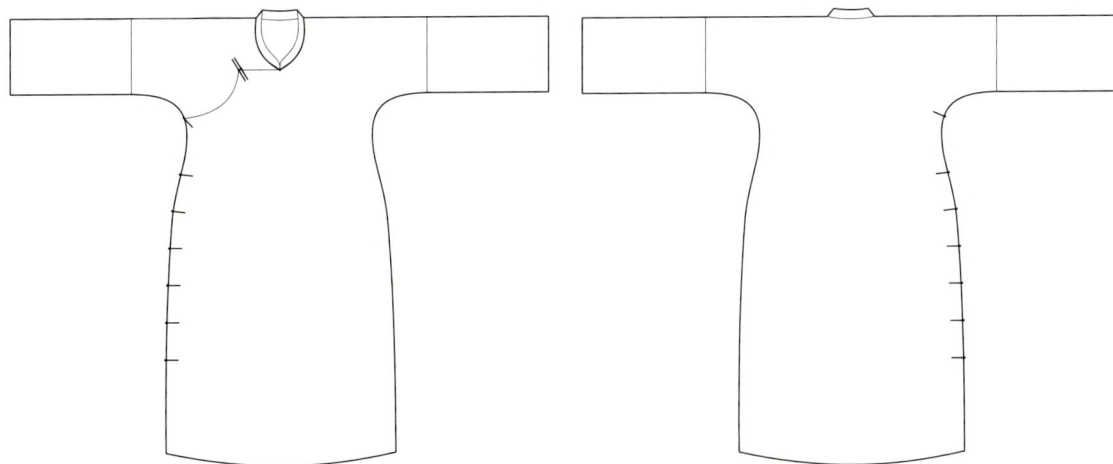

外观图——正面　　　　　　　外观图——背面

标本——背面

图 8-2　长袖缠枝花纹提花丝绸袍服

资料来源：私人收藏。

服装部位	特征描述
造型特点	右衽大襟
衣长	至膝下
腰身	收腰
领	低立领
袖	通肩袖，接袖口
袖长	长过手腕
前后中心	无破缝
开衩	膝下低开衩
开衩数	2个（左、右侧各一）
盘扣总数	10个
下摆	直下摆
下摆弧度	前后下摆均外弧 3.2 厘米
绲边位置	领、袖、前襟、底边、开衩口
缝制方式	全手工缝制

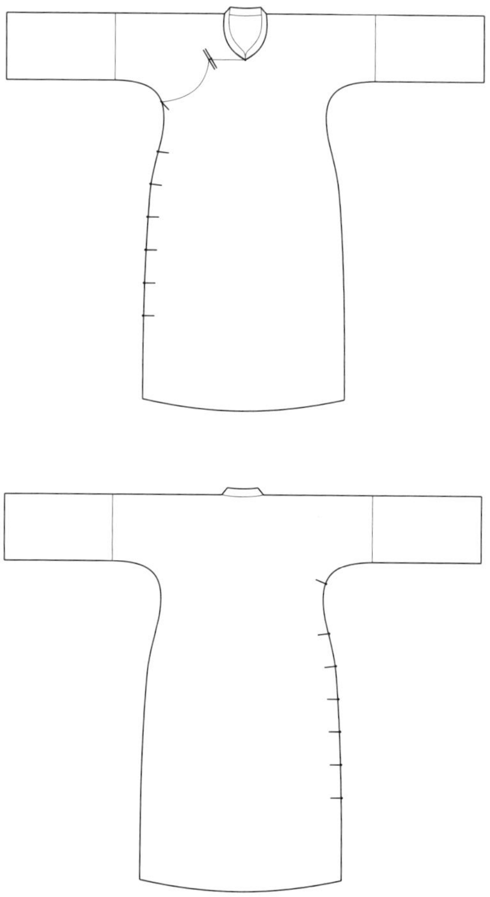

外观图

图 8-3　长袖缠枝花纹提花丝绸袍服款式信息及外观图

（二）长袖缠枝花纹提花丝绸袍服结构图的测绘与复原

首先从外观上分析标本的裁剪方法与前朝基本相同：以尽可能不破坏面料的完整性为原则，平面结构依照布幅宽度而定。前后身及袖呈前后左右对称连裁的十字型。采用接袖处理，是因为布幅宽度的限制，这也是华服结构保持整一性，又节省材料的一种常规做法。

为了获取标本的准确数据，采用全方位测量是复原其结构图的先决条件。测量步骤采用由外至内、从主到次的程序进行。为确保测量准确，同时也要保护藏品不得整烫。测量前，先将衣物固定在平整的白坯布上，要避免拉扯面料，使服装纱向自然平直，并确定横向和纵向坐标轴，各部位测量时参照此轴。

根据由外至内、从主到次的测量原则，采用了主结构、里襟结构、贴边结构和毛样结构的测量与复原，由此完成该标本的全部数据信息采集和结构复制工作。

主结构的测量与复原，一般指外部可以看到的结构，藏品包括立领、衣身和接袖三个部分。立领结构从其纱向判断采用完全直领，这与今天有翘量的立领结构不同，而和省料有关。衣身结构也是如此，它前后中没有破缝，这与此时代女袍服底摆边收紧使整个衣片可以容纳在一个布幅宽度内有关，也省去了补角摆。但也带来了另外的问题：由于前后左右身连裁，右衽大襟款式线剪开成形后就出现了大约1厘米缝份的匮缺（无法产生缝份），但这样的微小匮损却保全了大局，正是这种结构形制宣誓着与前朝的不同，但平面结构的根基并无改变。观察两袖接缝均为布边，说明衣身主体恰好是一个布幅宽度，接袖线的位置是根据布幅宽窄而定。大襟盘扣10个（图8-4）。

里襟的测量与复原是指与右衽大襟重合所用的搭门部分。它从前颈中点沿着大襟款式线、右侧缝线到右侧衩上端点停止。它的宽度根据功能的需要和面料情况而定。但这个标本里襟有拼接，说明当时的结构设计仍受制于这种良好的节约意识，这或许也证明了民间和宫廷在服装结构上的差异（图8-5）。

后

领

3

2.2

37.3

C

D

128.9

29.2

70.5

36.4

O 11.5 P

8 1 2.5

Q E R

12.5 3.7

接袖

接袖

T 9.8 S 6

11.7

108.3

U 22.7 V

M 44.2 N

W 45.3 X

K 51.3 L

Y 52.1 Z

80

74.5

60

55

前

开衩止点

开衩止点

H

J

22.6

23

G 54.8 3.2

F I

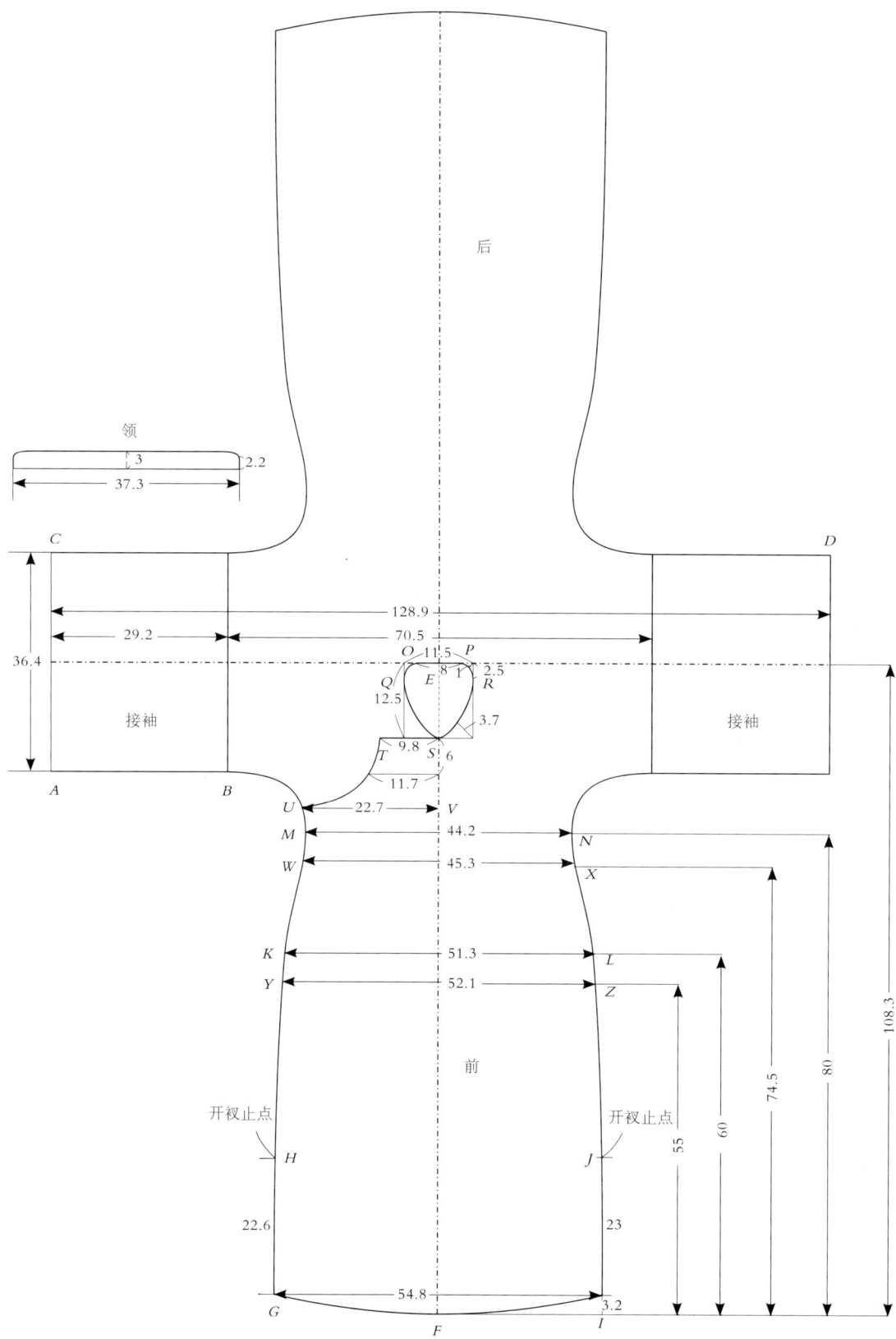

图 8-4 长袖缠枝花纹提花丝绸袍服主结构测量与复原

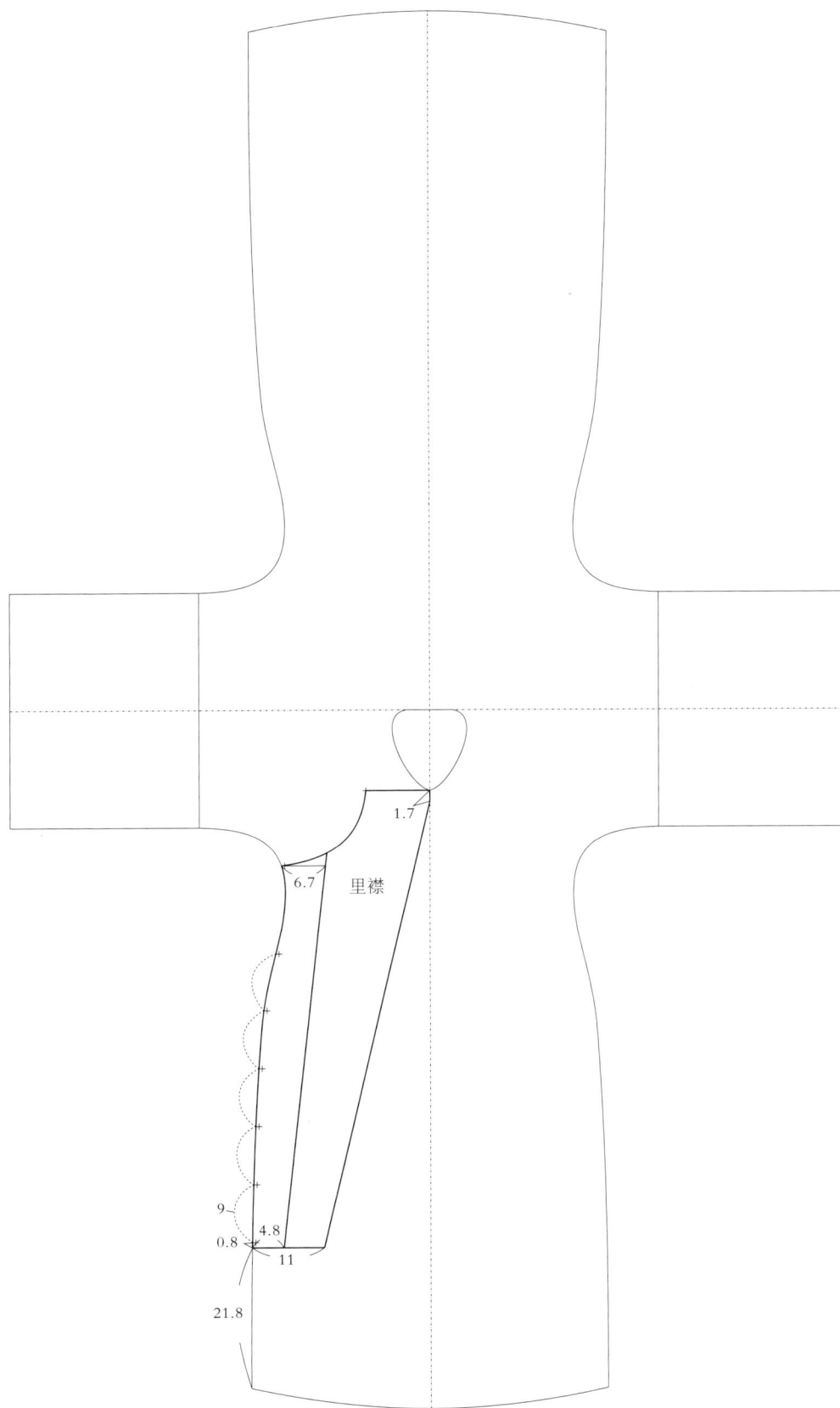

里襟

1.7

6.7

9

0.8

4.8

11

21.8

图 8-5　长袖缠枝花纹提花丝绸袍服里襟测量与复原

贴边的测量与复原。贴边和今天服装功能是一样的，主要起加固和包覆毛边的作用。贴边采用分裁和连裁两种方式并用。包括民国初期的古典华服多采用分裁，主要因为它可以更好地利用边角余料，该标本也不例外，连裁贴边主要在袖口和下摆（图8-7）。这个标本中贴边分布在领口、大襟和右侧缝位置，宽度在2.2～4.4厘米之间，并有明显的拼接，这足以说明节俭意识在民间的深入人心（图8-6）。

毛样的测量与复原是指在衣片结构确定之后加上加工用缝份的裁片。因此，从衣片、里襟到贴边等都要追加缝份。缝份的大小根据部位和面料情况有所不同。这时缝份和连裁贴边要通盘考虑，这个标本的缝份和贴边的使用都很紧凑，说明民国初年在服装用料的节俭意识上仍很强（图8-7）。

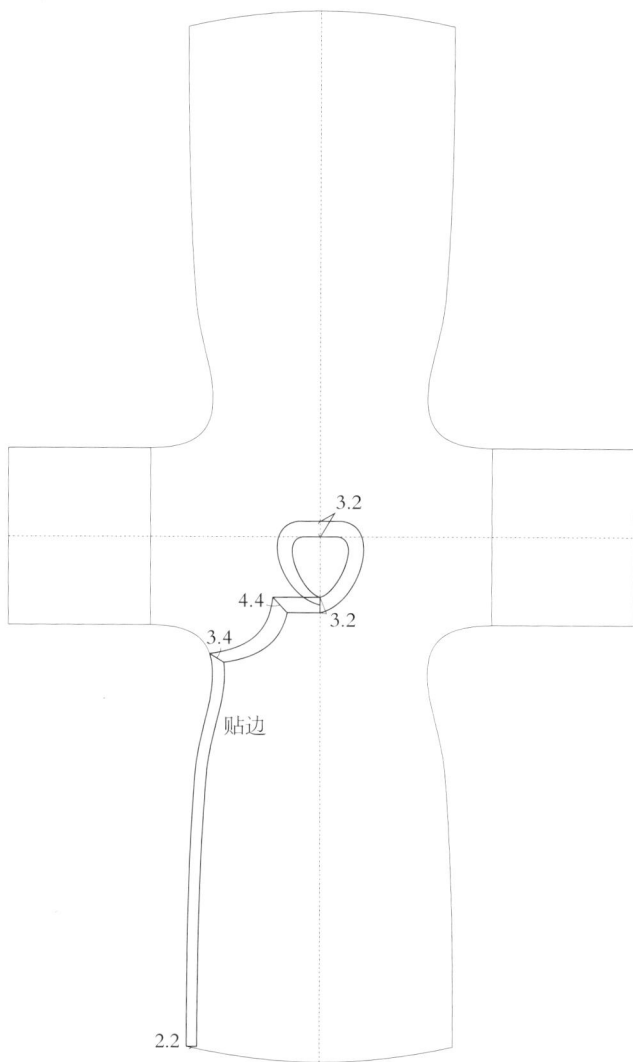

3.2

4.4

3.2

3.4

贴边

2.2

图 8-6　长袖缠枝花纹提花丝绸袍服贴边测量与复原

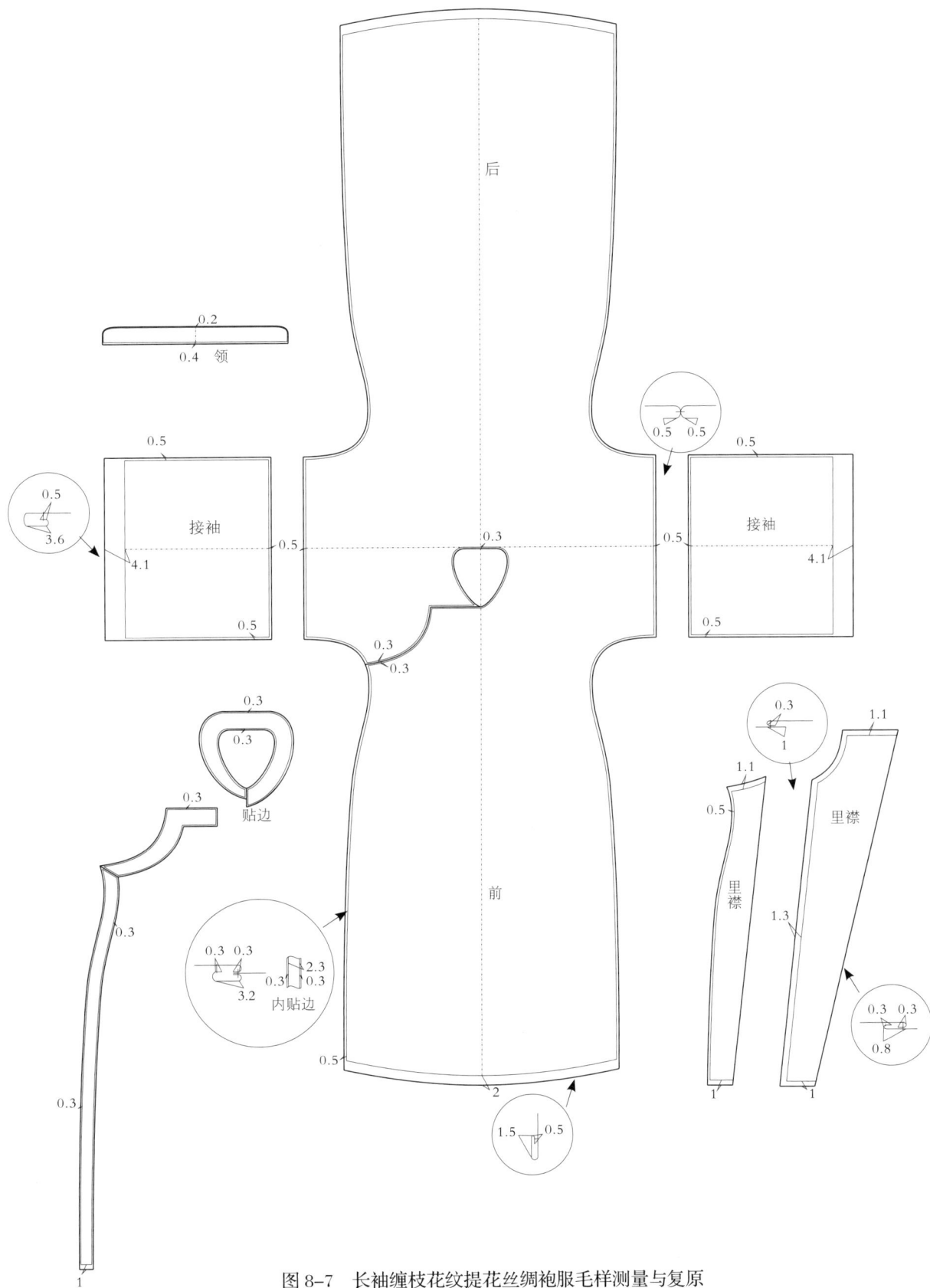

后

0.2

0.4　领

0.5

0.5

0.5

0.5

3.6

接袖

接袖

4.1

0.5

0.5

0.3

4.1

0.5

0.5

0.5

0.3

0.3

0.3

0.3

贴边

0.3

0.3

0.3

里襟

1.1

1.1

0.5

1

里襟

1.3

0.3

0.3 0.3

0.3

0.8

2.3

0.3

3.2

0.3

内贴边

前

0.3

0.5

2

1.5

0.5

0.3

1

图 8-7　长袖缠枝花纹提花丝绸袍服毛样测量与复原

该标本虽然是非宫廷作品，但其工艺之精湛、技艺之熟巧也可谓叹为观止。但毕竟是全手工制作，有些本应对称的，由于在工艺上要弥补大襟缝份上的缺失而出现微量偏差亦在合理范围之内，由此就催生了这个时期"裁大襟"具有时代特征的华服技艺（详见本章后有关论述）。在操作上，无论是先人还是今天测绘作业都会出现误差，如缝份左右不相等、不匀等，但客观上应该是一致的。因此，测量与复原结构图提供的是实测数据，整理的测量数据表则是真实尺寸（表8-1）。

表8-1　长袖缠枝花纹提花丝绸袍服测量数据（对照图8-4）　　　　　　　　单位：厘米

项目	编号	测量名称	测量数据	测量位置
长度	1	前衣长	108.3	E~F 袖中线至前底边最凸处直线距离
	2	后衣长	108.3	袖中线至后底边最凸处直线距离，与前衣长相等
	3	通肩袖长	128.9	C~D 左右袖口间距离
	4	接袖长	29.2	A~B 袖子接缝处至袖口直线距离
	5	袖口至底边长	90.1	A~F 袖口至底边的直线长度
	6	左开衩高	23	J~I 左侧开衩止点至下摆边缘距离
	7	右开衩高	22.6	H~G 右侧开衩止点至下摆边缘距离
宽度	8	腰宽	44.2	M~N 上身最细处宽度
	9	袖口宽	36.4	A~C 前后袖口之和
	10	臀宽	52.1	Y~Z 臀部最丰满处宽度
	11	下摆宽	54.8	G~I 下摆下缘宽度
弧度	12	袖口至下摆弧线长	126.5	A~G 袖口至侧缝底边的轮廓曲线长
	13	领口	37.3	领口一周
部件	14	领围	37.3	同上
	15	上领口线长	40	包括立领高度
	16	下领口线长	37.3	立领与领口接缝处的长度
	17	领口宽	11.5	Q~R
	18	领口深	12.5	E~S
	19	立领高	3	立领高度
	20	领口贴边宽	3.2	参见图8-6
	21	大襟贴边宽	2.2	参见图8-6

二、短袖鹤云纹提花丝绸袍服结构图研究

　　这件私人藏品与上一件同样出自一位平凡而伟大的妇女之手，因此，时代特征和相关信息基本相同，并由于拥有者本人的在世，它所传递的信息更加真实可靠（参见图8-1）。标本虽然是短袖，它作为从古典旗袍到改良旗袍的过渡形制，甚至在整个民国时期仍然没有动摇它的主流地位，一张民国三十八年（1949年）恒源纺织厂职工的纪念照记录下这一时代的真实片刻，而这时的男装已经完全西化了（图8-8）。可见史学家对民国时期"过渡形态旗袍"的文化现象没有足够的关注，是因为缺少对其结构研究的可靠理据。标本集中地反映了这个时代的特征：整体收身，款式为小立领、右衽大襟、侧收腰，下摆收缩成筒状，衣长过膝，膝下两侧低开衩。面料为浅橘色鹤云纹提花丝绸，全手工缝制（图8-9、图8-10）。

　　主结构的测量与复原。藏品主结构包括立领和衣身两部分。立领和前标本相同，采用完全直领结构。衣身结构采用短袖前后无破缝连裁，衣长稍短、下摆收直且开衩，这些都有夏季着装的考虑。大襟盘扣6个。主结构的测量与复原比照长袖缠枝花纹提花丝绸袍服的项目和方法进行（图8-11）。

图8-8　整个民国时期"过渡形态旗袍"仍是女装的主流

资料来源：私人收藏。

标本——局部

标本——正面

标本——背面

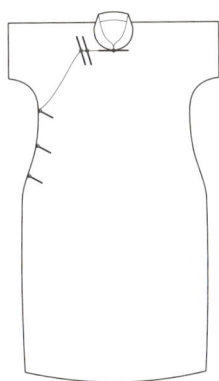

外观图——正面

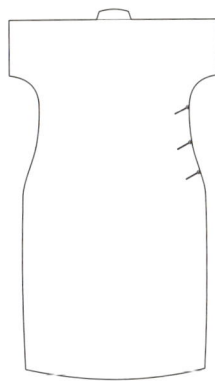

外观图——背面

图 8-9　短袖鹤云纹提花丝绸袍服

资料来源：私人收藏。

服装部位	特征描述
造型特点	右衽大襟
衣长	至膝下
腰身	收腰
领	低立领
袖	左右通肩袖
袖长	短袖
前后中心	无破缝
开衩	膝下低开衩
开衩数	2个（左、右侧各一）
盘扣总数	6个
下摆	下摆微收
下摆形状	有弧度
绲边位置	领、袖、前襟、底边、开衩口
缝制方式	全手工缝制

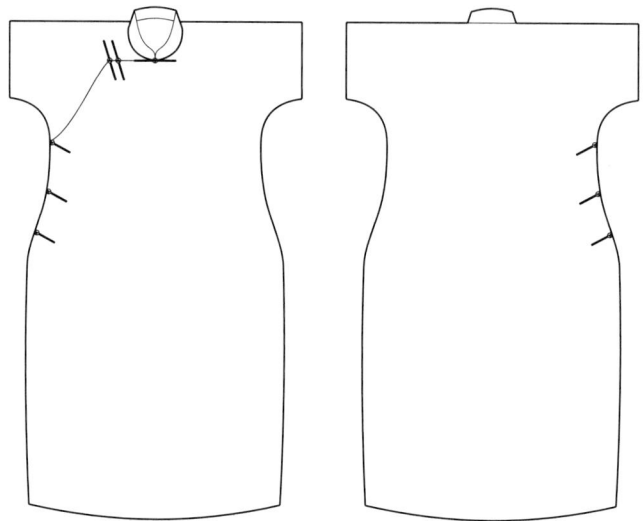

外观图

图 8-10　短袖鹤云纹提花丝绸袍服款式信息及外观图

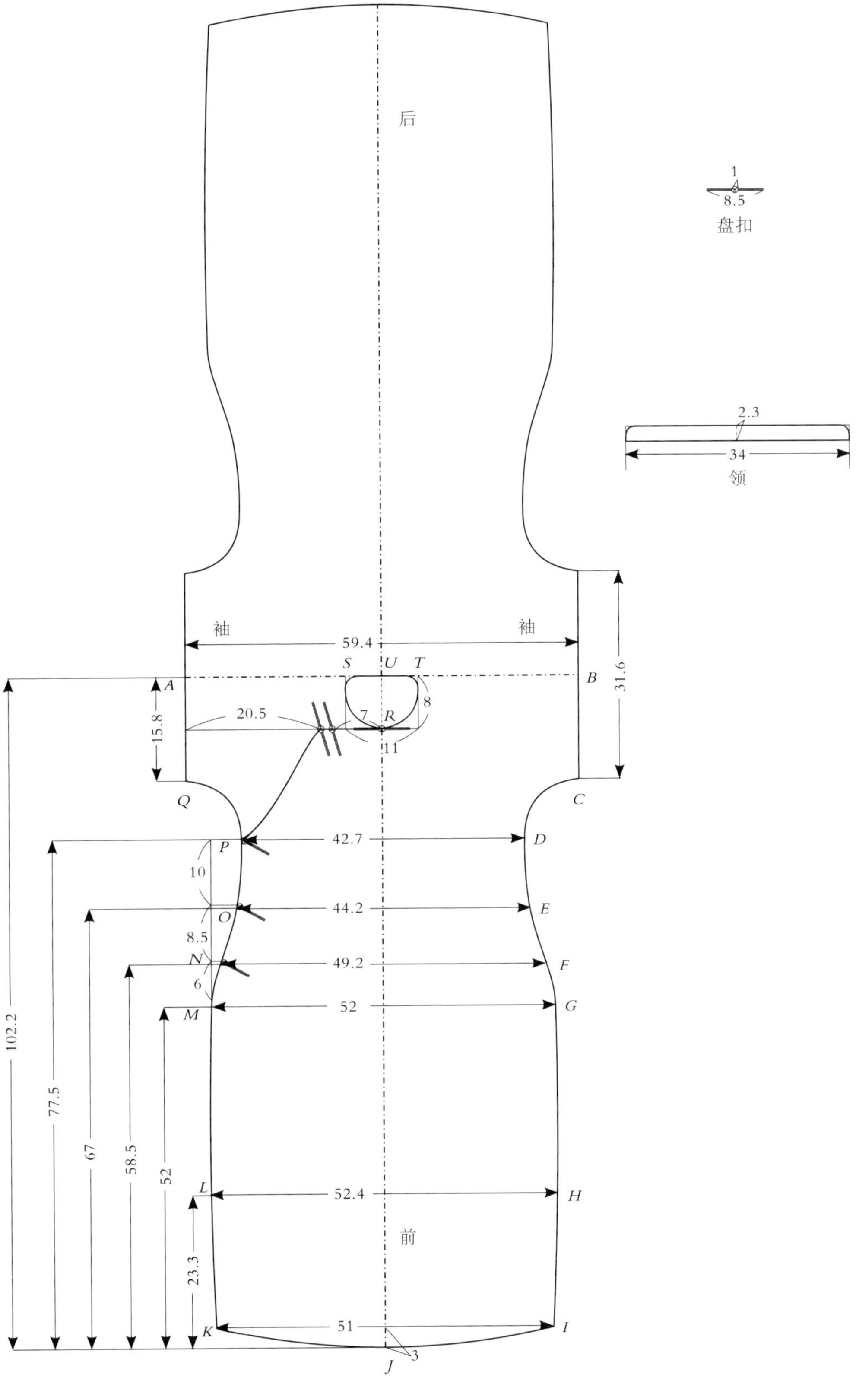

图 8-11　短袖鹤云纹提花丝绸袍服主结构测量与复原

里襟的测量与复原。里襟从前颈中点沿着大襟款式线、右侧缝线到最下边一个盘扣以下10厘米的位置，并以此为界，为充分利用余料在此拼接成完整里襟（图8-12）。

贴边的测量与复原。贴边沿着领口、大襟和侧腰臀分布，最宽处为3.5厘米，最窄处为1.5厘米，并有多处接缝。可见对面料使用的精打细算（图8-13）。

毛样的测量与复原。毛样缝份和连裁贴边是一并考虑的，缝份为0.7厘米，底边、袖口贴边连裁均为2厘米（图8-14）。

短袖鹤云纹提花丝绸袍服有同样精湛的技艺和手工，用料计算节俭，设计精准（表8-2）。

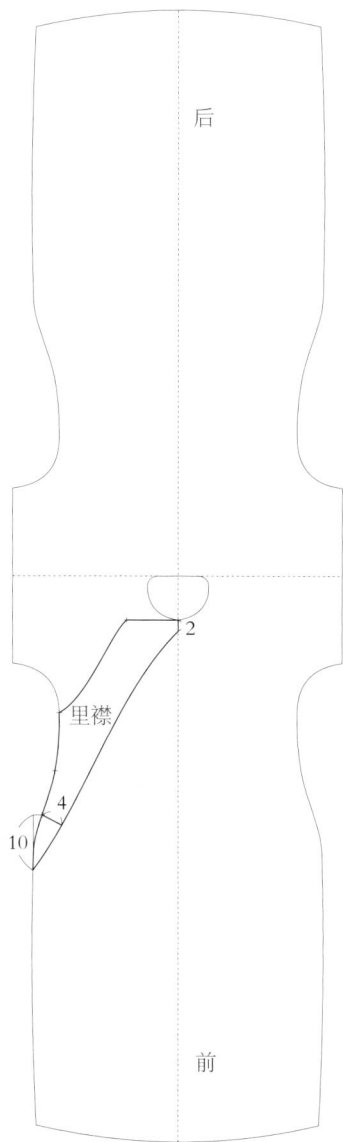

图8-12　短袖鹤云纹提花丝绸袍服里襟
　　　　测量与复原

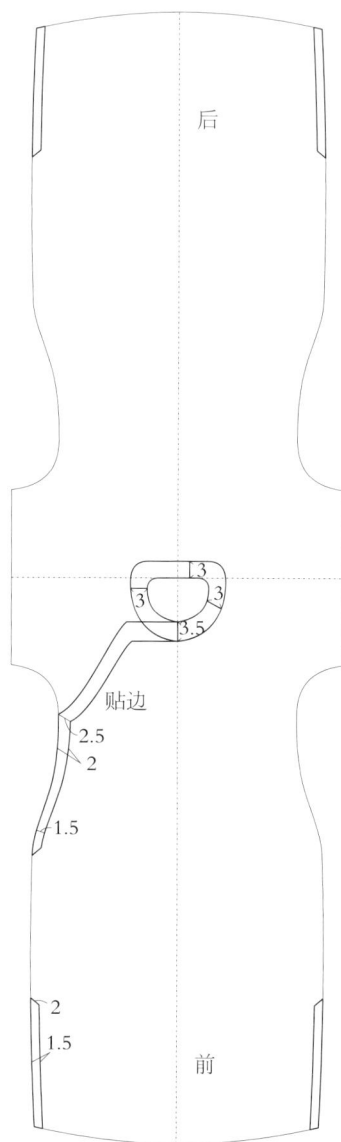

图8-13　短袖鹤云纹提花丝绸袍服
　　　　贴边测量与复原

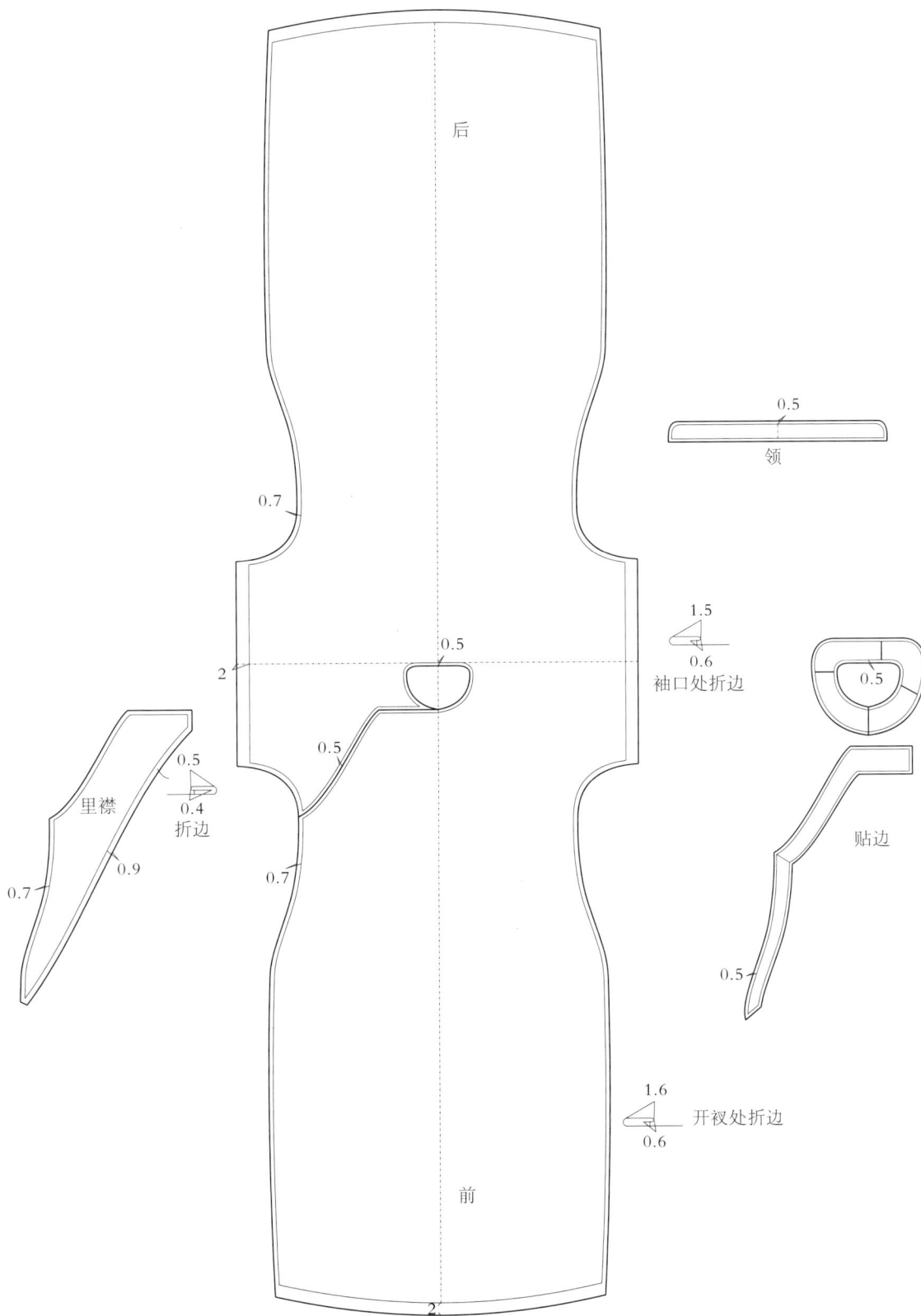

后

0.5
领

0.7

0.5

2

0.5
袖口处折边

1.5
0.6

0.5

0.5

里襟

0.5
0.4
折边

0.9

贴边

0.7

0.7

0.5

1.6
开衩处折边
0.6

前

2

图 8-14　短袖鹤云纹提花丝绸袍服毛样测量与复原

表 8-2　短袖鹤云纹提花丝绸袍服测量数据（对照图 8-11）　　　　　　　　　　　　　　　　单位：厘米

项目	编号	测量名称	测量数据	测量位置
长度	1	前衣长	102.2	$U\sim J$，袖中线至前片底边最凸处的直线距离
	2	后衣长	102.2	袖中线至后片底边最凸处的直线距离，与前衣长相同
	3	左开衩高	23.3	$H\sim I$，左侧开衩止点至下摆边缘距离
	4	右开衩高	23.3	$L\sim K$，右侧开衩止点至下摆边缘距离
宽度	5	袖口间宽度	59.4	$A\sim B$
	6	腰部宽度	44.2	$O\sim E$，右侧缝第二扣位水平宽度
	7	臀宽	52	$M\sim G$，臀部最丰满处宽度
	8	下摆宽	51	$K\sim I$，下摆最下缘宽度
弧度	9	下摆弧长	52	过 K、J、I 三点的弧线长度
	10	侧缝线弧长	87.8	过 C、D、H 三点的弧线长度
部件	11	全领围	34	领口弧线长度
	12	领口宽	11	$S\sim T$，两侧颈点之间的距离
	13	领口深	8	$U\sim R$，后领中心至前领中心距离
	14	立领高	2.3	立领高度
	15	盘扣宽	8.5	—
	16	盘扣纽头直径	1	—
	17	领口贴边宽	3	参见图 8-13
	18	大襟贴边宽	2.5	参见图 8-13
	19	侧缝贴边宽	1.5	参见图 8-13

三、民初女装袍服结构分析与思考

　　作为古典华服，自古以来无论是宫廷还是民间，有关服装结构和裁剪技艺的传承都是通过口传心授的方式，因此翔实的裁剪图考文献记载极为罕见。我们只能从考古发掘和传世的服装藏品中获取这方面的信息，由于发掘的纺织品服装和传世的宫廷藏品都不可能近距离接触，更不能大规模破坏性地进行测试作业，因此从民间藏品中全方位地获取这方面的数据信息和复原成为可能。特别是在结构上，仍然可以获取与考古发掘和宫廷藏品同样价值的原始数据和结构形态。更重要的是，从上古到近代、从宫廷到民间都保持了相当稳定和统一的结构模式，因此这两件20世纪初京津地区典型妇女袍服的测绘与复原具有极其重要的文献和考物价值。通过对它们测量的数据和复原的原始结构状态发现了很多第一手的原始数据和技术信息，并可以总结和推导出古典华服的结构规律及其演变机制。

（一）古典华服结构的整一性是重工艺轻裁剪的产物

古典华服结构的整一性有其相当复杂的传统文化背景，因此这种独一无二的结构样式能够绵延几千年不是偶然的。更重要的是，通过考据和结构的复原，发现传统华服结构的整一性其实还是一个物理学上的命题。一块面料若要最大限度地不被破坏，节省、减少或简化其加工过程与工艺，最好的办法就是使面料尽可能保持它的完整性，甚至要牺牲某些局部结构的合理性。这种观念在清末民初发展到了极致，这与物资相对匮乏而人口却在大量增加不无关系。

从前述考据的长袖和短袖两件袍服结构来分析，前后中都不采用破缝处理，因为从有破缝（清及前朝各代）到无破缝（民国华服特征）仍符合自然造化天人合一的中华文化传统，也符合节省的原则。前后中无破缝就意味着利用面料满幅来设计服装的主体结构成为可能，我们从长袖袍服复原的结构图来看刚好是当时常用丝绸面料的幅宽，从实物的袖接缝观察反映的也是布边，这可以说达到了物尽其用的目的。短袖袍服，短袖短到什么程度最适合，并不是根据需要而设计，而是根据面料幅宽而定，也反映了当时织机的状态（图8-15）。

后

后

前

前

接袖

接袖

幅宽

短袖袍服裁剪

幅宽

长袖袍服裁剪

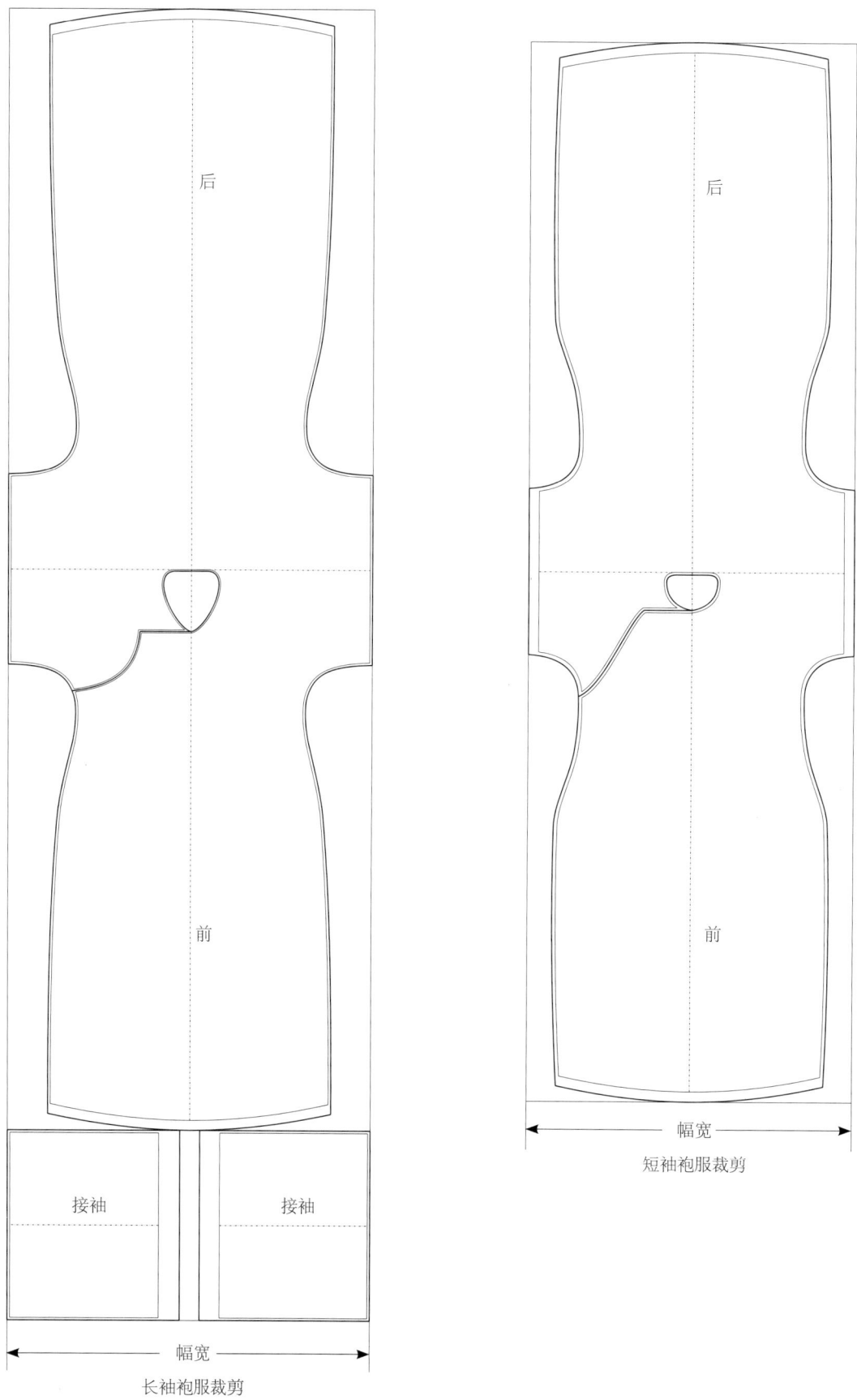

图 8-15 长袖和短袖袍服的整幅裁剪

华服结构整一性的物理学命题，最有说服力的就是广泛使用的布幅宽度决定了裁剪的方法，在结构、工艺和技术上充分利用它们的性能，这是很值得我们研究、学习和继承的。丝、麻、棉这些相对柔软材料的结构美学就是保持其整体性要优于分散性，特别是丝织面料，过多的剪裁会严重破坏它那独到的美学风格和性能。这与欧洲的以羊毛为原料的服装文明不同。因此，连身（前后身相连）连袖（身袖相连），整齐划一的华服结构表现出的重工艺轻裁剪既是文化的需要，又是客观的必然。这种由物资稀贵而激发的节俭意识，发展到对物质（包括自然之物和造物）的敬畏而升华的天人合一的宇宙观，是一种从科学精神到道德精神的升华过程，"科学精神"是人类文明历史的根本而每每被我们忽视，这更需要我们作深入的研究和思考。

（二）无中缝和有中缝结构的理性与耐心

从先秦两汉到宋元，再到明清，无论是哪种类型的服装，前后中破缝是普遍存在的，到了民初这种结构样式消失了，这是偶然还是必然，是基于伦理的还是物理的，在没有对其结构系统进行研究之前，"伦理说"便成为学术界主流的观点。当我们进入民初女子袍服结构的研究时，这种传统学说是否被颠覆？被测试的民初袍服无论是长袖还是短袖，在结构上都是没有前后中缝的，前文提到它既是传统文化的需要，又是保持布幅完整性的客观必然，甚至这要以牺牲某些局部结构上的合理性为代价，这就是无破缝会造成的右衽大襟上至少要匮缺1厘米的缝份量（图8-16）。而在民间认为，这不足以影响整体结构，何况传统袍服宽松的容量使这些缺失是完全可以忽略不计的。与前后中破缝裁剪权衡，不破缝看来有更多的好处，如布幅保持最大的完整性、整齐美观、工艺简单、便于整理等。因此，民初民间无中缝连裁的结构在女装古典服饰中成为主流，当然这要取决于下摆收缩可以被容纳在一个布幅中，同时传统的补角摆问题也解决了。这种收身的流行又是被西风东渐的潮流所绑架的结果，因为表现妇女的体姿不是中国文化的传统。所以，过渡期旗袍的风尚表现的羞羞答答就不足为奇了。

无中缝连裁右衽大襟的匮缺，毕竟在结构的合理性上是个缺陷，作为华服具有几千年稳定而成熟的十字型平面结构，不可能没有一个好的解决办法，但前提是结构的整一性（连身连袖）不能被破坏，这就是通过增加大襟饰边来弥补，同时也解决了大襟耐磨的问题，这时贴饰的价值变得更加本色（民初相对前朝更少装饰）。由于饰边是额外加上去的，对于大襟因连裁造成的缺失（1厘米）得到了有效地补充，同时又起到了装饰作用（实为由于充分利用其他余料所致）。因此，华服大襟饰边的普遍使用并不单纯是为了装饰，而是使其保证结构的合理性更重要，这一点很值得我们去思考（图8-16）。当不需要饰边时（不喜欢、不流行等）则采用另一种办法，这就是通过后中缝破开，使前大襟与里襟分离，从根本上解决了连裁大襟缝份匮缺的问题，而后中破缝自然也就出现了（图8-17）。其实，大部分情况为了考虑前后对称，前中缝也要破开，这样也会增加节省面料的机会。可见"整"和"破"的博弈，生存需求要大于精神需求。古人的智慧在反复证明这一点，如前后中缝破开还另有考虑，这就是多用在宽大的袍服上。这是因为在一个有限的布幅中不足以完成袍服的完整结构，只能从中缝破开，这样前后中破缝就可以解决布幅宽度不足和连裁大襟匮缺的综合问题，用"中庸思想"之类解释显然是后人附会上去的，如果以此解释补角摆结构就荒唐了（图8-18）。可以相信，如果布幅足够大的话，古人绝不会破全为二。也反映了清以前的服装结构多为前后中破缝，说明古代服装较为宽大而布幅较窄的历史局限。民初多出现无中缝的连裁结构，说明此时服装变得收身而布幅有所增加（从手工到机械的改变）。因此，华服连裁前后中缝的破与不破，自古以来就不缺少结构上的理性思考，更不缺少对织物的耐心经营，但绝不是因为某种学说的文化符号，更不是为了塑造体形，如果简单地附会成所谓的"中庸思想""民权精神"，这缺乏可信服的实证和科学态度。

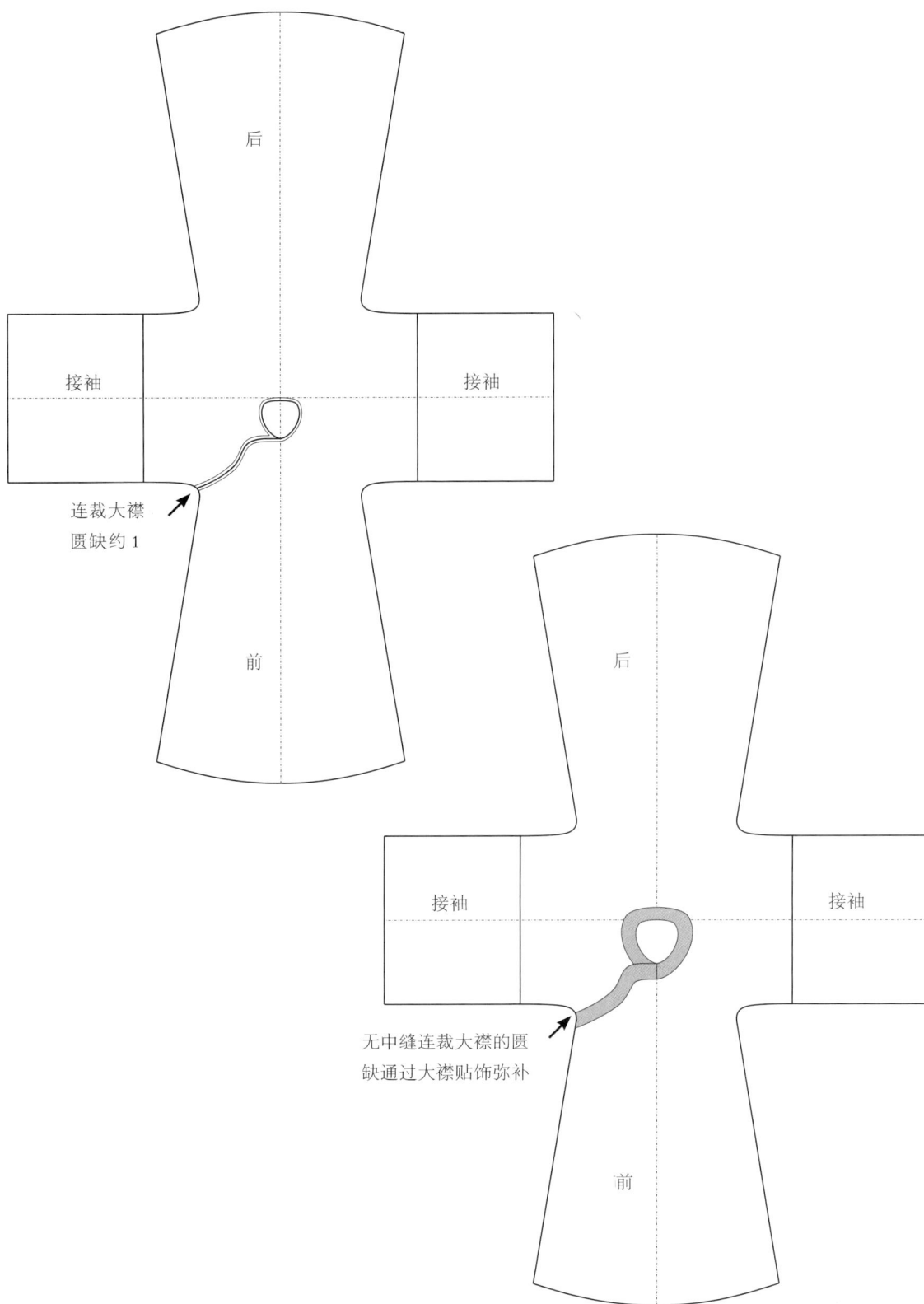

图 8-16　无中缝连裁右衽大襟的匮缺现象与补充方法

后

接袖　　　　　接袖

连裁大襟
匮缺约 1

前

后

接袖　　　　　接袖

无中缝连裁大襟的匮
缺通过大襟贴饰弥补

前

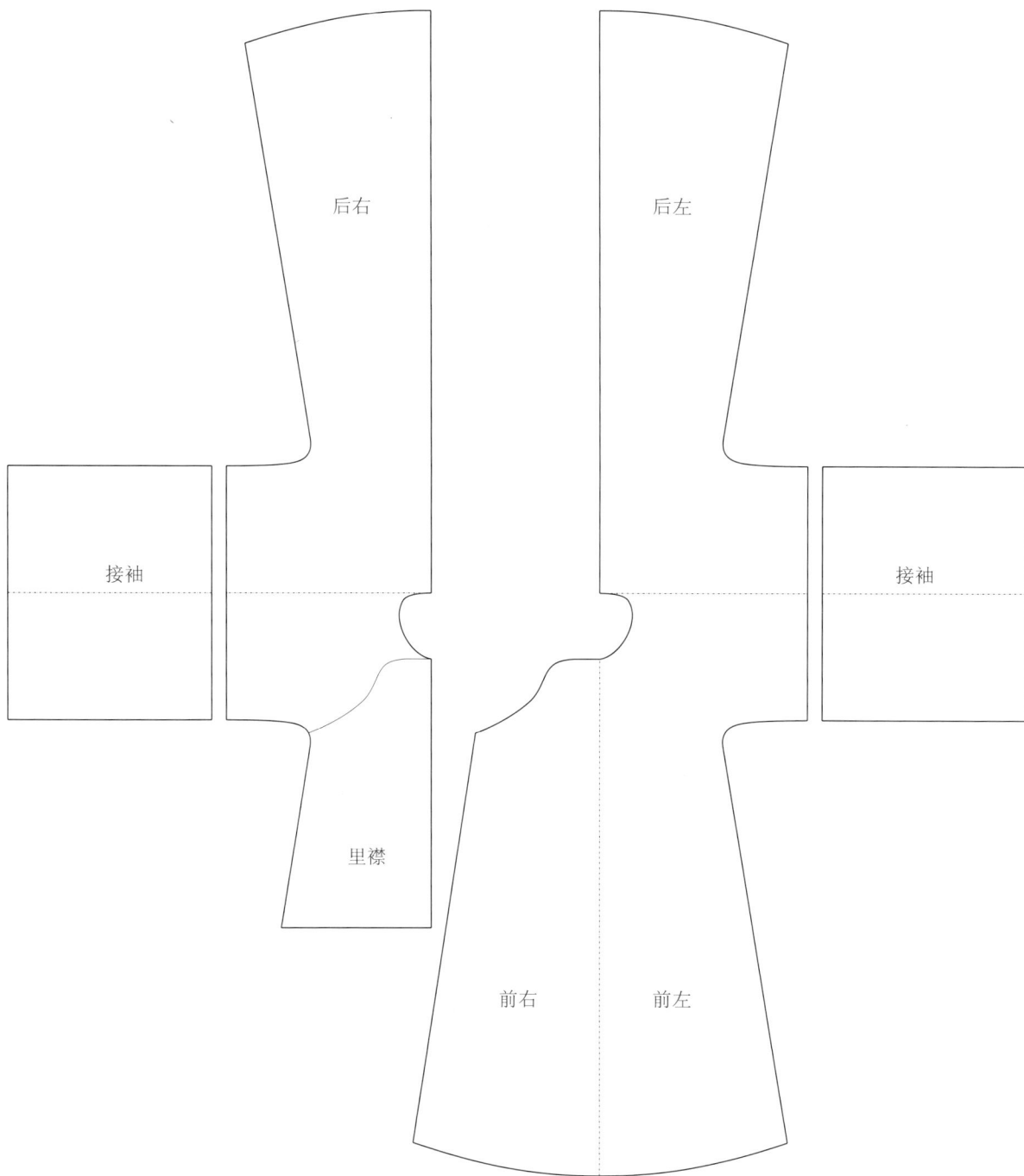

后右　　　后左

接袖　　　　　　　　　接袖

里襟

前右　　前左

图 8-17　连裁后中破缝结构解决大襟缝份的匮缺

后右

右接袖

里襟

后左

左接袖

前右 前左

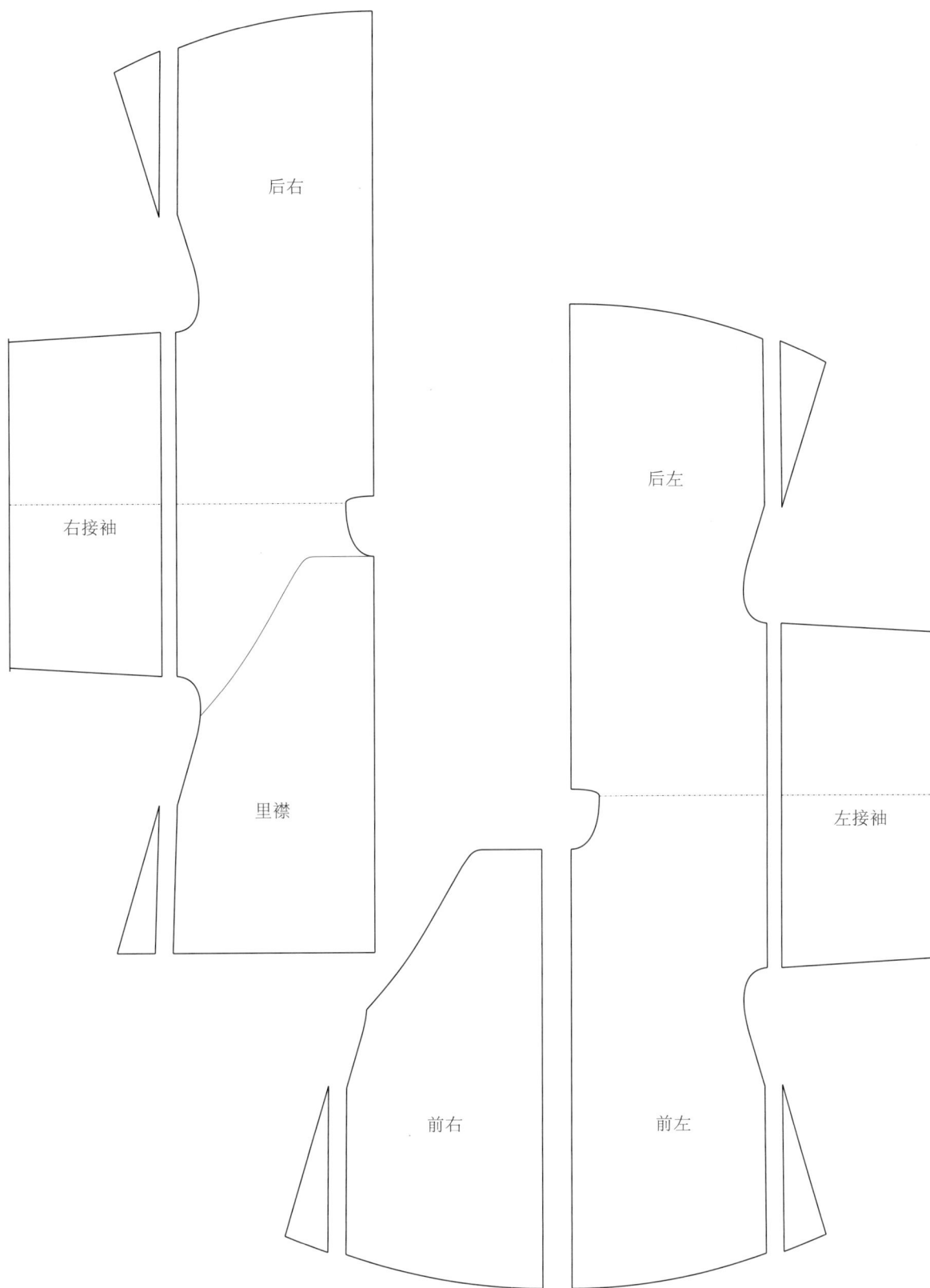

图 8-18　连裁前后中破缝结构同时配合宽摆（补角摆）设计是古典华服的标志性结构

（三）女装袍服无中缝大襟结构的古老智慧和中国基因

　　前文提到民初女装袍服采用了无中缝连身连袖的结构形式，它满足最省料的同时也带来了一个问题，那就是右衽大襟匮缺的问题。缝纫时在门襟款式线两侧要留出一定的缝份，由于无中缝造成大小襟共置无法留出缝份，若不采取任何措施的话，小襟的接缝线就会外露，影响美观[图8-19（a）门襟遮蔽不足示意图]，如果直接将门襟向上拉合盖住接缝线，还会造成前领中心向右偏斜等问题[图8-19（b）]。

　　巧合的是，前领口偏斜的问题在短袖女子袍服上有明显的表现，而另一件长袖女子袍服上却不存在[图8-19（b）]。

　　在标本的测绘过程中发现，长袖袍服里襟的搭合量有2厘米，短袖袍服里襟的搭合量有1.7厘米[图8-19（c）之A、B]。假设裁剪时在门襟开口处无任何处理，那么，通过实验可以知道，如果缝纫后满足成品的门襟与里襟搭合量（2厘米）的话，从衣身领口后中心到左前领口端点的长度（*AB*）将大于从衣身领口后中心到右领口端点长度（*AC*）至少2.5厘米[图8-19（c）之C]。也就是说，以衣身领口后中心为基准，领口左右不对称。事实上，从测量数据来看，短袖袍服的这两个长度（以衣身领口后中心为基准，到领子左右端点的长度）确实不相等，左边领口的长度大于右边领口的长度，差值约为2.6厘米，和我们实验所得到的结果相近，并且这种偏差在外观上很明显[图8-19（b）之B]。而长袖袍服领子是右大于左0.1厘米，完全可以忽略不计。因此，基本可以确定，长袖袍服门襟和领口的剪裁处理与短袖袍服是不同的。短袖袍服处理的缺陷显而易见，应该不是理想的剪裁方式。长袖袍服领口不偏不斜，门襟重叠处也很平整。除此之外，在面料和缝纫工艺上，短袖袍服都比长袖袍服差。

　　那么，这个看似简单的门襟遮蔽问题的玄机究竟在哪里？

　　在实物结构测量中得不到的答案，只能存在于裁剪或者缝制的过程中。民间手艺人有改变纱向的处理方法，但是具体的处理过程并不清楚。在查阅资料的过程中，发现了一种相近款式的剪裁方法，除了收有胸省、腰省，尺寸更加合体外，它的款式与实物标本基本一致：无中缝、右衽大襟、接袖（明显是改良旗袍）。通过分析可以得到大体证实。

0.5 缝份 0.5 缝份

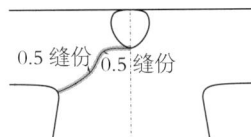

（a）门襟遮蔽不足

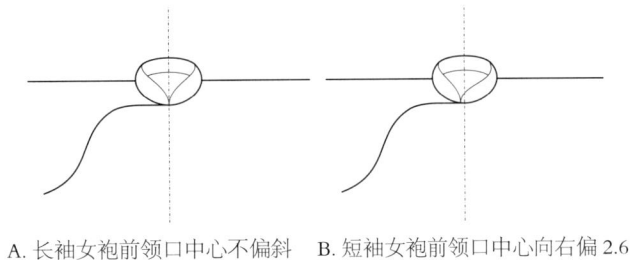

A. 长袖女袍前领口中心不偏斜   B. 短袖女袍前领口中心向右偏 2.6

（b）长袖女袍和短袖女袍领口外观对比

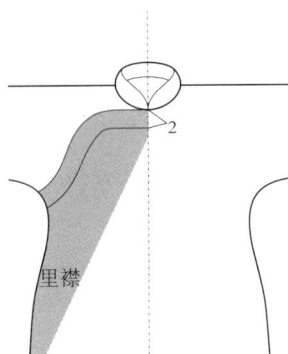

里襟

A. 领子前中心处门襟与里襟的搭合量
长袖女袍 2

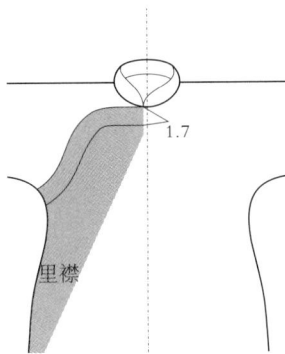

里襟

B. 领子前中心处门襟与里襟的搭合量
短袖女袍 1.7

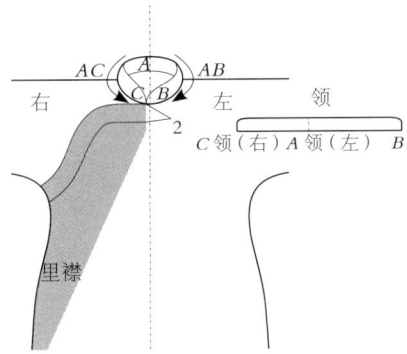

里襟

AC   A   AB
右   C B   左   领

C 领（右） A 领（左） B

C. 通过实验，领子前中心处门襟与里襟的
搭合量为 2 时，AB 大于 AC 2.5

（c）领子前中心处门襟与里襟的搭合量

图 8-19   两件标本女装袍服门襟遮蔽问题示意图

剪裁过程如下：

如图 8-20（a）所示，将长为（衣长 + 底边折边）×2 的面料反面向外，先沿布的宽度（纬向）对折，再沿长度对折。对折后的长度是衣身的长度加底边折边。折完以后，上面两层作为前片，下面两层作为后片。

将第一层布和最后一层布的底边向布边方向拉出 1.5 厘米，以顺着直纱方向的对折线 AB 为衣身的中心线，而纬纱方向对折线上的浮出量就作为里襟和大襟搭合的量［图 8-20（b）］。

如图 8-20（c）所示，画出领口和门襟款式线。从 A 点向下按领深剪至 C 点（只剪开上面两层面料的对折线），再如图示方向并留出 0.5 厘米缝份剪开大襟款式线 CD（只剪最上层面料）。

然后如图 8-20（d）所示，在 AC 的 1/3 处 E 点斜向约 45°剪至 F 点（F 点距领口线至少 0.5 厘米，并且只剪上面两层面料）。然后在第一层面料上打 Y 形剪口。

如图 8-20（e）所示，向上翻开第一层面料的里襟部分，用熨斗拔开 Y 形剪口部分。第二层面料的剪口处重叠 1 厘米（增加 1 厘米理解为门襟的搭合量）。

把里襟部分再还原折回，与下层合拢拉平，原来的浮出量就转化为里襟与大襟的重叠量，同时里襟在前中心线处探出约 0.6 厘米，作为里襟在中心线处的缝份。画出衣身轮廓线，将四层一起裁剪衣身［图 8-20（f）］。

沿水平方向打开前后身（上面两层是前身，下面两层是后身），剪出领口并留出缝份［图 8-20（g）］。

这样的处理，其实是微小改变衣身的纱向，结合归拔的方法，做出门襟的搭合量。由此启发，如果前片中心线是竖直纱向，单单倾斜后片的中心线，参照上述操作方法，也是可以实现的，这种处理也见于文献记录❶。但是，这样裁剪会使衣身的前后中心线偏斜。重新考察长袖袍服，其前片中心线没有明显偏斜现象。由于丝绸面料轻薄爽滑，这个测量结果很难说明什么问题，值得研究的是它与清末黑色团花织锦缎马褂结构肩袖线向前偏斜的处理有异曲同工之妙（参见图 3-7）。

❶ 杨明山，袁愈焰. 中国便装. 武汉：湖北科学技术出版社，1985；沈祝乔. 旗袍专技. 台北：双大出版图书公司，1986。

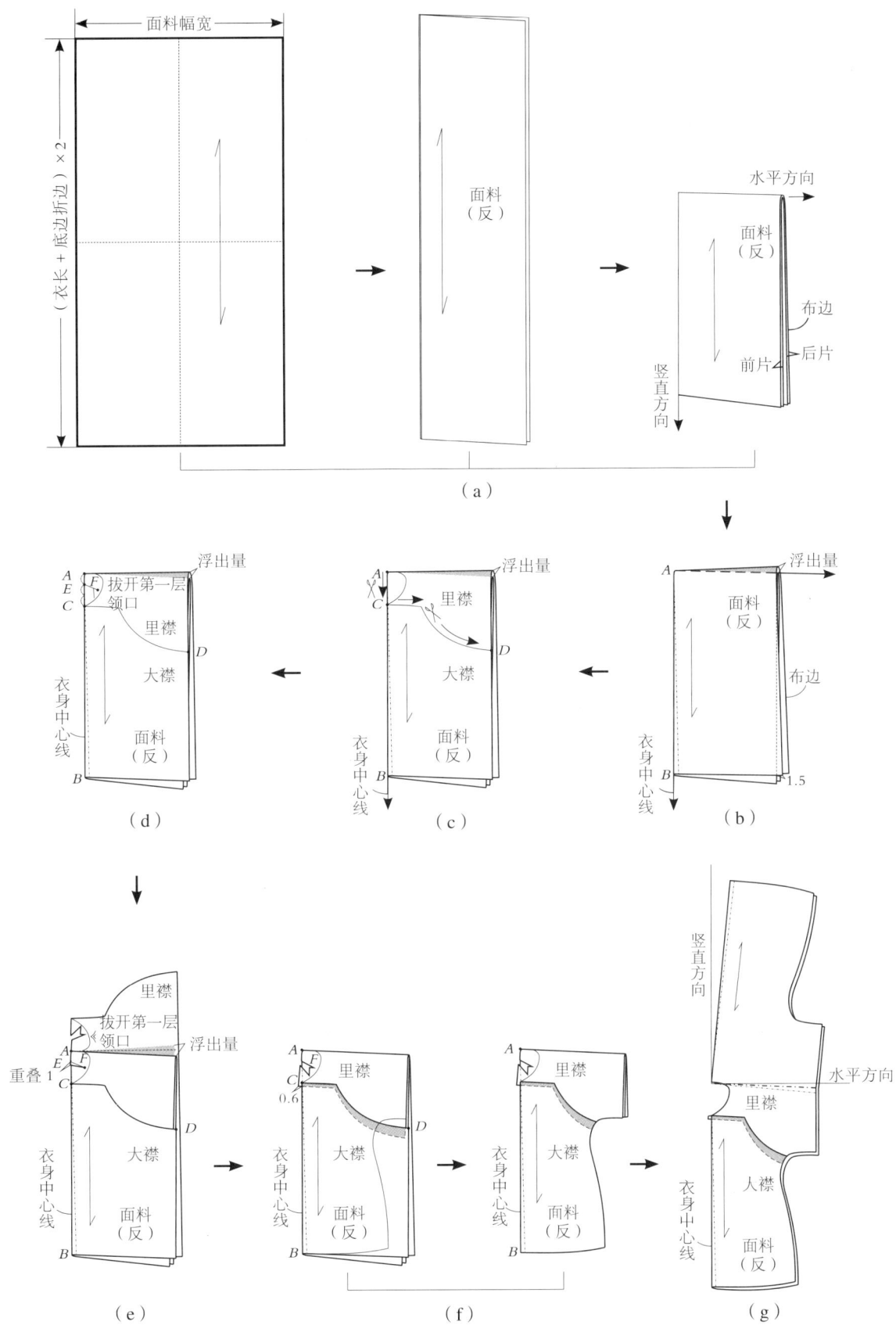

图 8-20　无中缝袍服大襟（搭门）剪裁过程

回到实物上，仔细观察长袖袍服的右领口，纱线被拔开的痕迹还隐约可见。因而裁剪时，右侧领口的拔开方法似乎可以肯定。虽然如此，由于时间久远，又没有足够的证据，不能说实物门襟的处理采用的就是这种方法。它的剪裁过程究竟是怎样的，据标本拥有者（也是制作者）回忆，这种方法是当时京津地区流行的"挖大襟"方法产生的搭合量。旧时老裁缝们各有各的手艺，彼此的技术细节绝对相同的可能性很小，并且手艺不轻易外传，通过这件实物的结构分析，十字型整一性平面体的结构并不缺少技术含量，就是在民国初年的民间也是如此，并且传承有序。

如果单从装饰工艺的角度来思考的话，门襟的遮蔽问题还可以用装饰边来解决，或者宽一些的绲边都能够遮盖。而且这种掩盖非常符合中国古人服饰装扮心理，即要保持面料和服装表面的完整性，无必要的衣缝越少越好；衣缝最好不要显露，正所谓"天衣无缝"。因而，用饰边掩盖接缝不仅解决了问题，还美化了服装。到了民国初年，这种装饰被抛弃了，也就造就了"挖大襟"这种古典华服的时代秘籍。

在女装袍服的剪裁上，为了节约面料和保持面料的完整性，那个时代的裁缝师傅不惜花费心思来琢磨剪裁技巧，他们在一块小小面料上表现出的智慧和耐心令人肃然起敬。正因为这种巧妙地处理，可以毫无疑虑地将整个衣身放在一个布幅之内，从而最大限度地节约面料。这是对中国劳动人民勤劳节约美德的最好诠释，也说明了中国传统服装剪裁结构具有不可忽视的朴素科学观。

女装袍服在剪裁过程中经过这样的结构处理之后，服装成品的肩袖线会向下微微倾斜，服装成品呈现一个变形的"T"字——"T"型，与湖北江陵马山楚墓的素纱绵袍外形相近（图8-21）。并且，它们外形的相近都源于同一个原因——满足门襟拥掩的需要。看来这种古老的技艺也和十字型平面结构华服固有的基因一同延续了几千年，这是巧合还是遗传？民初袍服实物为了解决无中缝整裁时大小襟的搭合问题，在剪裁过程中微妙地调整服装的纱向；而马山楚墓素纱绵袍为了获得足够的门襟拥掩量，在缝纫的时候将衣身各个分片斜向拼接起来。二者虽然处理方式有所差别，但都可以看作是通过改变纱向达到门襟遮蔽的需要。这种通过纱向的微小处理满足款式及实用性需要的裁剪思想和方法，在远离民国时期的远古，就为手艺人所采用了。民初袍服实物的纱向处理思路，并不是无源之水、无本之木，而是一种久远历史记忆在不同时代的再现，是古老技术思想在手艺人中经历时空考验的默默传承，是隐藏在平面结构中去探索立体人性的一个古老而又充满智慧的中国基因。

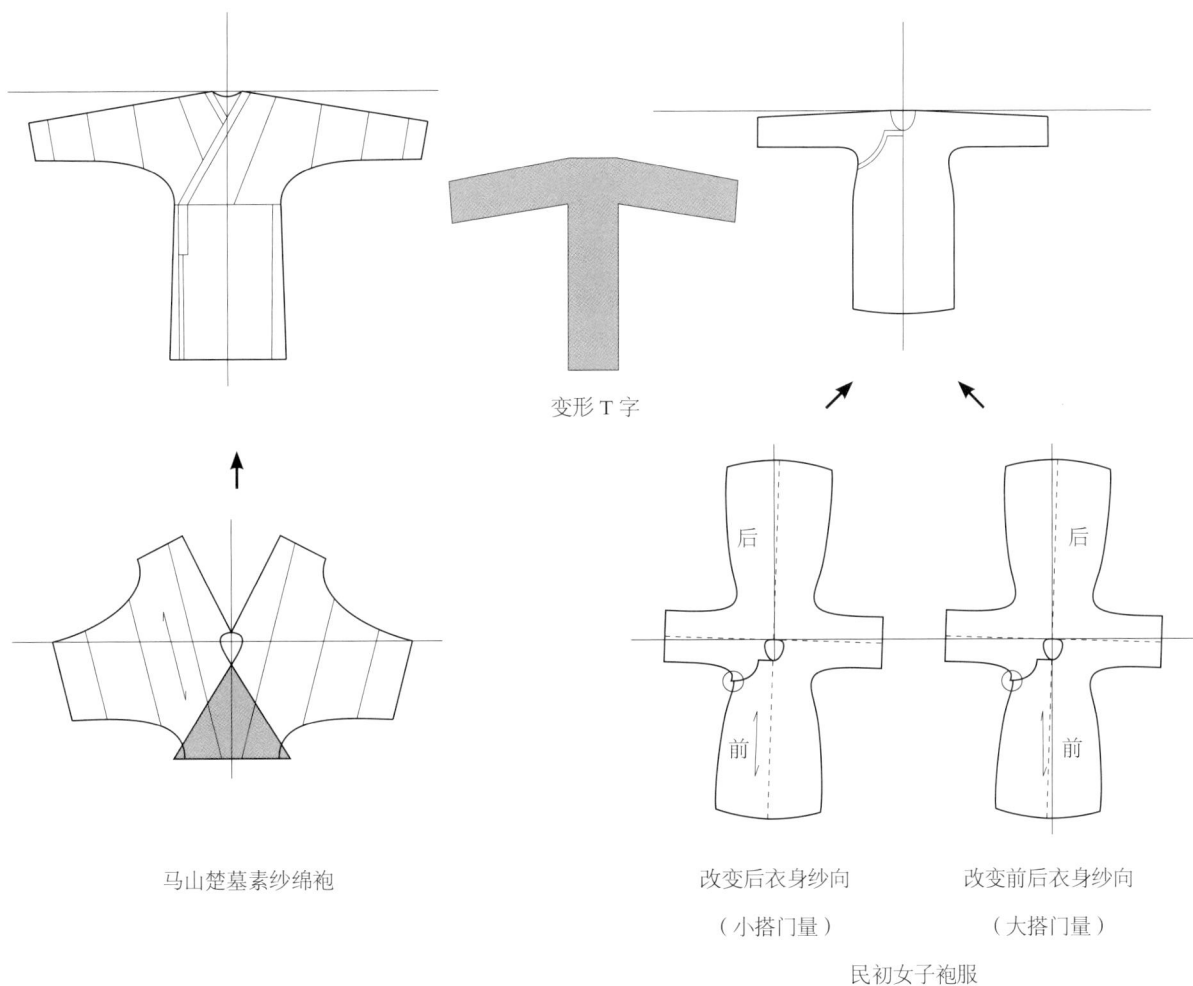

变形 T 字

马山楚墓素纱绵袍　改变后衣身纱向　　改变前后衣身纱向

（小搭门量）　　　（大搭门量）

民初女子袍服

图 8-21　马山楚墓素纱绵袍与民初女子袍服的廓型对照

（四）民初袍服结构革命性的萌动

　　无论是长袖还是短袖袍服，通过测绘和结构复原的研究以及我国历史袍服结构形制的流变，可以得到一个基本结论，即它们保持着传统固有的"十字型、整一性、平面化"的连裁结构。有所改变的是，进入民初整体趋于收身，腰线更加明显，下摆从宽摆、直摆到窄摆的变化。所谓民初华服固守最后的堡垒并不是指后边这些收身曲线和窄摆，而是指仍然保持着十字型整一性平面体的连裁结构，这种结构才是中华民族所独有的，它的合理性必须在那个时代、那个条件、那个思维方式下去解读。按现代设计理论创始者莫理斯的说法，我们不得不遗憾地承认，将当代的设计和古人的设计相比，我们今天设计师驾驭设计的能力和恰如其分地反映时代的物质本性的技术与意识还不如古人。

说改良旗袍是民国末年女装的革命，就是在意识形态上人性的解放，其实它标志性的元素就是在结构上的革命。这就是它完全颠覆了"十字型、整一性、平面化"结构模式，而变成了西方式多元性立体分裁结构系统。在改良旗袍上出现了前和后、身和袖分裁，省的出现和省的处理已经完全立体化了（图8-22）。在服装的结构认知上从一元到多元，从整体到分析，从平面到立体，这无论如何是个进步。然而，在整个民国时期改良旗袍并不是主流，就是到了新中国成立初年，男子的中山装成为主流的时候，女子袍服的结构仍坚守着民初时期有腰身的十字型平面结构（图8-23）。因此，综合它们的文化背景，材料的物理条件，最适宜的技术手段，改良旗袍与传统袍服的结构孰优孰劣我们还没有下结论的资格和时间。

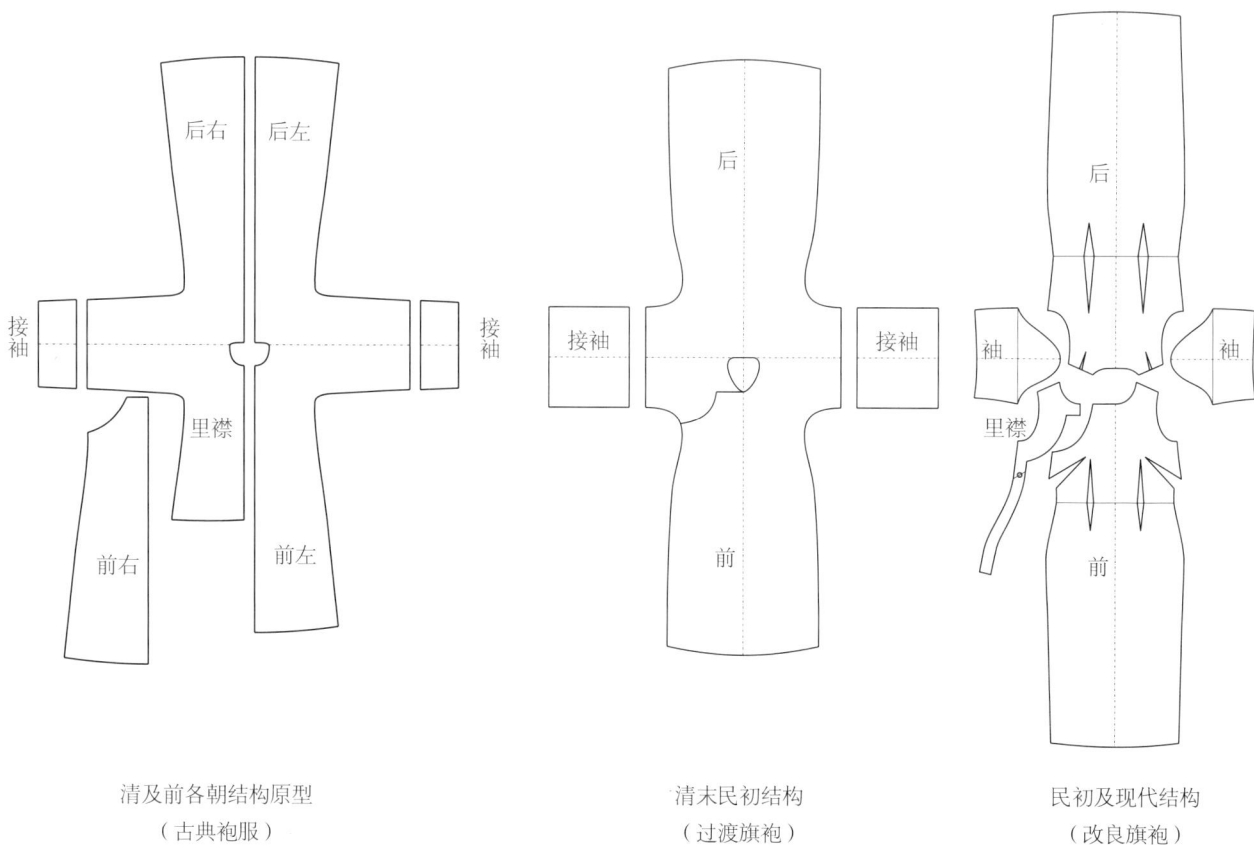

清及前各朝结构原型　　　　清末民初结构　　　　民初及现代结构
（古典袍服）　　　　　　　（过渡旗袍）　　　　　（改良旗袍）

图8-22　袍服的传统结构、过渡结构到改良结构

图 8-23 新中国成立初年男子中山装成为主流，女子服饰仍保持民初"过渡"形制，只是"袄"成为时代特征

资料来源：私人收藏。

第九章

民初男装袍服结构图考

　　民国初年汉民族男人的主流服装是长袍马褂，它们的形制主要是长与短、大襟与对襟的区别，它们可以组合也可以单独穿着，亦有尊卑贵贱之分，组合为"尊贵"单一为"卑贱"，其实这种"尊卑贵贱"也仅仅是讲究程度的区别。可以说这是民初汉族男子服饰的基本面貌（以中产阶层为典型，图9-1）。与女子袍服不同的是维系着它们的固有结构，"十字型、整一性、平面化"始终是一贯的，当然长袍是这种华服结构在其最后历史时期的集大成者。然而，裁剪技术的传承自古以来就是靠师徒口传亲授维持的，没有任何裁剪图谱流传下来，更不会有技术意义上的文献传世著述。在民间，这种技艺就保留在掌握它们的裁缝手里，甚至在妇女中儿时就开始训练这种技艺直到终老。随着这些手艺人的逐年减少，它更显得弥足珍贵，可以说，华服裁剪技艺是最具非物质文化遗产的特质了，好在还有先人留给我们的这些实物。当我们利用现代化手段对它们进行全面深入研究的时候发现，这远不是我们理解的那么简单，如果我们没有破解它的全部信息，特别是"结构学"上的信息，往往是按今人思维的逻辑解释得越合理的就越不可靠。比如长袍中的大襟、中缝等多数认同，它是罢黜百家独尊儒术的大一统思想、崇善为美的宗族意识、为上为下为右为左的中庸之道的中华传统意识的反映。其实我们忽略了存在决定意识、经济基础决定上层建筑的一个基本原理，在深入其结构的考据中我们发现，选择大襟、中缝等的结构和技术，完全是以因材施法和追求"格致之美"为基本点出发的。至于反映中华传统意识，恐怕还有另外一种更合适的表达方式——吉祥图案，尽管如此，图案的运用也并不完全是形而上的东西，例如大襟的饰边是为无中缝结构时弥补大襟缝份缺失的妙法。在宫廷或显贵服饰中，中间破缝总是一个缺陷，于是在成衣后有中缝的位置绣上吉祥图案（补子、团花、刺绣等），这种破而障之便成为"欲盖弥彰"的妙笔（图9-2），更显古典华服"修饰后人"的美学准则。当我们深入它的结构内部的时候从来就不缺少科学性，甚至是它的特质所在。在服饰传统中研究美学问题忽视它的实在性是不明智的。

图 9-1　民初长袍和马褂的组合与单独穿着仍传承着清朝尊卑传统

资料来源：私人收藏。

（a）绲边用来弥补无中破缝结构大襟缝份的缺失

资料来源：私人收藏。

图 9-2

（b）龙袍大襟饰边和刺绣对结构的补缀作用

资料来源：首都博物馆藏品。

图 9-2　华服大襟绲边和刺绣对结构的补缀作用

一、解读古典华服本质的最后机会

民初在中国服装历史上是个十字路口，女装的改良旗袍和男装的中山装，标志着一个新时代的开始，因为无论是改良旗袍还是中山装，它们事实上都放弃了华服几千年固有的"十字型、整一性、平面化"的传统结构，而接纳了西方的适合型多元性立体的世界主流服装结构。然而华服的情节就像中华民族的根一样，在人们的心目当中，无论经历了多少曲折、磨难和动荡都难以割舍。不用说近代以来没有受到过多政治运动影响的台湾、香港和澳门，就是中国大陆，从五四运动、1949年新中国成立、1966年"文化大革命"到20世纪80年代初的改革开放，华服虽是三起三落，终归是相伴相生没有淡出人们的视线。就是在服装国际化、个性化、多极化格局的今天，华服依然占据着一极。严格意义上讲，代表着这一极华服的标志并不是改良旗袍和中山装，而是指具有"十字型、整一性、平面化"结构，由清末民初定型并传承下来的袍服和马褂。特别值得研究的是，男人的袍服又悄然进入了人们的生活，它说明对服饰传统的继承更加理性、成熟了，因为只有袍服还保持着"十字型、整一性、平面化"中华服装结构的纯粹性和民族基因。

然而，我们对传统文化还缺乏一个持续性保护、研究和继承的状态，往往是随着国家政治的风向而动。就古典服装研究而言，"重女轻男"的现状是事实，当男人的袍服越来越看好的时候，却没有更充分的传统知识、文献、技术和研究成果的支持，还要去向我国台湾、香港、澳门的老裁缝去请教。可怕的是，更有价值的中华传统服饰知识、文献、技术和研究成果出自日本和韩国，自然也就出现了一些不规范、不考究的华服制品，"指鹿为马"式的唐装、汉服大行其道并不罕见。

当然，初期作为多元、开放的社会出现这种现象是可以理解的，但从专业和科学的角度看，过多地出现这种现象，说明对优秀传统文化的继承和对社会时尚文化的研究在学术上还不够理性和成熟。因为，唐装现象不仅仅是形式问题，更是个科学精神和如何对待历史的态度问题。所谓唐装现象，最根本的问题是，在主体的物质条件没有根本改变的情况下而改变了原有的主体结构，作为唐装而言，就是使用了很中国的面料（丝绸），却采用了很西方的裁剪（结构）。这种情况在我国的台湾、香港和澳门是不会出现的，在一些华人主流社会的国家，像新加坡、马来西亚、印度尼西亚也不会出现。值得我们思考的是，完全大和化的日本和服从大唐继承下来以后就从来没有改变过"十字型、整一性、平面化"的基本结构，甚至它成为日本大和文化的最高准则。一方面，这一传统在其历史中就从来没有中断过，最重要的是以各种方式、手段、政策保护和传承这种独特的技艺；另一方面，社会生活的这种传统和西方的文明始终相辅相成和平共处，而不是对立的。

这种独特的技艺是什么？其实，它并不是一种简单的技巧、方法和规程，最重要的是一种文明的评价，即该文明的形态是否恰如其分地反映了当时的社会综合背景，特别是真实地对其生产力和物质本质的科学与艺术的反映。现实是用水泥建造斗拱式大屋顶建筑，这种在崇尚科学的时代用伪科学的方法，却由上到下、从专业到民间都乐此不疲。"唐装"现象就是在记录着这段似乎不那么精彩的中国服饰史。"丝绸文明"的核心是什么？是对上天赐予我们像仙女一样的丝绸要有敬畏之心，民初服饰的坚守最具价值的也在于此，长袍马褂的"十字型、整一性、平面化"这种结构形式、裁剪方法和缝制技巧最适合丝、棉、麻面料的本质表现，从而也成就了中华民族几千年来崇尚丝、棉、麻服饰美学的最高准则。民初的袍服和马褂作为中华服装的最后一个里程碑，它集合的最典型、最纯粹的就是还严守着这种古老而独特的结构样式。即便在1949年新中国成立初期中山装大行其道的时候，仍然值得肯定，因为，中山装并没有像唐装那样把马褂和制服杂糅起来，而是保持着各自的纯粹性，正因如此，中山装的"洋为中用"创造了一个华服的里程碑（图9-3）。

民初男装袍服结构图考能不能解读以上的困惑这是奢望，但它那更具中华服饰结构活化石的纯粹性却会激发我们的探索欲望，增强我们的判断力。重要的是只有沉下来对其全方位而深入的研究，我们才能获得继承、发扬和保护的资质，当我们还没有搞清楚这一切时，都不能说我们的成果是可靠的。这里对民初汉民族典型套装式袍服进行全面的考据研究和结构图复原后，是否会对古典华服的本质有更深刻的认识？但这毕竟是最后的机会。

图9-3　新中国成立初年迎来了华服的中山装时代，其中却没有任何华服的元素

资料来源：私人收藏。

二、民初套装式棉袍"一服多季"的形制

　　民初是古典华服结构保存的最后阶段，袍服是这种结构表现的集大成者。根据中华一统的文化体系，在结构上也遵守着这一稳定而独特的造型准则，即"十字型、整一性、平面化"的结构模式。当我们未对其真实的实物标本做全面细致地测绘、数据采集、考据分析的时候，也很难对"十字型、整一性、平面化"的结构模式作出准确的判断和解读。往往认为男、女装袍服在结构形式上是完全相同的，因为有两个关键指标它们基本上是一致的：其一，外形上都是平面体；其二，结构上都是十字型。如果我们不对它们的结构做深入细致研究的话，会忽视它们的一些重要细节，这就是"整一性"各自的条件不同，各自的表达也不同，所以说也就有了清末民初女装袍服结构的三个阶段（参见图8-22），而男子袍服没有。如果说女袍和男袍公共主体的结构表现为十字型平面体的话（"十字型"表现为它们的裁剪形态，"平面化"表现为它们的造型形态），那么，"整一性"则是它们有所个性表现的地方，即男子的整一性大于女子。值得研究的是，这种"个性表现"是带引号的，因为它并不是为了表现外观的与众不同而施展的一种与众不同的技术手段，恰恰相反，在外观上，女袍和男袍几乎是相同的，那么又为什么在"整一性"的结构处理上各司其职？

　　其实，指标性的研究会告诉我们，男袍无论在造型、工艺、技术上，还是在用料、设计手法上皆与女袍有明显不同的规则和习惯，解开这些规则和习惯谜团的最好办法就是获取其典型实物标本，进行全面和细致的测试、数据采集和考据研究，并复原它的结构图。值得庆幸的是，我们获得了这样一件实物，而且这件实物比我们预期的更理想。

　　这是一件传世的私人藏品，是20世纪初京津地区典型的男人套装式棉袍。从它的组合与构成形式看，为我们传递出了一些很值得研究和更加充分的历史信息。

　　这件藏品的面料采用靛蓝色纯棉布，纯手工织机织造。套装式是指外罩长袍和棉袍可以组合穿用，外罩长袍也可以单独穿着。这会给我们这样一个基本推断，套装式袍服形制是当时中下市民阶层最普遍，也是中华民族几千年来积淀下来的一种节约型的着装行为，即"一服多季"，这也是与女夹袍最明显的区别。

　　采用朴素的棉布和惯常的靛蓝色，这表明它是作为常服使用的，另有一种提

示，即它与第三章中黑色团花织锦缎马褂标本（参见图3-2）不同，在形制和用料上都会更多地用在显赫贵族的男人身上。因此，对它的研究更具有当时服饰文化大众性和社会性的价值，但这并不意味着它们的手工技艺会比宫廷贵族的服装低多少，结构系统上更不可能有区别，这件实物标本的研究结果将会证明这一点。

"套装式"袍服在穿着行为上的"一服多季"，特别是其中的"节约意识"很值得研究。虽然作为外罩长袍和棉袍组合的设计只在冬季穿用，但外罩长袍也可以单独穿着，多在春、秋季穿用，而棉袍则不能单独穿着，必须有一件相匹配的外罩长袍保护，这样棉袍可以不直接和外界接触，从而减少更多的磨损和污染，这不仅能减少经常洗涤的麻烦，更重要的是能有效地延长它的使用寿命。这也从另一方面证实，棉袍比外罩长袍的用料更多，工艺更复杂，技术难度更大，用时更长。仅在用料上，棉袍要用三种(不包括填充棉)，外罩长袍则只用一种(表9-1)。而且在用料的花色上具有识别性，很有现代设计的"识别功能"，而女袍服的这种情况则是为了消耗边角余料，这是在服饰上表达男尊女卑的有力证据。棉袍面布采用暗条蓝地色织布，衬里采用两种：上段衬里是华北地区民间俗称的"野雀尾"（"尾"音 yǐ ），即用蓝条白地色织布做成"贴托肩"，类似于今天衬衫的"过肩"，但面积要大得多；下段衬里采用靛蓝里子绸。外罩长袍采用单色靛蓝染织布。暗条蓝地色织布暗示着棉袍是不能直接穿用的，因此，民间就有条纹布不外露的习惯。

表 9-1　棉袍和外罩长袍用料对比

套装式棉袍	棉袍	外罩长袍
面布	暗条蓝地色织布	靛蓝染织布
里布	靛蓝里子绸	
背、袖里布	蓝条白地色织布	

　　外罩长袍为什么可以单独穿着？这其中有几种考虑：第一，外罩长袍在结构、工艺和用料上都是以单层为准，它的成本相对棉袍低很多，满足穿用频繁、寿命短而损失并不大的需求；第二，日常服可在多个季节穿用，单层结构适应性更强；第三，外罩长袍的松量大，作为单衣使用更加灵活。外罩长袍在冬季以外的季节因不与棉袍组合使用，松量比棉袍相对要大。因此，外罩长袍的松量要控制在与棉袍组合时的状态从而满足成套时穿用，当单独穿着外罩长袍时，去掉棉袍的空间刚好成为外罩长袍单独使用时的合适松量（图 9-4）。下面分别对它们的结构图进行测绘复原能够证明这一点。

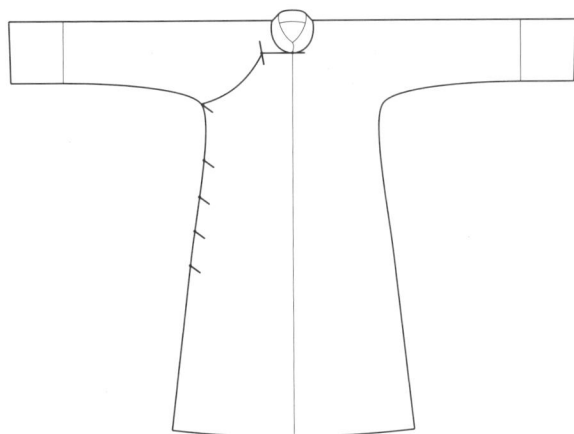

外观图——正面

标本——局部

标本——正面

（a）单穿外罩长袍

图 9-4

标本——局部

作者着组合长袍

（b）组合套装长袍

图9-4　单穿、组合穿的长袍

资料来源：私人收藏。

三、外罩长袍结构图研究

将套装式棉袍的外罩和棉袍分开，分别对它们进行数据采集、测绘、考据和结构图复原，有助于进行综合分析、比较研究，以获取以长袍为代表的民国初年男装华服结构形态、技术、方法等指标性的研究成果。

（一）外罩长袍的形制特征

这是一件私人收藏品，藏品本身并不名贵，但承载的信息非常有价值。总体保存完好，没有任何破损和修补痕迹。它与棉袍组合时作为冬季常服，单独穿用时为冬季以外的常服。根据其形制特征和相关信息判断，它是 20 世纪初京津地区（民初全国男服的典型代表）典型都市中产偏下阶层汉族男士的主流服装。

该藏品的外部特征，款式为立领，右衽大襟，由 7 个盘扣固定。造型是直腰身，下摆外展，衣长至足踝，膝下两侧开衩。前后中破缝左右分裁。袖长（包括接袖）可达手指尖，全袖长伸展完全可以覆盖全部手掌。仅从袖长宁长勿短这一形制，便可以折射出古典华服的精髓，这就是以多功能表现出的节俭意识（长袖根据季节、温度可挽可放）和掩蔽官能意识（人体体型、器官隐蔽起来总比暴露更善、更美，男人亦是如此）。靛蓝平纹手工织细棉布成为这种长袍最常用的面料，它几乎成为中华服饰历史进程中民国初年的一种标志，也可以说是古典华服的终结者，因为这种面料所孕育的华服技术、结构、工艺，都深情地镌刻在百分百的手工技艺中，就是在这种极为普通和低廉的面料中也不放弃在领边、领口、袖口、衽边这些重要的部位加入绲边的技艺（参见图 9-4 局部图）。这中间只有一种解释，就是对自然之物的敬畏，可谓"粗粮细作"。即便是用最普通的材料，也不放弃使用最好的技术。另一方面也揭示了古典华服为什么追求"轻裁剪重技艺"的精神内涵，因为重裁剪会人为地破坏面料的原生态，因此十字型整一性平面体结构既是中华服饰的美学准则，又是与自然和谐共生的客观需要。这很容易使我们与古老的"天人合一"思想联系起来，其实这完全是历史的必然。

长袍的裁剪方法在民初占据了华服裁剪体系的半壁江山，而在技术和规范性上比女袍更为讲究，如果说女袍更多地注重外在刺绣装饰技艺的话，长袍则更多地强调内在结构的合理性与技术处理上。虽然女袍和长袍都严格地遵守着"十字型、整一性、平面化"的结构规律，但在结构细节处理上要讲究很多，例如在衬里和贴边等内部结构处理上不刻意使用边角余料，即使内部结构也显得规整有序。因此，在测量项目和方法上要更加细致全面（图9-5）。

作为传统服装结构的考案，采用全方位数据的采集和测绘是复原其结构图的先决条件。由于实物标本在结构上是平面的，这对测量技术和精度而言都不会有太大的问题。按常规测量步骤采用由外至内、从主到次的程序进行。测量前，先将实物面料纱向自然平直地平铺在足够大且铺有本白棉布的桌案上，并确定横向和纵向坐标轴，在各部位测量时参照此轴。

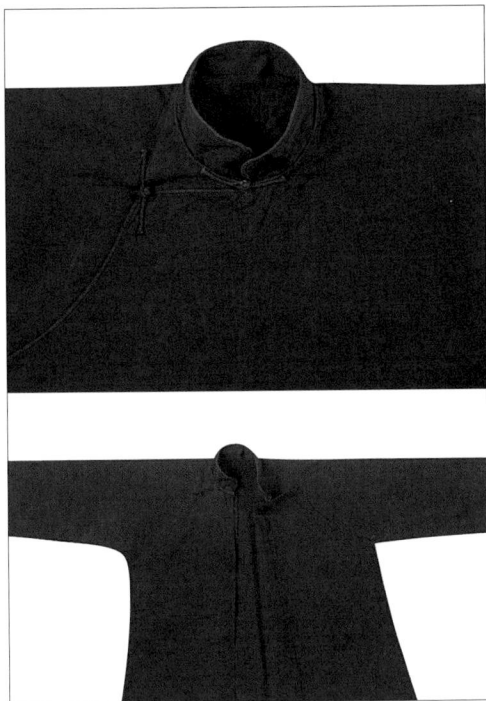

外罩长袍标本

服装部位	特征描述
造型特点	右衽大襟
衣长	至足踝
腰身	直腰身
领	立领
袖	通肩袖，接袖
袖长	长过手掌
前后中心	有破缝
开衩	低开衩
开衩数	2 个（左右侧各一）
盘扣总数	7 个
下摆	微曲下摆
绲边位置	领、袖、前襟
缝制方式	全手工缝制

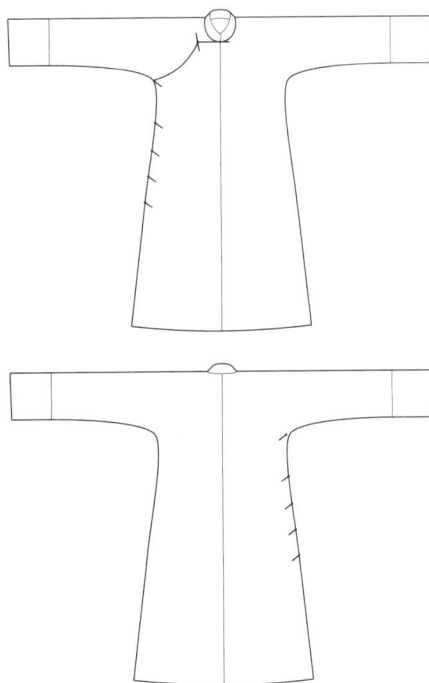

外观图

图 9-5 外罩长袍的造型和测绘项目

（二）外罩长袍结构图的测绘与复原

根据由外至内、从主到次的测量原则和外罩长袍为单层的特点，这里采用了主结构、里襟、贴边和毛样四个单元的测量与复原，由此完成外罩长袍全部数据信息的采集和结构图复原工作。

主结构的测量与复原。主结构一般指服装外部可以看到的部分，该实物标本包括立领、衣身和接袖三个部分。

立领结构基本采用直纱向裁剪，这与今天有翘量的立领结构不同，而和古典华服结构保持一贯的规整性或与节省材料有关。衣身也是如此，同女袍服一样仍保持着华服结构系统中固有的裁剪定式。然而，普遍采用前后中破缝是它最具代表性的特点（历史中男袍服没有前后中无破缝的个案），即使民初的长袍几乎不使用前后中无破缝结构，而女袍则与此完全不同。从破缝算起到袖接缝刚好为一个布幅宽（当时手工织机限定的布幅宽约77厘米），再利用接袖部分把设定的袖长补足，由此接袖部分普遍窄小的原因就不难判定了。以保持古典华服结构的纯粹性和一贯性，这仍是个谜，因为至民初时布幅宽完全可以容纳完整大身的裁片，何况还有"补角摆"的传统完全可以实现同于民初女袍无中缝的结构，然而男装袍服为什么依旧坚守？这倒是一个非常值得研究的文化命题，更准确地说是个"伦理命题"（在民间也恪守着男尊女卑，维系伦理纲常的旧制主要体现在男人身上）。

前后中破缝民间称为"大裁"，使右衽大襟不会像窄摆"挖大襟"的女袍那样（因窄摆而无前后中破缝）出现匮缺现象，同时与右衽契合的里襟部分可以与右衣片统筹考虑而连裁。因此，前后中破缝成为长袍惯常的结构模式（民初长袍坚守古典华服结构的标志性要素，也是与女袍最大的不同之处），它不仅使结构更加合理，且最大限度地适应和节省面积偏大的长袍用料，而大大地简化了在全手工时代的工艺，按今天的经济学说法，它还有优化成本的考虑（图9-6）。

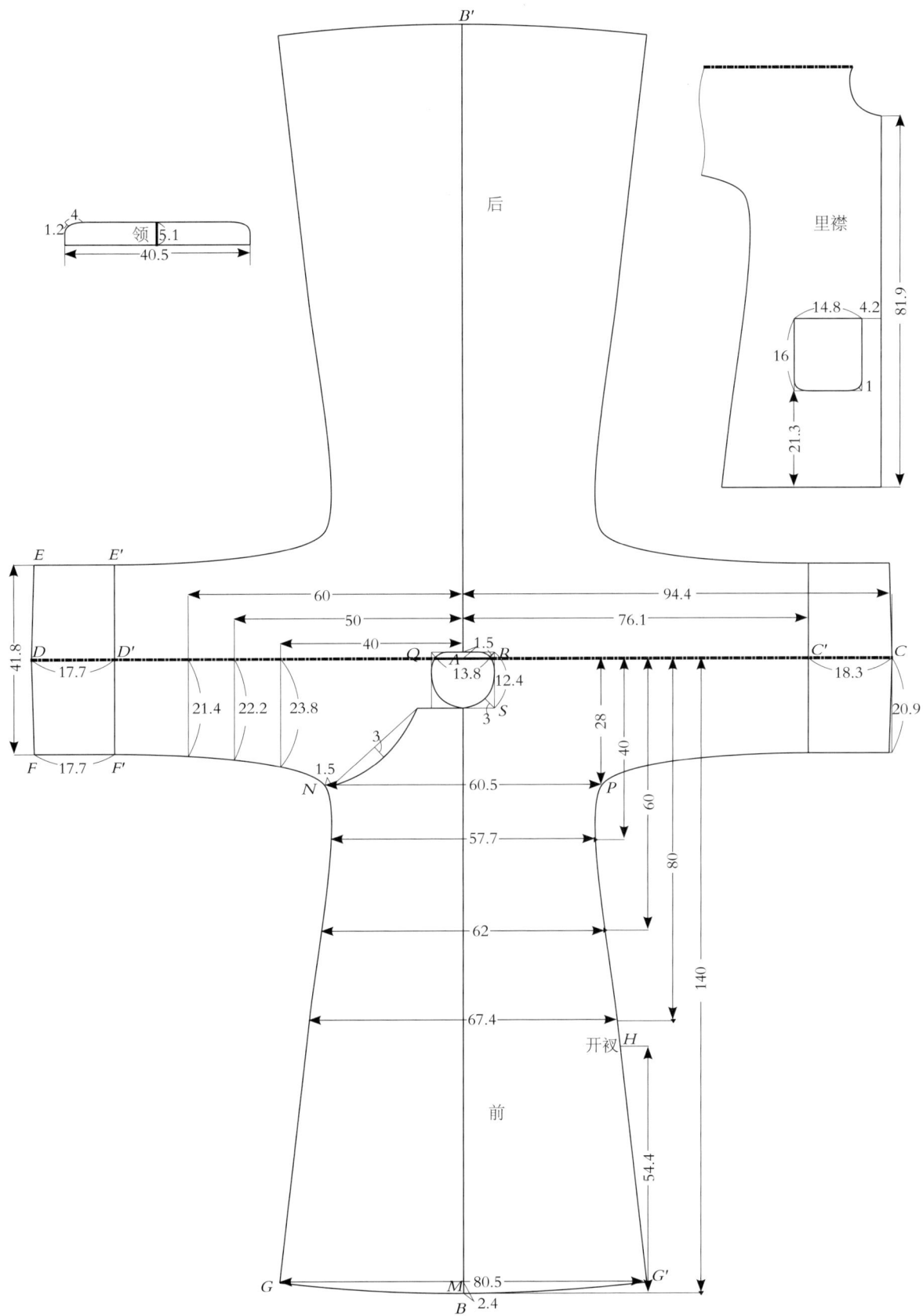

后

里襟

领

E E'

D D'

Q A B

S

N

P

开衩 H

前

G M G'
B

1.2 4
5.1
40.5

14.8 4.2
16
21.3
81.9

41.8
17.7
17.7
21.4 22.2 23.8
1.5
3
13.8
12.4
3
1.5

60
50
40
1.5

94.4
76.1
18.3
20.9

28
40
60
80
140

60.5
57.7
62
67.4
80.5
2.4
54.4

图 9-6　外罩长袍主结构测量与复原

里襟的测量与复原。里襟是指与右衽大襟搭合所用的搭门，由此可以认为对应里襟的外襟就是右衽大襟，所不同的是，它比女袍的里襟大了许多且规整，功能根据男装的特点增加了里襟口袋。它的结构原理是，由于长袍采用前后中破缝结构，使左右衣身分离，这样就无须单独裁制里襟（无前后中破缝时要单独裁制，参见女袍部分），而采用右衣片连裁里襟的方法。因此，里襟的功能实际在主体结构中已经实现了，在测量与复原中也随着主体结构裁剪而完成。值得注意的是，在里襟中间，外罩长袍的唯一口袋是设计在这里的，而女袍通常没有。可见隐蔽的功能也是男子袍服的一大特点（图9-8）。

贴边的测量与复原。贴边与今天服装贴边功能是相同的，主要起加固和包覆毛边的作用。然而今天包边的机器设备被广泛使用，且由于服装制品穿用的周期越来越短，因此，贴边的作用变得微不足道，工艺也趋于简单化。但作为高端制品还是固守着这个传统，可以说，贴边用的多少还是评价档次的一个重要指标，例如今天的高级定制服装就是不用锁边而用贴边的道理。

贴边采用分裁和连裁两种方式。古典华服以分裁为主（连裁只用在底边贴边，见图9-8外罩长袍毛样测量与复原）。该实物中贴边分布在领口、右衽大襟，包括与此连接的侧缝部分、前片左开衩部分、后片的左右袖底及侧缝部分（图9-7），底边采用连裁贴边（图9-8）。

毛样的测量与复原。毛样是指在全部裁片结构确定之后增加加工用缝份的裁片，因此从衣片（包括里襟）、贴边到领子等都要追加缝份。缝份的大小因部位、工艺和面料情况而有所不同，此时缝份和连裁贴边要统筹考虑。从实物标本整个缝份和贴边测量的结果看，都显得很紧凑，缝份平均比今天同类制品少了二分之一（约0.3～0.8厘米），说明民初在民间中产阶层，即便是最普通的面料也表现出很强的节俭意识，这意味着增大了工艺难度（图9-7、图9-8）。古代裁缝在节俭和表现（美观）之间作出权衡，他们选择了节俭为先，这不仅仅是为了节省资源和金钱，它的意外贡献是有助于持续性地提高技艺。这也是民间无论常服还是礼服、高档还是低档，它们都会精工细作的原因。该标本虽是常服，用的面料也是最朴素的棉布，技艺虽不能与宫廷制品相比，但工艺之精湛，技术之熟巧也可谓叹为观止，尽管是全手工缝制，但几乎没有视觉上的偏差。测量与复原图提供的信息是通过误差纠偏的实测数据（表9-2）。

后

3

3

0.5

0.5

0.5   0.7 （中缝折边）

0.5

0.3   0.3

4.8

0.3   0.3

3.7

0.5

3.7

0.5

0.5 （接袖折边）

0.6

4.8

0.6

0.5   0.5

3.5

2   0.5

（里襟折边）

前

1.7   4.5

开衩止点

3.5

0.5

3.8   0.5

（底边折边）

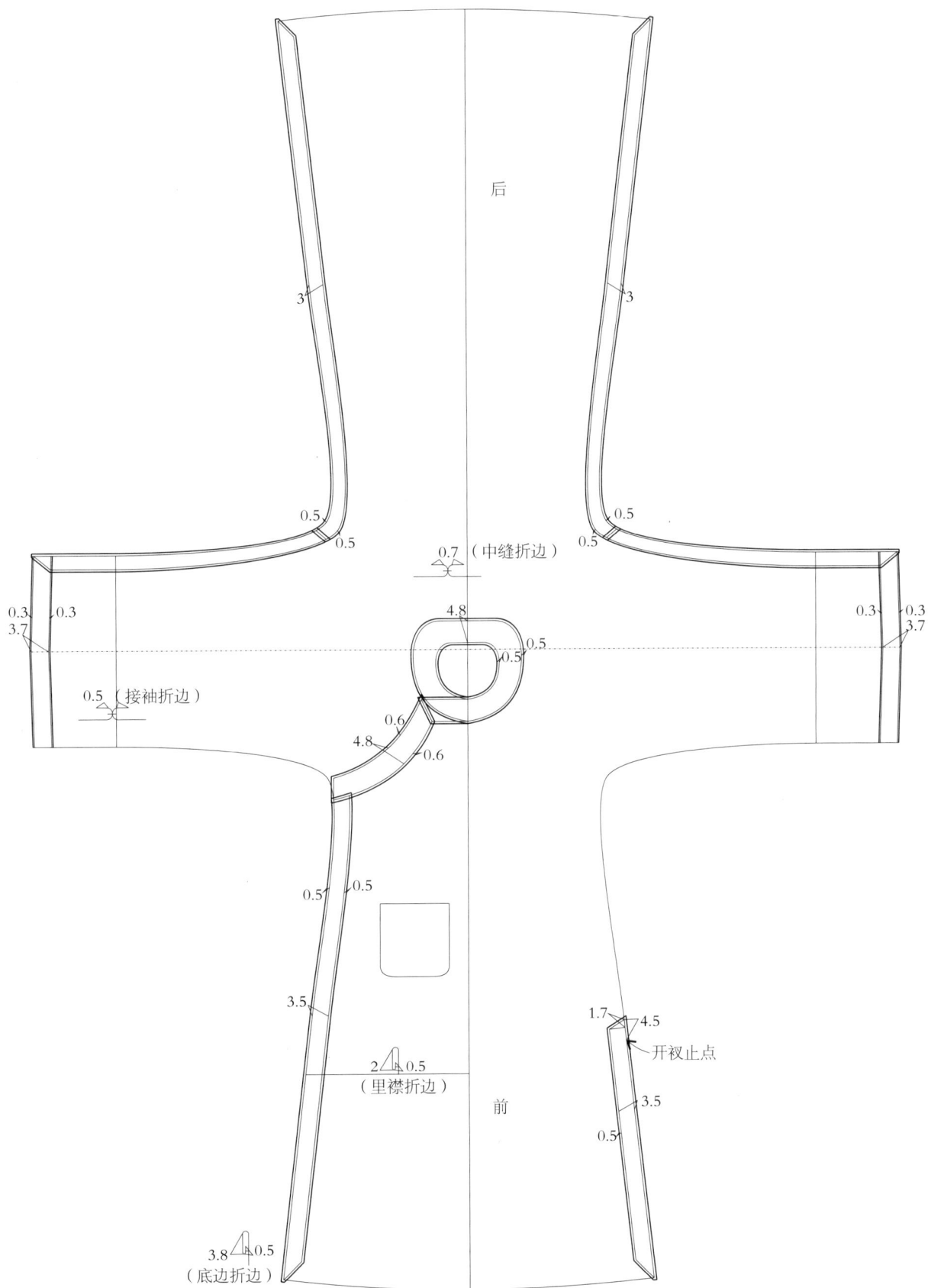

图 9-7　外罩长袍贴边测量与复原

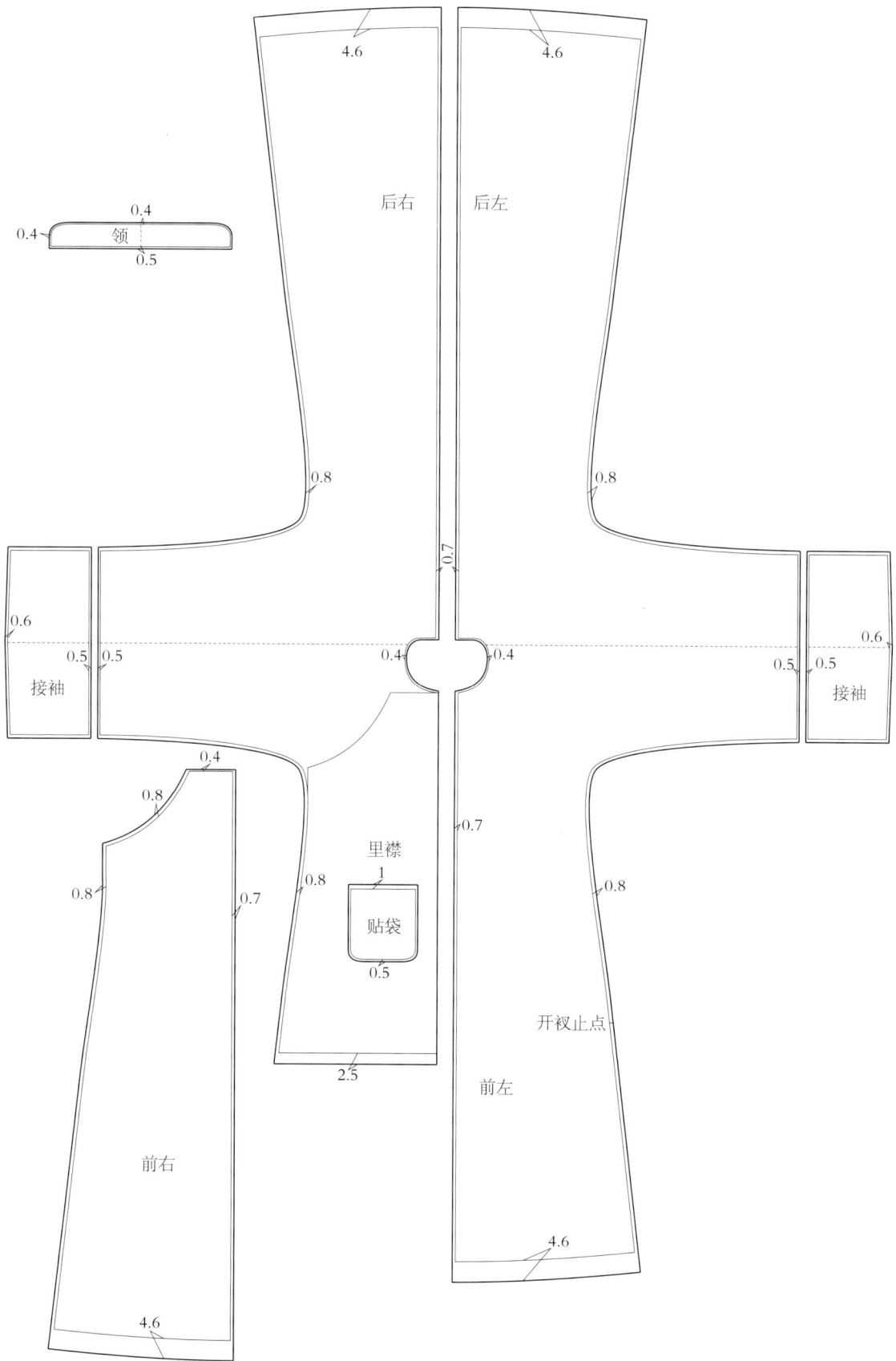

图9-8 外罩长袍毛样测量与复原

表 9-2　外罩长袍测量数据（对照图 9-6）　　　　　　　　　　　　　　　　　单位：厘米

项目	编号	测量名称	测量数据	测量位置
长度	1	前衣长	140	$A{\sim}B$ 垂线距离
	2	后衣长	140	$A{\sim}B'$ 垂线距离
	3	下摆开衩高	54.4	$H{\sim}G'$ 垂线距离
	4	下摆凸量	2.4	$M{\sim}B$ 垂线距离
	5	袖口围	41.8	$E{\sim}F$ 直线距离
宽度	6	下摆宽度	80.5	$G{\sim}G'$ 水平距离
	7	胸宽	60.5	$N{\sim}P$ 水平距离
	8	通肩袖长	188.8	$C{\sim}D$ 水平距离
	9	接袖长（左）	18.3	$C'{\sim}C$ 水平距离
	10	接袖长（右）	17.7	$D{\sim}D'$ 水平距离
弧度	11	下摆弧长	90.3	过 G、B、G' 的弧线长
部件	12	领口宽	13.8	$Q{\sim}R$ 水平距离
	13	领口深	12.4	$R{\sim}S$ 垂线距离
	14	立领高	5.1	立领高度
	15	贴袋宽	14.8	贴袋水平宽度
	16	贴袋高	16	贴袋竖直高度
	17	盘扣长	8.2	参见图 9-6
	18	纽头直径	0.8	参见图 9-6

四、棉袍结构图研究

棉袍是不单独穿用的，需外罩长袍配套穿着才可以。在形制上其和外罩长袍几乎是一样的，结构形式亦相同，但由于充棉挂里，结构的构造要复杂很多。在尺寸设计上棉袍比外罩长袍稍紧凑，最大的差量胸宽也只有3厘米，最小的在袖口、下摆等部位约有0.5厘米，总之棉袍的采寸需与外罩长袍相匹配，在用料和工艺上远比外罩长袍复杂得多（图9-9）。

棉袍由衣片、里片和填充棉集合而成。衣片也是由主结构衣面片、里襟、贴边等组成，里片由上里和下里两部分组成，填充棉在衣片和里片之间。下面主要对棉袍的衣片和里片进行测量和结构图复原。

（一）棉袍衣片、里襟和贴边的测绘与复原

棉袍的主结构是以衣片为主导的，它略小于外罩长袍衣片的尺寸，对照的关键数据见表9-3。从这些采集数据的细节看，棉袍尺寸是严格按照外罩长袍尺寸配合设计的，值得研究的是它并不是均衡增加的，完全不像现今的推板原理与计算，如胸围差最大、下摆和袖口差最小等，这很需要进一步深入地探究（图9-10）。里襟的结构与外罩长袍的设计完全相同，采用右衣片与里襟连裁，并加装内贴口袋（图9-11）。

标本

服装部位	特征描述
造型特点	右衽大襟
衣长	至足踝
腰身	直腰身
领	立领
袖	通肩袖，接袖
袖长	长过手掌
肩部	无肩缝
开衩	低开衩
开衩数	2个（左右侧各一）
盘扣总数	7个
下摆	微曲下摆
绲边位置	领、袖、前襟、底边、开衩口
缝制方式	全手工缝制

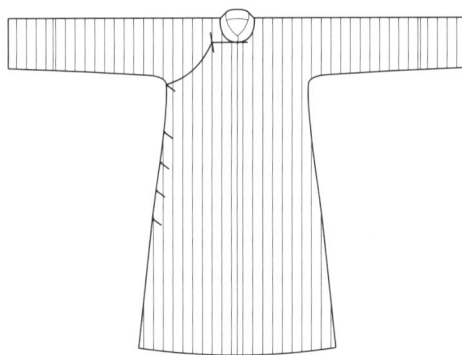

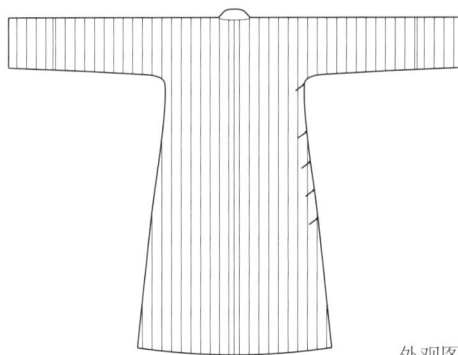

外观图

图 9-9 棉袍的造型和测绘项目

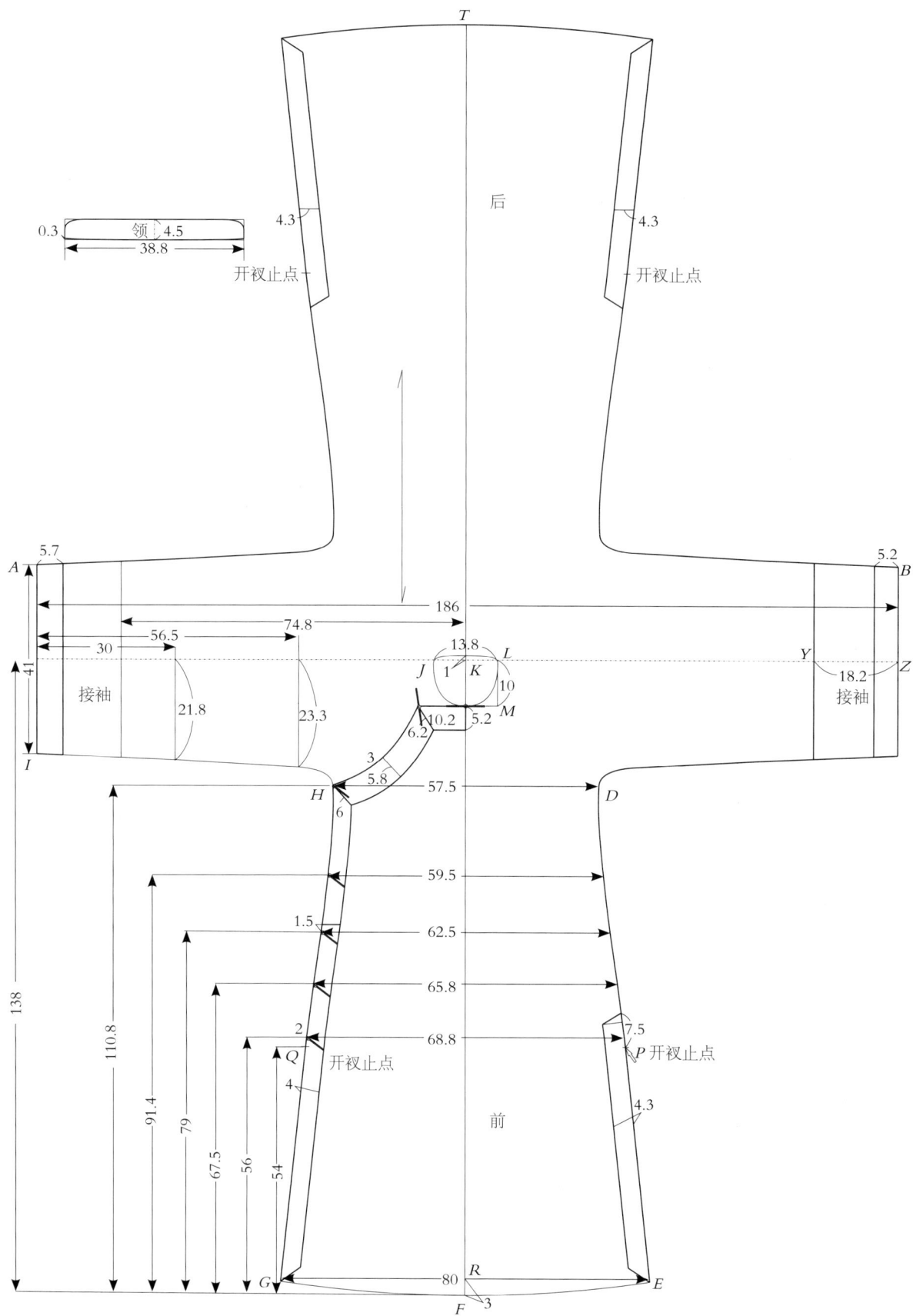

T

后

0.3 领 4.5
38.8

4.3   4.3
开衩止点   开衩止点

5.7   5.2
A   B

186

74.8
56.5
30   13.8   L
                                                        J   1 K
41
接袖   10   接袖
                                                                        M
21.8   23.3   10.2   5.2   18.2   Y   Z
                                    6.2
                            3
                            5.8
                    H   57.5   D
                    6

                                    59.5

                    1.5   62.5

                                    65.8

                    2   68.8   7.5
                    Q   开衩止点   P 开衩止点
138   110.8   4
                    91.4   4.3
                    79   前
                    67.5
                    56
                    54
I
                    G   80   R   E
                            F   3

中华民族服饰结构图考 汉族编

图 9-10　棉袍主结构测量与复原

后

接袖

接袖

里襟

6.5 ←15.8→ 1.2
1.3

29

19.2

2
开衩止点

56

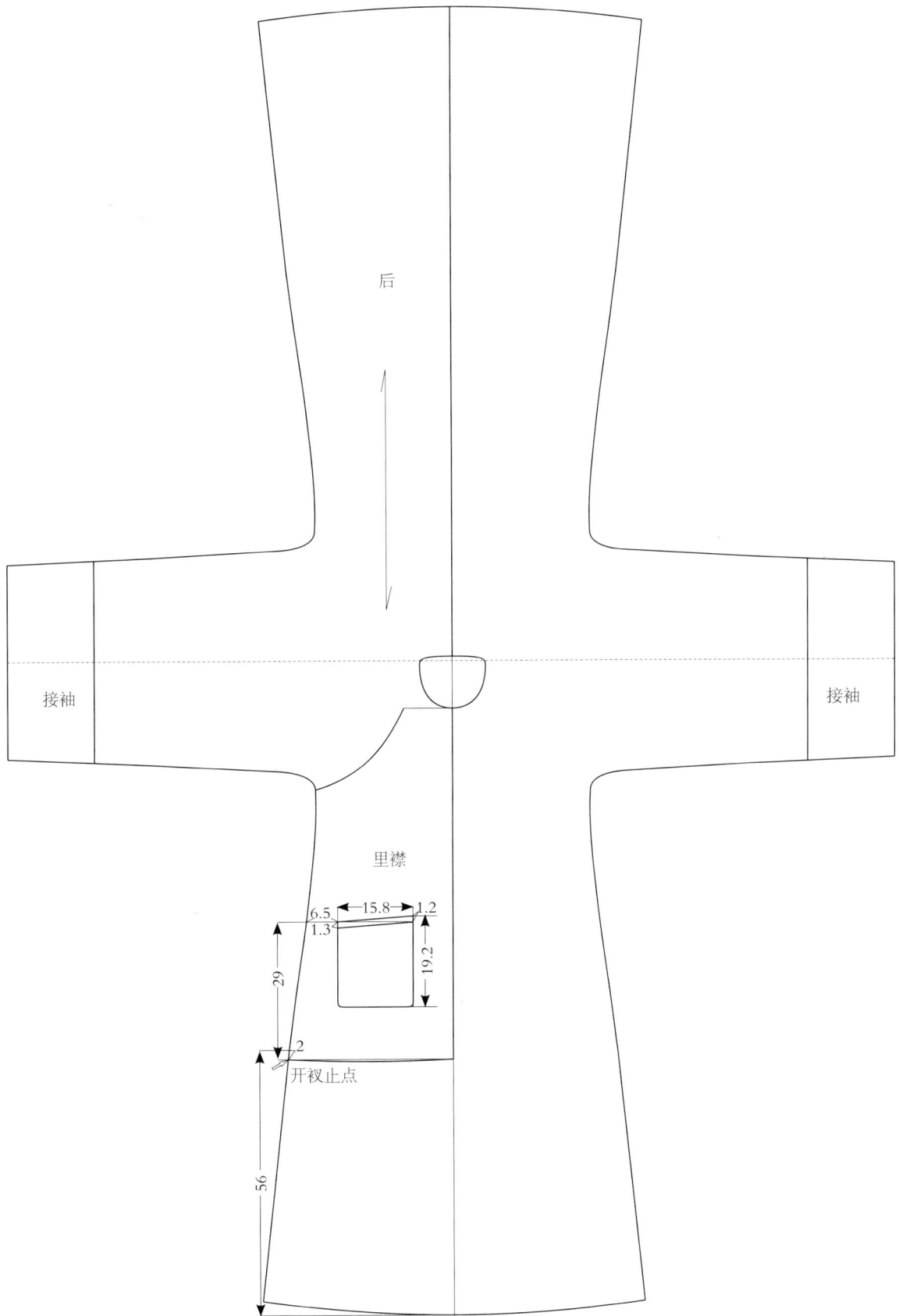

图 9-11　棉袍里襟与右片连裁结构复原

表 9-3　棉袍和外罩长袍关键尺寸对照表　　　　　　　　　　　　　　　　单位：厘米

尺寸　　部位	棉袍衣片尺寸	外罩长袍衣片尺寸	差量
衣长	138	140	2
通肩袖长	186	188.8	2.8
袖口围	41	41.8	0.8
胸宽	57.5	60.5	3
下摆宽	80	80.5	0.5
领口宽	13.8	13.8	0
领口深	10	12.4	2.4

　　贴边的处理因挂里填充棉的工艺要求而与外罩长袍不同，贴边主要覆加在右衽大襟和两侧开衩的位置上。由于袖口有绲边，故贴边单裁，此处与外罩长袍相同（图 9-12）。至此获取棉袍衣片的全息数据（表 9-4）。

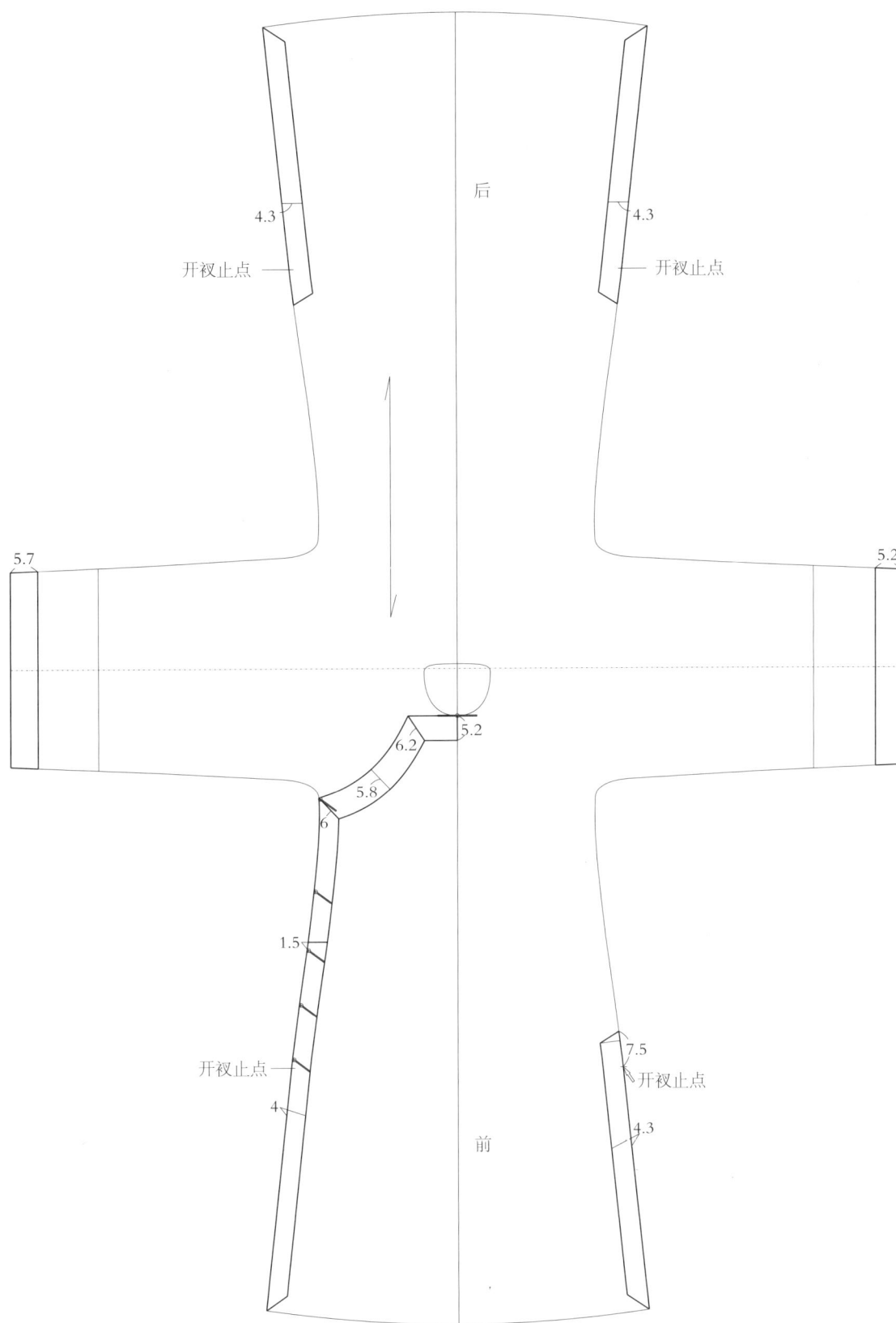

后

4.3 — 开衩止点

开衩止点 — 4.3

5.7

5.2

5.2

6.2

5.8

6

1.5

7.5

开衩止点 —

— 开衩止点

4

4.3

前

图 9-12　棉袍贴边结构测量与复原

表 9-4　棉袍测量数据（对照图 9-10）　　　　　　　　　　　　　　　　　　　　　　单位：厘米

项目	编号	测量名称	测量数据	测量位置
长度	1	前衣长	138	$K \sim F$ 垂线距离
	2	后衣长	138	$K \sim T$ 垂线距离
	3	下摆左侧开衩高	54	$P \sim F$ 垂线距离
	4	下摆右侧开衩高	54	$Q \sim F$ 垂线距离
	5	下摆凸量	3	$R \sim F$ 垂线距离
	6	袖口围	41	$A \sim I$ 直线距离
宽度	7	下摆宽	80	$G \sim E$ 水平距离
	8	前胸最窄处宽	57.5	$H \sim D$ 水平距离
	9	通肩袖长	186	$A \sim B$ 水平距离
	10	接袖长（左、右同）	18.2	$Y \sim Z$ 水平距离
弧度	11	下摆弧长	80.8	过 G、F、E 的弧线长
部件	12	领口宽	13.8	$J \sim L$ 水平距离
	13	领口深	10	$L \sim M$ 垂线距离
	14	立领高	4.5	立领高度
	15	贴袋宽	15.8	贴袋水平宽度（参见图 9-11）
	16	贴袋高	19.2	贴袋竖直高度（右侧，参见图 9-11）
	17	袋口倾斜	1.2	贴袋左、右两侧竖直高度差（参见图 9-11）
	18	盘扣长	8.2	—
	19	纽头直径	0.8	—

（二）棉袍衬里的测绘与复原

　　棉袍衬里的结构很特别，也是当时棉袍很讲究和标准化的处理方法，在民初这种长袍结构设计上具有典型性。它采用两种材料进行组合，衬里为什么采用两种不同质地、不同花色的面料组合还有待进一步考证。值得注意的是，这种处理方法与今天高端西装采用的袖里和衣里在材质和花色处理上几乎如出一辙。这不禁提出一个很有价值的研究课题，这种复合型的衬里技术几乎在同一时间的东西方出现，它们在长袍和西装中的功能是否相同？它在长袍中先出现，还是在西装上先出现，是长袍影响了西装，还是西装影响了长袍？诸多疑问，还需要进一步考证（图9-13）。

　　棉袍主体衬里采用靛蓝里子绸，在腰围线以上包括袖的衬里（俗称"野雀尾"）采用蓝条纹白地的细棉布。在工艺上它们并不是重叠加工，而是采用两种面料接续加工的手法，既满足了两种面料各自功能的发挥，又避免了不必要的浪费。由此也就衍生出这种复合型衬里的独特结构样式，而集中表现出古典裁缝师傅的设计智慧，即巧妙运用了中心破缝与不破缝的原理（参见图9-18）。

　　如果衬里采用同一种面料的话，这就意味着必须与衣片（表层）的结构相同，即前后中破缝，才能解决一系列结构合理性的问题。然而，衬里根据功能必须采用上下不同的里料，而且施用的是接续工艺，这就给衬里结构的优化提供了条件，也就是上边的条纹棉布衬里采用前后中破缝结构，使右衬里的里襟实现连裁（理想结构，图9-14）。由于上边衬里和下边衬里是接续状态，上下接缝使下边丝织衬里可以进行整合，这时下边丝衬里就可以采用无前后中破缝结构，如果下摆最宽处布幅宽度不足，刚好可用贴边覆盖（图9-15）。这可以说是先人将节约和结构合理性达到完美统一的杰作，值得思考的是，它却发生在20世纪初最普通人的生活用品中。

灰色西装复合衬里　　　　　　　　　　　浑色西装复合衬里

棉袍标本复合衬里

图 9-13　长袍和当代高档西装复合衬里的处理方法如出一辙

后

51.8

丝衬里　　　棉衬里

里襟

丝衬里　　25.5

前

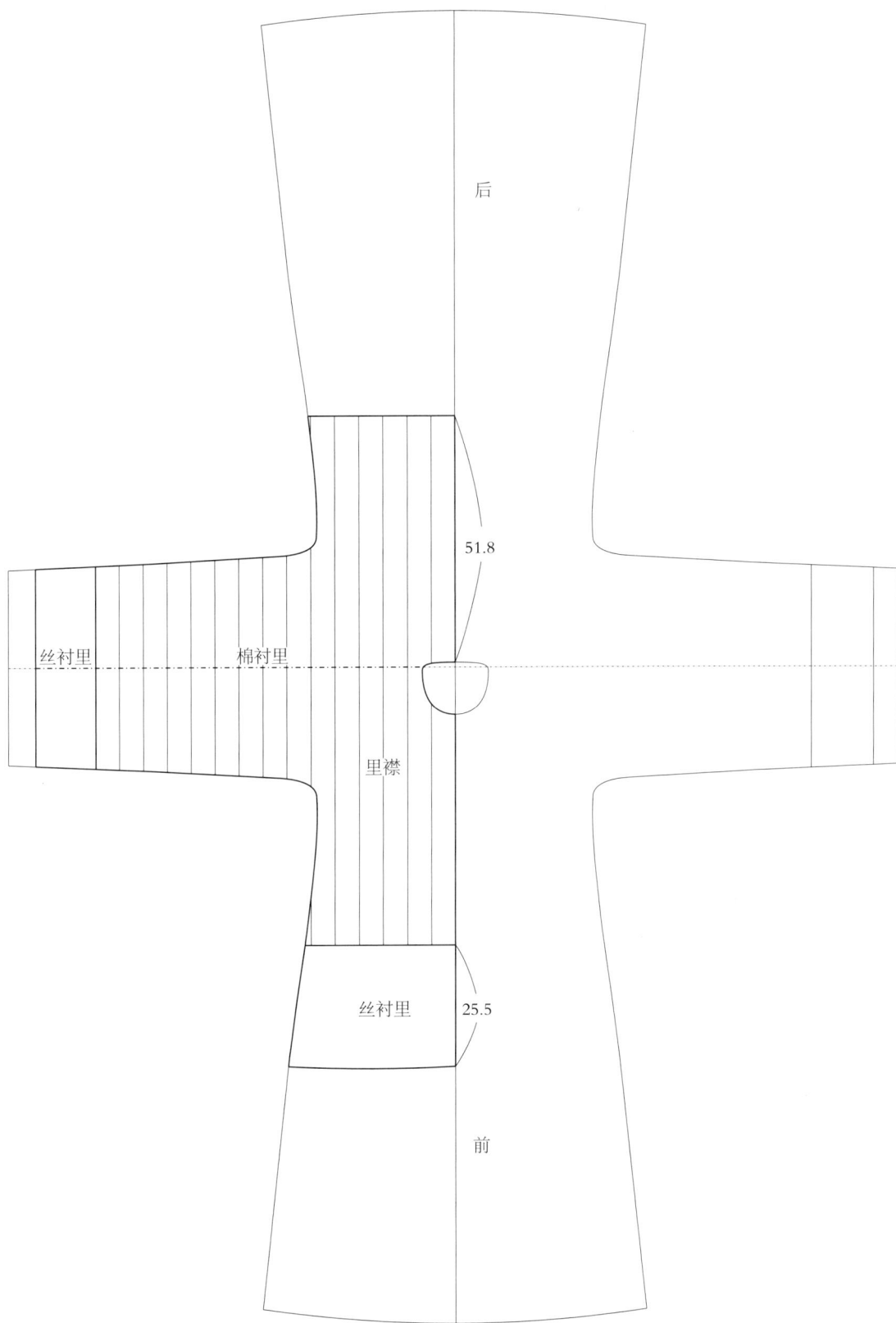

图 9-14　衬里连裁结构复原

第
九
章

民
初
男
装
袍
服
结
构
图
考

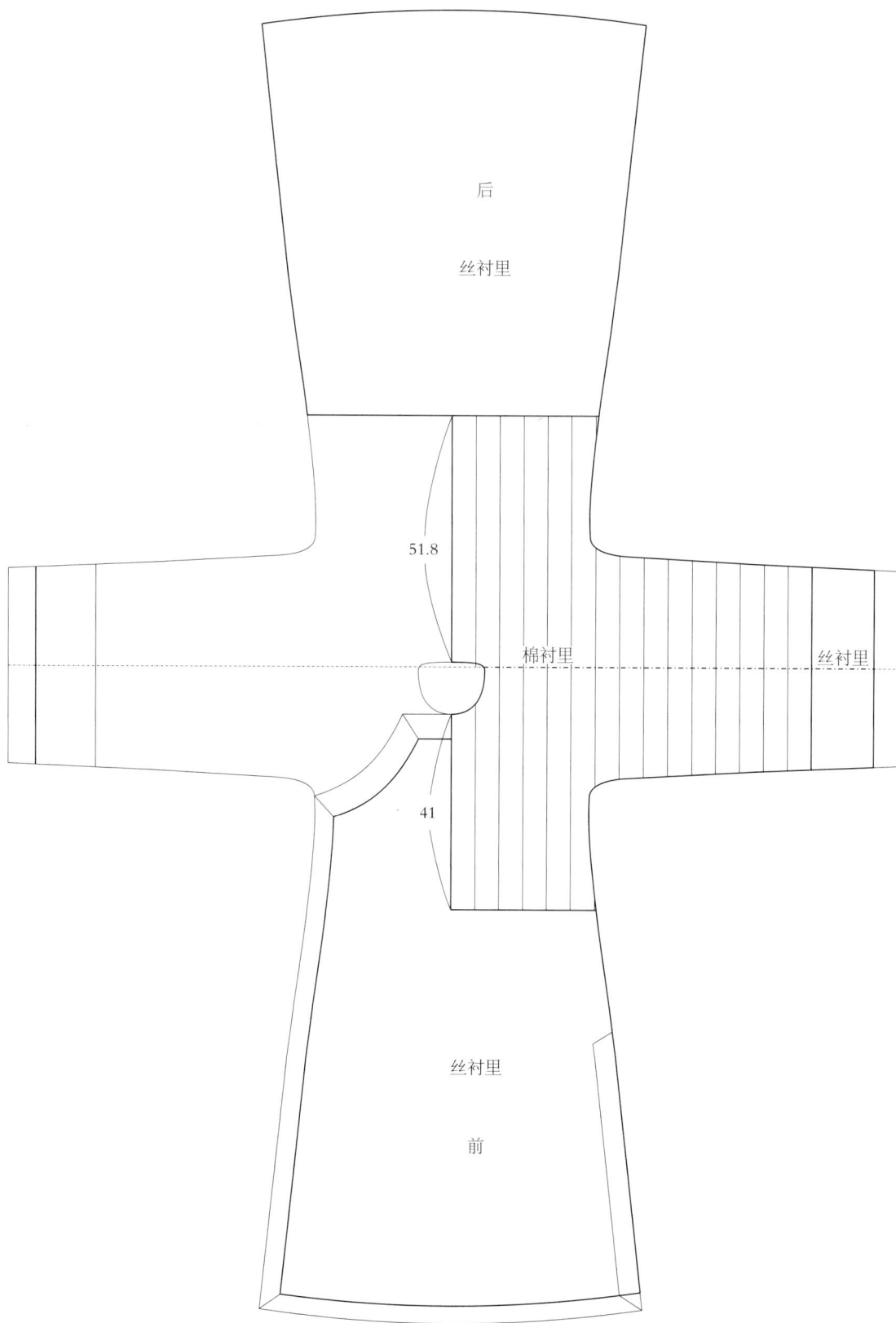

后

丝衬里

51.8

棉衬里   丝衬里

41

丝衬里

前

图 9-15 不同质地的衬里分裁结构复原

（三）棉袍毛样的测绘与复原

　　复原棉袍结构毛样是件繁复而细致的工作。它不仅要测量复原与主体结构相关的里襟、贴边、领子、口袋等全部衣片的毛样，还要完成与衬里相关的全部毛样。这不仅对探究历史物证的完整性是必不可少的，也对原汁原味地研究、继承古典华服传统的结构、工艺、技术和方法是至关重要的。

　　棉袍主结构毛样汇总起来有七个部分：左身衣片、右衽大襟衣片、右身与里襟连裁衣片、贴袋、左接袖、右接袖和立领。主结构缝份根据部位、工艺要求控制在 0.4 ～ 0.8 厘米，连裁贴边约 5 厘米（图 9-16）。

　　棉袍贴边毛样共有六个部分，它们单独或与连裁贴边组合产生不同的工艺。缝份控制在 0.4 ～ 0.6 厘米，比主体衣片缩小了 0.2 厘米。这在当时工艺要求下基本达到了下限，按今天的工艺要求已不符合标准。可见当时节俭意识之强烈、技艺之精湛（图 9-17）。

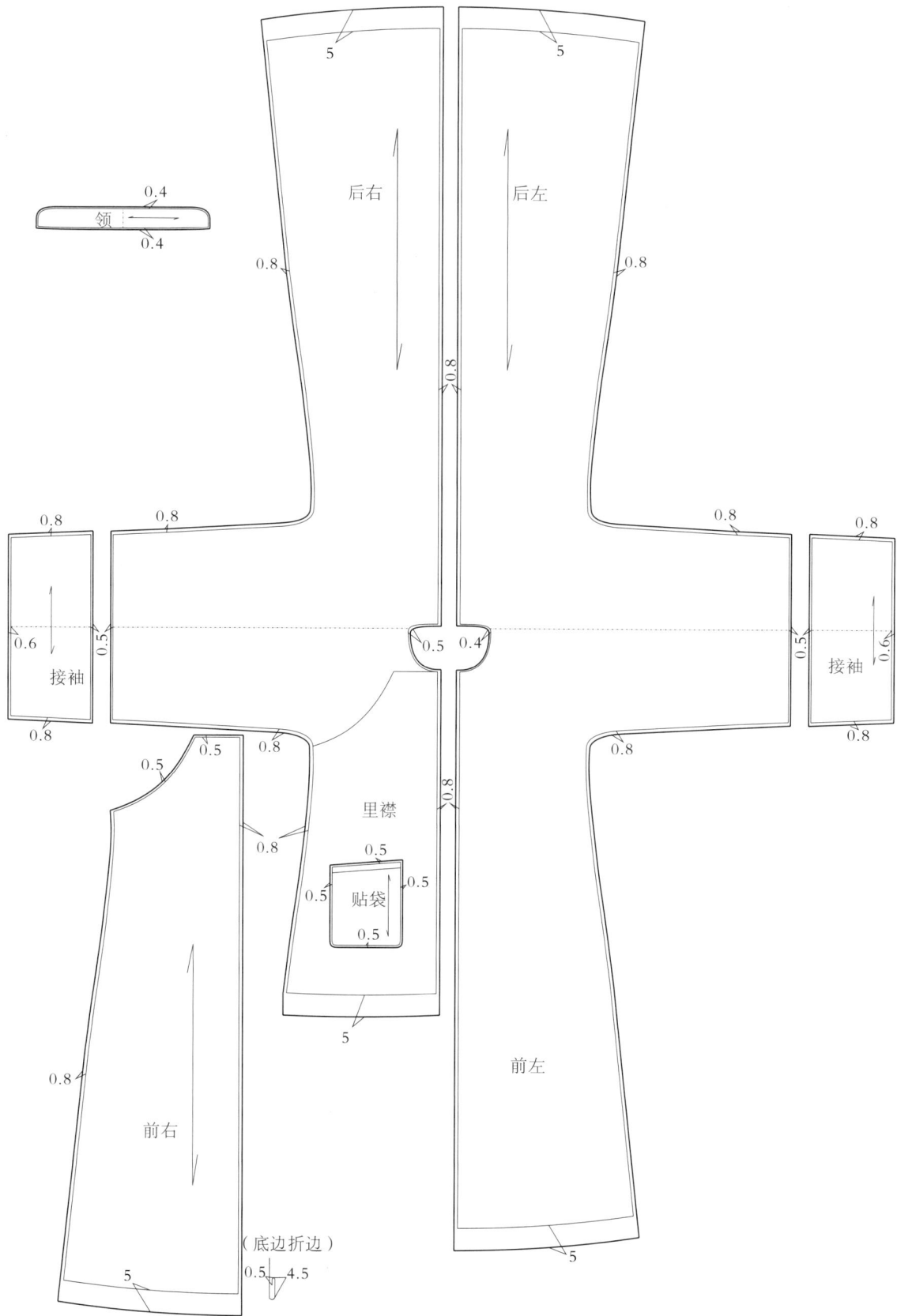

图 9-16　棉袍主结构毛样

0.4
领
0.4

后右　后左

0.8　0.8

0.8

0.8　0.8　0.8　0.8

0.8　0.8

接袖　接袖

0.6　0.5　0.5　0.4　0.5　0.6

0.8　0.8

0.5　0.5

0.8

0.8

里襟

0.5　0.5

0.5　贴袋　0.5

0.5

前左

5

前右

0.8

（底边折边）

0.5　4.5

5

5

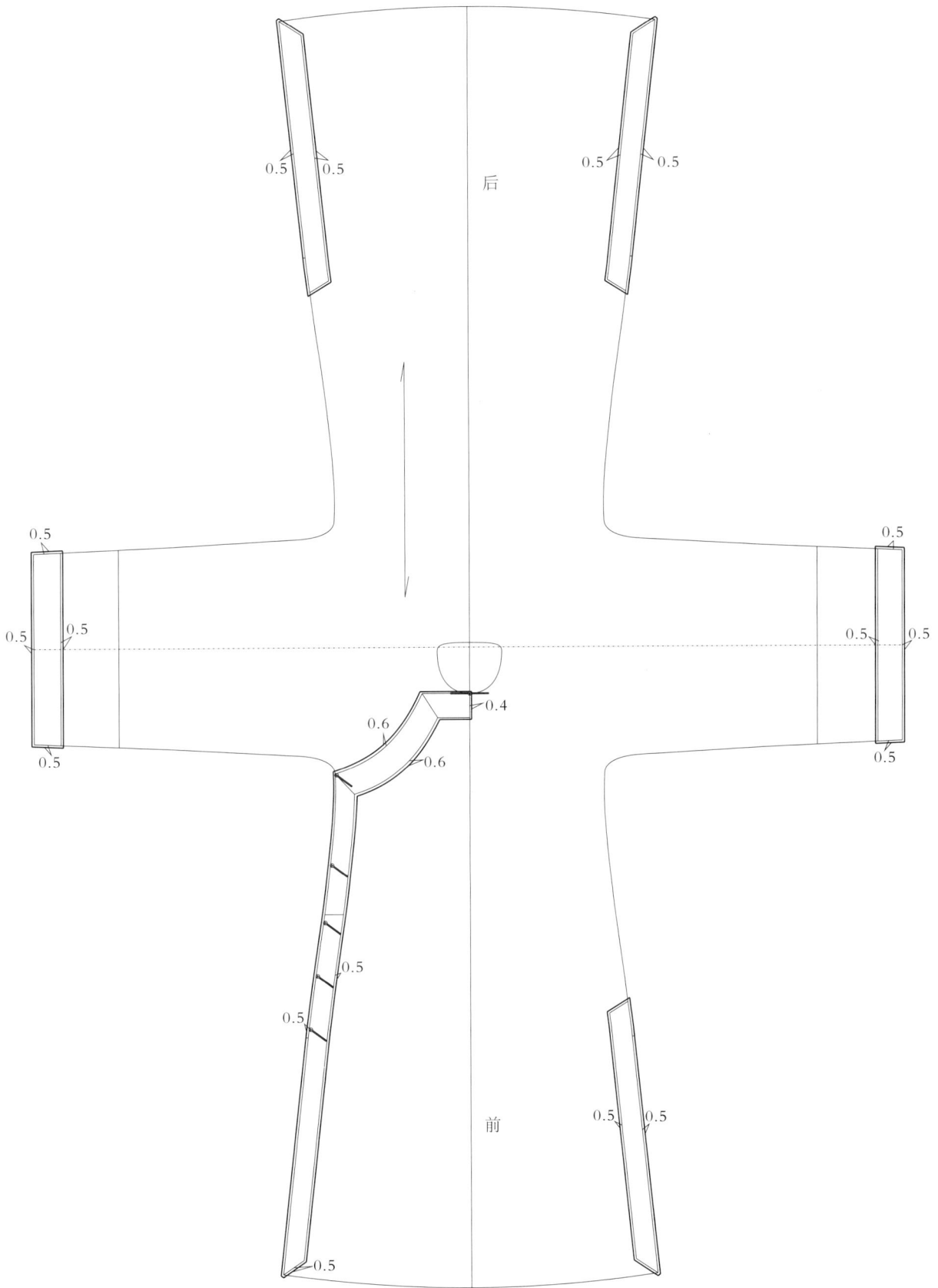

图 9-17　棉袍贴边毛样

棉袍衬里毛样，上边蓝条纹白地细棉布衬里"野雀尾"，分左右两部分；其他靛蓝里子绸衬里分前后衬里、左右接袖衬里和接里襟衬里五个部分。整个衬里共计七个部分。缝份在 0.4 ~ 0.6 厘米之间。从这件实物标本看，接里襟的衬里是断成两部分的，显然这是为省料而拼接成的。这个不起眼的处理技巧，可以揭示出一种崇高的设计精神，节省资源并不是以牺牲美为代价的，当可以实现节省资源的时候也不会破坏设计者所预期的美好造型。因此，在此标本中为什么把拼接部分放在接里襟的衬里中，因为它几乎在整个结构中是最隐蔽的部分（图9-18）。由此不难看出，我们通过对民初长袍结构的初步研究，获得了一种全新的、甚至与今人完全不同的设计理念，尤其具有广泛代表性的长袍在它的每个细节中都包含着视技艺为生命，节俭必先行，原料尽完整，这种人类优秀的"造物"特质。这将对我们树立节约设计观和科学创造财富意识产生深刻的启发。

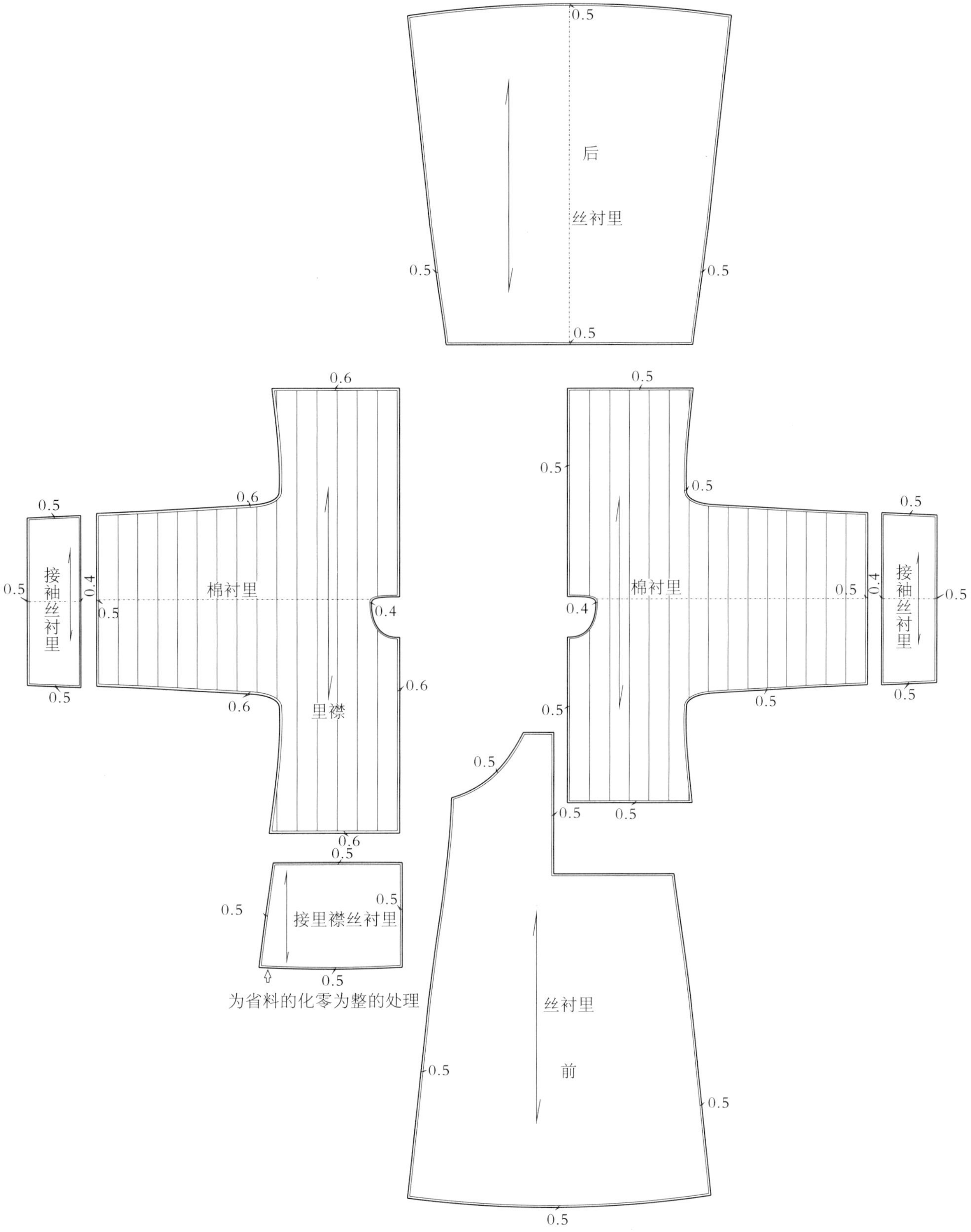

0.5

后

丝衬里

0.5   0.5

0.5

0.6   0.5

0.6   0.5

0.5   0.5

接袖丝衬里   0.4   棉衬里   棉衬里   0.4   接袖丝衬里

0.5   0.4   0.4

0.5   0.5   0.5   0.5

里襟

0.6

0.5   0.5

0.6   0.5   0.5

0.5

0.5   0.5

接里襟丝衬里   0.5

0.5

为省料的化零为整的处理

0.5

丝衬里

前

0.5   0.5

0.5

图 9-18　棉袍衬里毛样

第十章

古典华服结构的格物致知命题

　　长期以来我们疏于对古典华服结构的文献和实物标本作系统和深入的研究，使它固有的动机、原理和规制不能总结出理性知识。今天用了如此大的精力完成这个课题试图通过这方面的研究，确立完全不同于传统服饰文化研究偏重于形而上的格物致知命题，这项研究的努力与探索至少使我们传统服饰文化的学说和研究成果变得更加全面和丰满。

一、从袍服结构的考据看古典华服结构系统的科学内涵

我们从以汉族为代表的古典华服结构图考的深入研究和可掌握的文献、私人收藏和馆藏实物中发现，裁剪结构前后中有或无破缝样式完全取决于布幅的宽度，而且有破缝成为主流，这种形制在历史中保持着相当的规范和稳定，直至清末民初才被女袍服打破。然而，为什么在20世纪30年代女装中出现了完全西化结构的改良旗袍的情况，男装却没有走改良的道路而是革命呢（中山装取代长袍马褂意味着完全接受了西方服饰的结构）？

通过这个时期实物标本的结构考据，进一步证实了男装古典华服更强调理性、内敛、保守的证据，这一点其实中外古今并没有什么不同，它是人类社会服饰文化的普遍准则。值得注意的是，作为我们自身的服饰传统，缺少更多科学指标性的研究成果。因此，我们试图从清末民初古典华服结构考据的比较研究中破解这一谜团。

清末民初不过二三十年的时间，却是个大变革的时代。女装袍服在外形上就经历了大摆，即清和前朝固有形制；窄摆，即清末民初的过渡形制到民初及现代西化的改良造型。而男人的长袍在同期外形上始终保持着清及前朝结构固有的形制。难道男人长袍不需要变革？当然不是，它的变革相对女装而言需要更多的理据和社会伦常的接受度，例如，女袍可以从直身宽摆变化成有腰身的窄摆，甚至完全用西化的束胸、施省手段表现女性的婀娜体态，这在男人的长袍中是不可想象的，其实这既是男权社会的表征，也是自然生理反应的客观呈现，是不以人的意志为转移的自觉行为。从生理和心理科学而言，这种古今中外男女有别的心理表达是人类普世价值的个体反映。

女袍在外形上的变化适应了妇女社会角色、社会分工和"感情化"的心理需求，自然在结构上就表现得更加开放和灵活。但这并不意味着她要放弃更多的合理性和崇物尚俭的理想，而去满足过度的主观愿望。恰恰相反，她要寻找更多变化中的合理，而男装是恪守合理中的变化。这就是我们要特别从考据中学习的先人智慧。

我们看到，当女袍利用收腰窄摆的时候，绝不会选择前后中破缝的结构。从考据中我们得到了解释，因为这时期衣服的整体尺寸在收缩而机械的织布机在加宽，立体裁片（前片、后片）可以完全被容纳在一个限定的整幅布宽内，如果前

后中破缝便是多余的，亦不符合求全则不分的"崇物"传统理念。解决大襟与里襟缝份的缺失，通过追加大襟饰边或新技术来补偿，这既符合结构合理性，又巧妙地为这种有礼服特点的女装增加华丽感和装饰性找到了理由。因此，无前后中破缝的结构便成为女装袍服惯常的一种时代选择。

而同时期的男装长袍的直腰身宽摆就完全不同了。由于宽摆收身自然会减弱，宽松度增加，平面化结构更加明显，因此宽袍大袖成为华服固有的传统造型，主体结构所占有的面积也就增大，特别是下摆，根据相应的比例和功能要求，衣摆必须扩充到一定的尺寸，整体上协调，且达到腿部运动最基本的活动空间。实物标本显示为 80 厘米以上，这在理想的设计上得到了满足。不利的是，这个尺寸超出了当时 75 厘米左右的布幅宽度，因而必须采用前后中破缝的结构（男装传统中又忌用补角摆），使一个布幅可以容纳半个下摆的宽度。因此，无论是女袍还是男袍，前后中是否破缝取决于下摆的宽度是否超出布幅的宽度（下页图）。由此我们可以得到以下基本结论：

宽摆的袍服通常采用前后中破缝结构，客观上是因为布幅宽度不够所致，这也是传统华服固有的基本结构。清末民初男装长袍较好地保留了这种造型，也就确立了宽摆有中缝的十字型整一性平面体华服的结构经典。

窄摆的袍服通常采用前后中不破缝结构，客观上是因为布幅宽度能够完全容纳这样一个完整结构。发展到改良旗袍，这种整体收缩的结构设计达到了极致，也是古典华服西化的标志。这种情况发生在清末民初，但它们只用在女装上。因此，窄摆无中缝的"十字型、整一性、平面化"也就确定了女装华服的结构经典。

长袍坚守前后中破缝还有一个重要的原因，就是放弃装饰回归本体的结构主义思潮，特别是饰边元素在清末民初的民间中基本被放弃，领襟饰边的处理在清末民初男人的长袍马褂主流服装中退出了历史，这几乎是一种世界潮流。这说明，即便女袍不采用前后中破缝结构，右衽大襟所缺失的缝份部分也不可能采用增加饰边的方法加以补偿，从而创造了一种无须装饰的"挖大襟"的时代技艺。因此，男袍采用前后中破缝和女袍采用无破缝的结构在清末民初的"共治"既是客观的必然，又是主观的需要，从而成为这个时代华服传统结构的基本格局（下页图）。

女

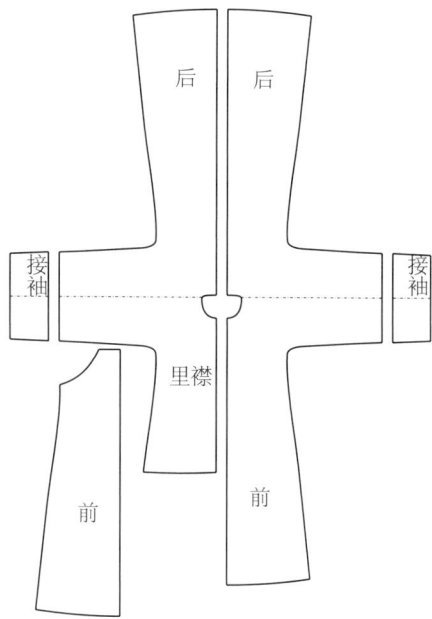

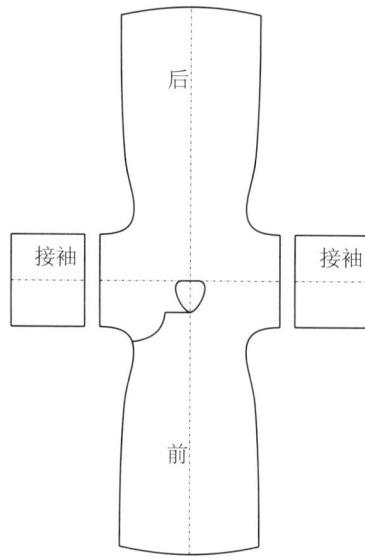

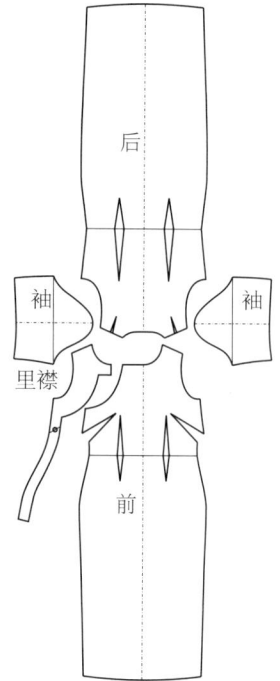

古典型　　　　　　　　　　　　　过渡型　　　　　　　　　　　　改良型

男

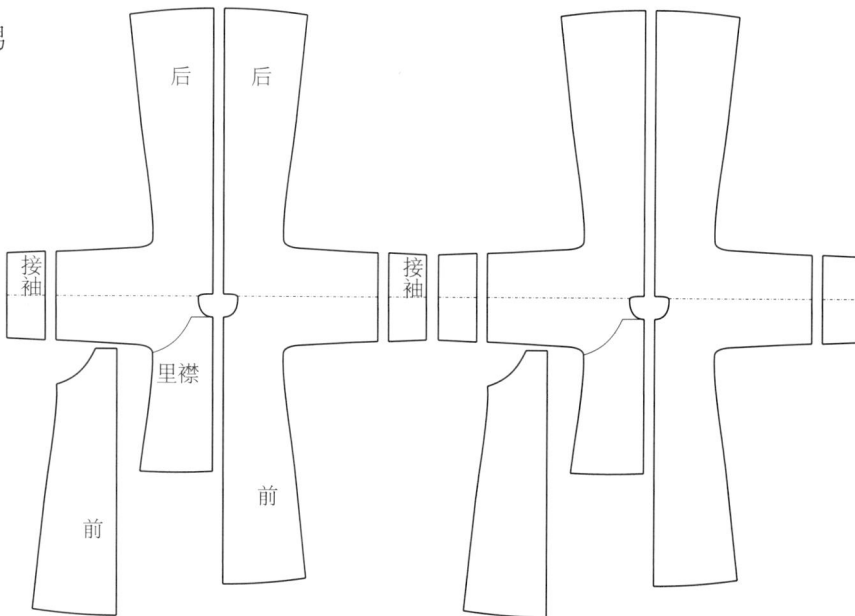

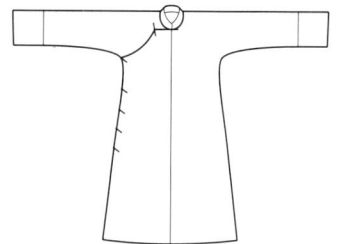

清及前朝结构原型　　　　　　　　　清末民初结构　　　　　　　　民国及现代结构

女袍结构在清末民初经历了三个阶段而男袍同期相对稳定示意图

二、古典华服结构充满智慧的自然崇拜

"格物致知"是推究物理、化学等自然科学的原理法则而总结的理性知识。这种对事物本源高度总结和概括的学说却出现在清末西学的精英团体之中，但格物致知的学说早在宋代朱熹崇尚"考察客观事物求得认识"的理学中得到了系统的建构。这说明在传统的中国知识界和学术中并不缺少科学精神和实践。重要的是它一定反映在代表这个时代的"造物"中，我们从古典华服结构的研究中再一次得到证明，但这并不意味着它缺少人文精神，而恰恰相反地让这种人文宇宙找到了一个可靠的支点。中国传统服装在整一性裁剪思想的支配下，形成了基于面料幅宽的十字型平面结构和巧妙丰富的剪裁、折叠与拼接方法，虽然十字型平面结构和整一性裁剪思想在不同地域和不同民族中表现出不同的特点，但它们都坚守着中华民族的共同基因，凝结着中华民族独特而丰富的传统文化与思想内涵。

"十字型、整一性、平面化"结构中包含着大一统中华文化宇宙观的哲学思想。中国传统思想的一元化，将世间万物作为一个整体来看待，强调和谐，努力追求天人合一的生活和精神境界。对世界的宏观认识，表现在穿衣的具体事件上，就是将服装和人本身作为一个整体来看待。中国传统服装的平面宽大并不是因为中国古人没有认识到人体生理结构的复杂性，而是为了追求一种和谐、自然的浑然一体的状态，将人体故意地忽略是一种自觉而非无知，从而在服装的结构上，没有前后片、衣身和袖的分割以保持最大的完整性，呈现出平面的"十"字结构形式可以说是上天神授不可擅动，衣是人的自然投射，因此在我国就出现了"打龙袍"这样伟大的戏剧作品。宽大平直的服装只有穿在人的身上，依附于人体的支撑，才最终完成了它作为无生命的自然之物与有生命的自然之物的完美结合。

从先秦两汉到宋元明清，中华服饰结构就像中国的汉字结构一样是人类文明类型中唯一稳固不变流传至今的，服装追求整体结构状态表现出中国古人对自然之物的爱护与崇拜的自然经济观。

减少结构分割，利用面料的自然幅宽，可以最大限度地保持面料的完整，保持来之不易天赐织物的原生态，是中国古人对造物的敬畏，对自然之物崇敬之情的流露，由此单纯的结构成就了工艺的精雕细琢。中国的服装文化建立在丝绸面料的基础之上，丝绸是中国传统服装的主要面料，由此发生的一切行为表达和形态都不能脱离这个物质基础。因此，形成了完全不同于欧洲"羊毛文明"的"丝绸文明"的文化特质。丝绸面料多爽滑、轻盈、柔软，对它的最好利用就是利用它的这些特性，最好地利用这些特性就是尽量不破坏它，并不是依附人体"解构"织物的状态。不去破坏，就是对它天性的最好利用。顺应自然之物的应有状态，掌握其特性而为我所用，这正是中国古人对自然之物的态度，对自然之物崇敬最合乎情理的表达方式。在这种追求和谐、敬畏自然之物的心理基础之上，又产生了非常强烈的节约意识。

三、充满节俭精神的十字型平面结构深藏着中华民族共同的服饰文化基因

从先秦两汉、宋元明清，节俭意识可谓如影随形，到了清末民初，由节俭而影响的结构形态达到极致，"布幅决定结构形态，物尽其用"是古典华服不能不深入研究的课题。在结构细节上，民国时期袍服的里襟、贴边处有很多的拼接，有的甚至用其他面料作为贴边，说明面料的利用率非常高。并且为了不浪费一点面料，运用了非凡的智慧与惊人的耐心。女装袍服若不是为了节约面料而采用无中缝的结构形式，大可不必在门襟的遮蔽问题上如此劳神费心，直接在中心破缝，右身和里襟连裁，一切问题都迎刃而解。然而，先人花费了大量心思去处理门襟，裁剪过程充分表现出古人非凡的耐心与巧思。而以男装袍服中心破缝为代表的中国传统服装结构，表现得比女装更加稳固和纯粹，可谓古典华服结构的最后守望者，其实它是表达中国传统服饰"十字型、整一性、平面化"结构最为成熟的"节俭美学"的典范。

对于中国南方、西域和北方少数民族而言，他们的节约意识在服装上有着和中原汉民族相异的表现，就是结构分割多，细部拼接多，服装表面的分解性大于完整性。出现这种现象的原因在于：第一，是由自然地理环境决定的。严酷的自然环境，要求服装具有良好的保暖性和实用性，如西南少数民族的紧身窄袖，满族的马蹄袖口等。第二，是由少数民族游牧或畜牧的生活方式和外向的民族性格决定的。他们的服装一定要便于活动，便于骑马。与此相适应的结构表现就是服装下摆宽大，或有高开衩。西域民族服装分别包裹四肢和躯干的意识明显，从而

衣身与袖子的分割程度高，服装结构有西方立体意识的影响。第三，少数民族地区经济不如中原地区经济发达，节约意识更强，且本地服装面料以毛纺或毛皮为主。毛纺或毛皮面料的可塑性好，多一些分割反而利于服装造型和对身体各个部位的包裹。因此，少数民族服装不论采用中心无缝结构（较多）还是中心拼缝结构，下摆两侧多数要加拼三角，以增大摆量，这与中原的补角摆完全一样。衣身和袖子分割程度高而袖子窄长，就在腋下采用不同的结构处理来满足抬胳膊的活动量（加缝三角或做出余量，如内蒙古代钦塔拉锦袍）。还有西南少数民族的缅裆裤结构可以说是古典华服裤子结构的活化石，它的精髓就是整布折拼而成，几乎没有浪费。总之，尽管表现形式相异，但无论是南方还是西域和北方的少数民族，与汉族人民的节约意识同样强烈。

通过对中国传统服装结构的系统整理，我们看到的是中华民族大一统的服饰文化状态。虽然少数民族服装和中原汉民族服装各异，结构上也有细节差别，但是主体结构都是十字型平面化结构系统，服装的剪裁思想都是基于敬物、节约意识这种强烈的集体自然观。中国历史就是中华各民族互相影响、相互促进、不断融合的历史。丝绸之路的沟通，中原土地上少数民族政权的建立，无数次的战争、迁徙、经贸往来、文化交流，汉文化海纳百川的吸纳力，使得中华民族成为不可分割的整体。而服装结构的共同基因，在这波澜壮阔的历史进程之中，也成为与人们生活最贴近和共生的"胎记"。从历代中原与少数民族服装结构的对比中，能够很清楚地看到一种大中华的结构形态，而那些服装结构上的细节差别，正是中华民族大一统状态下求同存异和多元文化生生不息作用的结果。

在中国服装延续了几千年的"十字型、整一性、平面化"结构的背后，是中国古代人民历久弥新的自然观的哲学智慧，是对自然之物的崇尚和强烈的勤俭节约意识的体现。在服装结构体系纷纷向西方三维立体结构看齐、研究不断细化又西化的今天，中国传统的整体性、自然观、节约型的设计理念着实给我们上了一课，我们古老、质朴、单纯而又充满智慧的传统服装结构，它的深刻和丰富让我们用多大的精力和耐心去重新认识、重新审视都不过分，因为我们再也没有像古人那样为做一件事情而终其一生的心态了……

参考文献

［1］湖北省荆州地区博物馆. 江陵马山一号楚墓［M］. 北京：文物出版社，1985.

［2］沈从文、王矛. 中国古代服饰研究（增订本）［M］. 香港：商务印书馆，1992.

［3］张玲. 东周楚服结构风格研究［D］. 北京：北京服装学院，2006.

［4］黄能馥，陈娟娟. 中华历代服饰艺术［M］. 北京：中国旅游出版社，1999.

［5］福建省博物馆. 福州南宋黄昇墓［M］. 北京：文物出版社，1982.

［6］金池. 论语新译［M］. 北京：人民日报出版社，2005.

［7］陈秉才. 韩非子［M］. 北京：中华书局，2008.

［8］张爱玲. 张爱玲经典作品选［M］. 北京：当代世界出版社，2002 .

［9］威尔·杜兰. 东方的遗产［M］. 北京：东方出版社，2003 .

［10］中国社会科学院考古研究所，等. 定陵（上、下册）［M］. 北京：文物出版社，1990.

［11］马承源，等. 丝路考古珍品［M］. 上海：上海译文出版社，1998.

［12］赵琛. 中国近代广告文化［M］. 长春：吉林科学技术出版社，2001.

［13］中国第二历史档案馆. 老照片·服饰时尚［M］. 南京：江苏美术出版社，1997.

［14］中华世纪坛世界艺术馆. 晚清碎影：约翰·汤姆逊眼中的中国［M］. 北京：中国摄影出版社，
　　　2009.

［15］服装文化协会. 服装大百科事典（上、下卷）［M］. 东京：文化出版局，1969.

［16］Janet Arnold. Patterns of Fashion. MACMILAN/QSM. 1985.

［17］Janet Arnold. Patterns of Fashion1. MACMILAN/QSM. 1964.

［18］Janet Arnold. Patterns of Fashion2. MACMILAN/QSM. 1966.

［19］CARL KÖHLER. A HISTORY OF COSTUME. DOVER PUBLICATIONS, INC. 1963.

［20］Norah Waugh. The Cut of Women's Clothes 1600-1930. Faber and Faber. 1968.

［21］Norah Waugh. The Cut of Men's Clothes 1600-1900. Theatre Arts Books. 1964.

［22］孙机. 中国古舆服论丛［M］. 北京：文物出版社，2001.

［23］诸葛铠，等. 文明的轮回：中国服饰文化的历程［M］. 北京：中国纺织出版社，2007.

［24］张竞琼. 从一元到二元：近代中国服装的传承经脉［M］. 北京：中国纺织出版社，
　　　2009.

［25］王力. 中国古代文化常识图典［M］. 北京：中国言实出版社，2002.

［26］沈从文. 中国古代服饰研究［M］. 上海：上海书店出版社，2002.

［27］沈从文. 服装艺术［M］. 合肥：安徽美术出版社，2002.

［28］周锡保. 中国古代服饰史［M］. 北京：中国戏剧出版社，2002.

［29］黄能馥，陈娟娟. 中国服装史［M］. 北京：中国旅游出版社，2001.

［30］黄能馥. 中国美术全集印染织绣（上）［M］. 北京：文物出版社，1991.

［31］周汛，高春明. 中国衣冠服饰大辞典［M］. 上海：上海辞书出版社，1996.

［32］卢翰明. 中国古代衣冠词典［M］. 台北：常春树书坊，1990.

［33］赵连赏. 中国古代服饰图典［M］. 昆明：云南人民出版社，2007.

［34］刘北氾，等. 故宫珍藏人物照片荟萃［M］. 北京：紫禁城出版社，1995.

［35］蔡子谔. 中国服饰美学史［M］. 石家庄：河北美术出版社，2001.

［36］湖南省博物馆，等. 长沙马王堆一号汉墓发掘简报［M］. 北京：文物出版社，1972.

［37］朱和平. 中国服饰史稿［M］. 郑州：中州古籍出版社，2001.

［38］陈志华，朱华. 中国服饰史［M］. 北京：中国纺织出版社，2008.

［39］江碧贞，方绍能. 苗族服饰图志——黔东南［M］. 台北：辅仁大学织品服装研究所，
　　　2000.

［40］竺小恩. 中国服饰变革史论［M］. 北京：中国戏剧出版社，2008.

［41］吴昊. 中国妇女服饰与身体革命（1911—1935）［M］. 上海：东方出版中心，2008.

［42］王雪莉. 宋代服饰制度研究［M］. 杭州：杭州出版社，2007.

［43］孙彦贞. 清代女性服饰文化研究［M］. 上海：上海古籍出版社，2008.

［44］林淑心. 清代服饰［M］. 台北：国立历史博物馆，1988.

［45］宗凤英. 清代宫廷服饰［M］. 北京：紫禁城出版社，2004.

［46］崔荣荣，张竞琼. 近代汉族民间服饰全集［M］. 北京：中国轻工业出版社，2009.

［47］杨成贵. 中国服装制作全书［M］. 2版. 香港：文汇出版社，1981.

［48］赵逸群. 中式服装制作技术全编［M］. 上海：上海文化出版社，2009.

［49］刘瑞璞，邵新艳，马玲，李洪蕊. 古典华服结构研究——清末民初典型袍服结构考据
　　　［M］. 北京：光明日报出版社，2009.

［50］陈娟娟. 中国织绣服饰论集［M］. 北京：紫禁城出版社，2005.

［51］王智敏. 龙袍［M］. 北京：天津人民美术出版社，2003.

［52］赵丰. 纺织品考古新发现［M］. 香港：艺纱堂，2002.

［53］包铭新. 中国旗袍［M］. 上海：上海文化出版社，1998.

［54］沈祝乔. 旗袍专技［M］. 台北：双大出版图书公司，1986.

［55］汉声编辑室. 中国女红：母亲的艺术［M］. 北京：北京大学出版社，2006.

［56］冯盈之. 汉字与服饰文化［M］. 上海：东华大学出版社，2008.

［57］李泽厚. 美的历程［M］. 天津：天津社会科学院出版社，2009.

［58］中泽愈. 人体与服装：人体结构·美的要素·纸样［M］. 袁观洛，译. 北京：中国纺织出版社，
　　　2005.

［59］刘瑞璞. 服装纸样设计原理与应用　男装编［M］. 北京：中国纺织出版社，2008.

［60］刘瑞璞. 礼服（男装语言与国际惯例）［M］. 北京：中国纺织出版社，2002.

［61］文物出版社. 中国历史年代简表［M］. 北京：文物出版社，2001.

［62］全国政协资料研究委员会．孙中山先生画册［M］.北京：中国文史出版社，1986.

［63］包铭新．20 世纪上半叶的海派旗袍［J］.艺术设计双月刊，2000，5.

［64］卞向阳．论旗袍的流行起源［J］.装饰，2003，11.

［65］卞向阳，周炳振．民国旗袍实物的面料研究［J］.丝绸，2008，8.

［66］包铭新，李甍．中国历代服装的名称［J］.东华大学学报（社会科学版），2005，3.

［67］张晶晶，刘静伟，王庆晋．土布的风格特点及其产品开发分析［J］.国际纺织导报，2009，11.

［68］孙媛媛，张小平．谈色生"辉"——论中国五色的象征意义[C].色彩科学应用与发展——中国科协 2005 年学术年会论文集．无锡：江南大学，2005.

［69］李洪蕊．中国传统服装"十"字型平面结构初探［D］.北京：北京服装学院，2007.

［70］张玲．东周楚服结构风格研究［D］.北京：北京服装学院，2006.

［71］黎焰．黔东南苗族女装结构及着装方式［D］.北京：北京服装学院，2006.

［72］孙志芹．20 世纪上半叶中国服装造型结构变化的文化探析［D］.苏州：苏州大学，2009.

后记

　　《中华民族服饰结构图考　少数民族编》和《中华民族服饰结构图考　汉族编》由国家出版基金项目资助出版，可谓万事俱备只欠东风。如果没有之前相关学术单位、专业人士、教授、教师和研究生团队方方面面的关注、支持与合作；如果没有从 2005 年初到现在经过田野考察、博物馆标本研究、私人藏品采集、文献整理长达七年的努力；如果没有对这个课题研究相对稳定的团队并在不同阶段取得成果，不会呈现一个中华民族服饰结构图谱的完整梳理和独特的学术成就。国家出版基金项目落在这套书上还得益于中国纺织出版社对这个选题长期的关注，以伯乐之智，锲而不舍，果断决策，精心规划，使我国第一部有关"中华民族服饰结构研究"的专著得以问世。

　　研究"中华民族服饰结构"的想法由来已久，可以说是我研究服装结构近 30 年来最后的夙愿。因为中华民族服饰结构自古以来依靠口传心授因袭着，没有形成可靠、权威的文献和系统的结构图谱。这就势必造成本学术研究"形而上大于形而下"的现实。当然，这与我国的学术传统自古以来崇尚"重道轻器"有关，就现代服饰学术生态而言，最明显的是"传统服饰结构形制来源装饰"的学说，即"彰显论"，这几乎成为中华服饰史论研究的主流观点。而这个观点在大量的古典服饰结构和传统民族服饰结构系统的整理和研究之后变得苍白无力，或者传统理论因缺少实证的支撑而不够全面。因为"装饰论"等于没有结论。装饰变化的形态总是打上时代的烙印，而相对稳定的结构形制才是服饰文化的基因。通过对民族服饰结构的研究发现，不论是汉民族，还是少数民族服装结构形态，"布幅决定结构"几乎像汉字一样普及和稳固，且在世界文化之林中独树一帜，而装饰的表征却是人类文化的普遍性。究其动机似乎总是与"节俭"这个伟大而原始的普世价值联系着。但值得研究的是，随着历史的发展和社会的进步，物质的丰盈，这种朴素的理念并没有因为富足而放弃它，从有史以来"布幅决定结构"的十字型平面结构的中华服饰基因，到清末民初，就始终没有中断过。我们或许有理由相信，中华服饰稳固的十字型平面结构，是因为从"节俭"的生存价值，经过"尚物"这种敬畏自然的道儒哲学的濡练，升华为中华民族哲学层面的"天人合一"这种真实、生动的"丝绸文明"。我们似乎从西方服饰结构成熟的系统文献成果中找到了我们的坐标。西方学者如何得出西方服饰的"羊毛文明"这个结论。正是因为西方服饰史的研究，几乎是一部以结构的织物科学为核心的科技史，他们从未放弃"形而下"的实证对"形而上"结论的支撑作用。我们提出"丝绸文明"的观点，如果没有长期对包括各民族古典华服结构的研究，无论如何也不会有所顿悟。

最初的研究是1990年在藏家手里得到一些清末民初京津地区汉族服饰典型的实物，它们虽然年代很近，但为什么始终保存着从远古而来的一以贯之的信息（很像今天的汉字但不缺少初创象形文字的信息），称它为中华服饰的活化石亦不为过。因此，总想揭开它们的面纱。第一次机会是2005年8月以"清末民初北京地区汉民族典型服装结构研究"课题，通过了北京市教委人文社科、首都服装产业与服饰文化研究基地项目的立项，结题成果通过对文献和标本相结合的研究，首次得出古典华服十字型平面结构"节俭与敬物"的格物致知的结论，得到学术界的关注。为了进一步完善这个理论，2009年由年轻教师和研究生组建了工作室，2009年6月成功申报了北京市级学术创新团队的资助，其中服装结构设计数字化技术研究中，"中华民族服饰结构研究"成为主要的研究课题，研究中运用了数字化技术，使得软科学结论变得坚实而可靠。2009年11月阶段性成果《古典华服结构研究——清末民初典型袍服结构考据》（作者：刘瑞璞、邵新艳、马玲、李洪蕊）被列为教育部"高校社科文库"学术著作，由光明日报出版社出版。《古典华服结构研究——清末民初典型袍服结构考据》一书的出版，对中华服饰结构研究的学术建构是个开创性的成果，然而对它的研究远没有结束，而是刚刚开始。这就需要从主流的历史文脉到多民族服饰文化的立体框架下找到在结构上的共同点，这是大中华服饰十字型平面结构理论有所突破的关键，这就是对汉民族和其他民族服饰结构共同基因的研究成为不可绕过的技术路线。我们需要可以全方位合作的学术机构——民族服饰博物馆，在这个共同的研究课题下得到了北京服装学院民族服饰博物馆两任馆长徐雯教授、贺阳副教授和馆员们的全力支持、合作和指导。重要的是，我们可以近距离地接触馆藏清末民初的汉族服饰和种类齐全的民族服饰标本，从博物馆服饰标本的提供，到原始数据的采集、结构图的测绘、传统技艺的实验等，成为中华传统服饰结构研究最深入最系统的学术平台，并获得宝贵的一手材料和测绘数据。另一批人马是王羿副教授和她的研究生们也加入了这个课题的研究，从博物馆标本研究、实地海南田野考察到少数民族服饰调查的汇报展览都做了大量的基础性工作并提供了很有价值的基础数据。因此，我们谨将此书献给北京服装学院民族服饰博物馆及为此无私奉献的同仁们。

这里还需要特别提到的是，在对云南、广西贵州、四川等地区少数民族服饰田野考察的过程中，我们和北京联合大学曹建中、倪映疆老师率领的服饰专业本科班的学生们进行了少数民族实地调查实践作业。通过还原场景气氛、模拟现场（学生穿上少数民族服饰与当地原住民服饰装扮）的信息采集，获得了非常珍贵且再无法复制的原始材料，让本书的学术生命变得真实、生动且充满色彩的现场感。在这里对他（她）们的支持、合作与付出表示由衷的感谢。

　　在本书的整体策划和加工编辑等编辑出版过程中，中国纺织出版社不遗余力、全力以赴、精心打造。张晓芳编辑尽心尽力全程策划历时四年之多；魏萌、宗静和终审编辑一丝不苟、纯熟老道的专业素质让人钦佩。在整体书籍装帧版式设计上，出版社选择了最具专业的北京服装学院视觉艺术设计机构郭晓晔团队，为本书的艺术韵味、信息承载和阅读享受增色不少。在此对他们的辛勤付出一并表示感谢。

刘瑞璞

2012 年 12 月于北京服装学院

刘瑞璞

1958 年 1 月生。

1977 年下乡插队。

1979 年考入天津美术学院工艺美术系。

1983 年毕业，同年在天津纺织工学院服装系任教（现天津工业大学艺术设计学院）。

历任天津纺织工学院服装系主任、天津师范大学国际女子学院副院长、教授。

现任北京服装学院教授、硕士研究生导师、设计艺术学学科带头人。

研究方向：纸样设计系统（Patten Design System）及国际着装规制 (The Dress Code)。

主要教学成果：

国家级教学成果奖：1997 年"纸样设计课程理论体系及其模块化教学研究"获国家级教学成果二等奖。

部委级教学成果奖：2011 年 9 月"构建 TPO 知识系统的男装课群优化研究"获部委级教学成果一等奖。

国家级"十一五""十二五"规划教材：《服装纸样设计原理与应用　男装编》《服装纸样设计原理与应用　女装编》。

北京市精品教材：2005 年《服装纸样设计原理与应用　男装编》《服装纸样设计原理与应用　女装编》；2008 年和 2011 年整套教材《服装纸样设计原理与应用　男装编》《服装纸样设计原理与应用　女装编》《女装款式和纸样系列设计与训练手册》《男装款式和纸样系列设计与训练手册》。

主要学术成果：

主持基于"PDS & TDC（纸样设计系统及国际着装规制）的 TPO 知识系统与服装结构设计数字化技术研究"，北京市学术创新团队。

2009 年、2012 年出版有关"中华民族服饰结构研究"标志性专著《古典华服结构研究——清末民初典型袍服结构考据》。

运用现代先进科技手段研究服装结构成果：

2006 年 10 月《男装纸样设计原理与技巧》（第 2 版），《女装纸样设计原理与技巧》（第 2 版）获部委级科技进步二等奖。

2007 年 10 月"西装纸样设计系统自动生成智能化研究"获部委级科技进步三等奖。

2011 年 8 月 1 日"西装纸样自动生成系统及其方法"获得中华人民共和国发明专利。

2012 年 7 月《男装款式和纸样系列设计与训练手册》《女装款式和纸样系列设计与训练手册》获"'纺织之光'中国纺织工业联合会科学技术奖"三等奖。

关于国际着装规制 (TDC) 研究成果：

2002 年出版《男装语言与国际惯例　礼服》。

2010 年 7 月出版《国际化职业装设计与实务》TDC 案例专著。

2010 年 8 月出版《TPO 品牌化女装系列设计与制板技术训练》TDC 技术专著。

2010 年 8 月出版《TPO 品牌化男装系列设计与制板技术训练》TDC 技术专著。

陈静洁

1984 年 9 月生。

2003 年考入武汉科技学院(现武汉纺织大学)攻读服装艺术设计专业, 2007 年毕业。

2008 年 9 月至 2011 年 1 月在北京服装学院攻读设计艺术学硕士并获得硕士学位，研究课题"清末汉族古典华服结构研究"。

编辑出版人员名单

项目总监：李炳华

策划：张晓芳

项目执行人：张晓芳　魏萌　宗静

主审：魏大韬　黄崇芬　姜娜琳

责任设计：何建

责任校对：陈红　梁颖　余静雯

责任印制：刘强